Manual de Fundamentos da Coluna Vertebral

Uma Revisão Objetiva da Anatomia, Avaliação, Imagem, Testes e Procedimentos

Manual de Fundamentos da Coluna Vertebral

Uma Revisão Objetiva da Anatomia, Avaliação, Imagem, Testes e Procedimentos

Kern Singh
Professor
Department of Orthopaedic Surgery
Co-Director, Minimally Invasive Spine Institute
Rush University Medical Center
Chicago, Illinois

Thieme
Rio de Janeiro • Stuttgart • New York • Delhi

Dados Internacionais de Catalogação na Publicação (CIP)

SI617m

Singh, Kern
  Manual de Fundamentos da Coluna Vertebral: Uma Revisão Objetiva da Anatomia, Avaliação, Imagem, Testes e Procedimentos/ Kern Singh – 1. Ed. – Rio de Janeiro – RJ: Thieme Revinter Publicações, 2020.

  294 p.: il; 16 x 23 cm.
  Título Original: *Spine Essentials Handbook : A Bulleted Review of Anatomy, Evaluation, Imaging, Tests, and Procedures*
  Inclui Índice Remissivo e Bibliografia.
  ISBN 978-85-5465-233-3
  eISBN 978-85-5465-234-0

  1. Cirurgia. 2. Coluna Vertebral. I. Título.

  CDD: 617.482
  CDU: 617.547

Tradução:
ÂNGELA NISHIKAKU (Caps. 1 A 6)
Tradutora Especializada na Área da Saúde, SP
EDIANEZ CHIMELLO (Caps. 7 a 12)
Tradutora Especializada na Área da Saúde, SP
RENATA SCAVONE (Caps. 13 a 18)
Médica-Veterinária, Tradutora Especializada na Área da Saúde, SP
VILMA RIBEIRO DE SOUZA VARGA
(Caps. 19 a 25 e *Perguntas e Respostas*)
Tradutora Especializada na Área da Saúde, SP

Revisão Técnica:
CARLOS ZICARELLI
Membro Titular da Sociedade Brasileira de Neurocirurgia
Membro Titular da Academia Brasileira de Neurocirurgia
Membro Titular da International Neuromodulation Society
Supervisor do Internato Médico de Neurocirurgia da PUC-PR
Mestre em Tecnologia da Saúde pela Pontifícia Universidade Católica do Paraná (PUC-PR)
Supervisor do Programa de Residência Médica em Neurocirurgia do Hospital Evangélico de Londrina, PR

Título original:
Spine Essentials Handbook: A Bulleted Review of Anatomy, Evaluation, Imaging, Tests, and Procedures
Copyright © 2019 by Thieme Medical Publishers, Inc.
ISBN 978-1-62623-507-6

© 2020 Thieme
Todos os direitos reservados.
Rua do Matoso, 170, Tijuca
20270-135, Rio de Janeiro – RJ, Brasil
http://www.ThiemeRevinter.com.br

Thieme Medical Publishers
http://www.thieme.com

Impresso no Brasil por BMF Gráfica e Editora Ltda.
5 4 3 2 1
ISBN 978-85-5465-233-3

Também disponível como eBook:
eISBN 978-85-5465-234-0

Nota: O conhecimento médico está em constante evolução. À medida que a pesquisa e a experiência clínica ampliam o nosso saber, pode ser necessário alterar os métodos de tratamento e medicação. Os autores e editores deste material consultaram fontes tidas como confiáveis, a fim de fornecer informações completas e de acordo com os padrões aceitos no momento da publicação. No entanto, em vista da possibilidade de erro humano por parte dos autores, dos editores ou da casa editorial que traz à luz este trabalho, ou ainda de alterações no conhecimento médico, nem os autores, nem os editores, nem a casa editorial, nem qualquer outra parte que se tenha envolvido na elaboração deste material garantem que as informações aqui contidas sejam totalmente precisas ou completas; tampouco se responsabilizam por quaisquer erros ou omissões ou pelos resultados obtidos em consequência do uso de tais informações. É aconselhável que os leitores confirmem em outras fontes as informações aqui contidas. Sugere-se, por exemplo, que verifiquem a bula de cada medicamento que pretendam administrar, a fim de certificar-se de que as informações contidas nesta publicação são precisas e de que não houve mudanças na dose recomendada ou nas contraindicações. Esta recomendação é especialmente importante no caso de medicamentos novos ou pouco utilizados. Alguns dos nomes de produtos, patentes e *design* a que nos referimos neste livro são, na verdade, marcas registradas ou nomes protegidos pela legislação referente à propriedade intelectual, ainda que nem sempre o texto faça menção específica a esse fato. Portanto, a ocorrência de um nome sem a designação de sua propriedade não deve ser interpretada como uma indicação, por parte da editora, de que ele se encontra em domínio público.

Todos os direitos reservados. Nenhuma parte desta publicação poderá ser reproduzida ou transmitida por nenhum meio, impresso, eletrônico ou mecânico, incluindo fotocópia, gravação ou qualquer outro tipo de sistema de armazenamento e transmissão de informação, sem prévia autorização por escrito.

Dedico este livro a meu pai. Agora que eu estou avançando para a paternidade, compreendo os sacrifícios que você fez por mim. Com paciência inesgotável, boa parte de seu tempo e dedicação foram para me dar todas as oportunidades para ser bem-sucedido.
— *K. Singh*

Editores Associados

Brittany E. Haws, MD
Orthopedic Surgery Resident
University of Rochester
Rochester, New York

Fady Y. Hijji, MD
Orthopedic Surgery Resident
Wright State University
Dayton, Ohio

Benjamin Khechen, BA
Research Coordinator
Rush University Medical Center
Chicago, Illinois

Ankur S. Narain, MD
Orthopedic Surgery Resident
University of Massachusetts
Boston, Massachusetts

Dil V. Patel, BS
Research Coordinator
Rush University Medical Center
Chicago, Illinois

Sumário

Prefácio ix

Agradecimentos x

Colaboradores xi

1 Neuroanatomia e Fisiologia 1
Jacob V. DiBattista • Ankur S. Narain • Fady Y. Hijji • Philip K. Louie • Daniel D. Bohl • Kern Singh

2 Anatomia Geral da Coluna Vertebral e Vias do Trato Longo 14
Jacob V. DiBattista • Ankur S. Narain • Fady Y. Hijji • Philip K. Louie • Daniel D. Bohl • Kern Singh

3 Anatomia Atlanto-Occipital 29
Suzanne Labelle • Fady Y. Hijji • Ankur S. Narain • Philip K. Louie • Daniel D. Bohl • Kern Singh

4 Anatomia da Coluna Cervical 41
Fady Y. Hijji • Ankur S. Narain • Philip K. Louie • Daniel D. Bohl • Kern Singh

5 Coluna Torácica 57
Catherine Maloney • Fady Y. Hijji • Ankur S. Narain • Philip K. Louie • Daniel D. Bohl • Kern Singh

6 Anatomia da Coluna Lombar 65
Melissa G. Goczalk • Ankur S. Narain • Fady Y. Hijji • Philip K. Louie • Daniel D. Bohl • Kern Singh

7 Coluna Sacral 81
Antonios Varelas • Fady Y. Hijji • Ankur S. Narain • Philip K. Louie • Daniel D. Bohl • Kern Singh

8 História Espinal e Exame Físico 93
Fady Y. Hijji • Ankur S. Narain • Junyoung Ahn • Philip K. Louie • Daniel D. Bohl • Kern Singh

9 Medições Radiográficas Comuns 104
Dustin H. Massel • Benjamin C. Mayo • William W. Long • Krishna D. Modi • Kern Singh

10 Doença de Disco Cervical 116
Fady Y. Hijji • Ankur S. Narain • Philip K. Louie • Daniel D. Bohl • Kern Singh

11 Doença de Disco Lombar 122
Fady Y. Hijji • Ankur S. Narain • Philip K. Louie • Daniel D. Bohl • Kern Singh

12 Escoliose 133
Lauren M. Sadowsky • Ankur S. Narain • Fady Y. Hijji • Philip K. Louie • Daniel D. Bohl • Kern Singh

13 Traumatismo Medular e Fraturas 141
    Ankur S. Narain • Fady Y. Hijji • Philip K. Louie • Daniel D. Bohl • Kern Singh

14 Tumores Medulares Primários e Metastáticos... 161
    Ankur S. Narain • Fady Y. Hijji • Philip K. Louie • Daniel D. Bohl • Kern Singh

15 Infecções da Coluna Vertebral 174
    Ankur S. Narain • Fady Y. Hijji • Philip K. Louie • Daniel D. Bohl • Kern Singh

16 Pediatria... 182
    Jonathan Markowitz • Ankur S. Narain • Fady Y. Hijji • Philip K. Louie • Daniel D. Bohl • Kern Singh

17 Discectomia Cervical Anterior e Fusão.. 189
    Ankur S. Narain • Fady Y. Hijji • Philip K. Louie • Daniel D. Bohl • Kern Singh

18 Laminoplastia Cervical Posterior com Instrumentação 193
    Ankur S. Narain • Fady Y. Hijji • Philip K. Louie • Daniel D. Bohl • Kern Singh

19 Laminectomia e Fusão na Região Cervical Posterior.................................. 198
    Ankur S. Narain • Fady Y. Hijji • Philip K. Louie • Daniel D. Bohl • Kern Singh

20 Fusão Lombar Posterolateral Aberta.. 202
    Ankur S. Narain • Fady Y. Hijji • Philip K. Louie • Daniel D. Bohl • Kern Singh

21 Fusão Intersomática Lombar Anterior 207
    Ankur S. Narain • Fady Y. Hijji • Philip K. Louie • Daniel D. Bohl • Kern Singh

22 Fusão Intersomática Lombar Transforaminal Minimamente Invasiva......... 212
    Ankur S. Narain • Fady Y. Hijji • Philip K. Louie • Daniel D. Bohl • Kern Singh

23 Fusão Intersomática Lombar Lateral 218
    Ankur S. Narain • Fady Y. Hijji • Philip K. Louie • Daniel D. Bohl • Kern Singh

24 Complicações Cirúrgicas 223
    Ikechukwu Achebe • Ankur S. Narain • Fady Y. Hijji • Philip K. Louie • Daniel D. Bohl • Kern Singh

25 Complicações Clínicas Comuns após Cirurgia Espinal de Rotina 232
    Ankur S. Narain • Fady Y. Hijji • Benjamin Khechen • Brittany E. Haws • Philip K. Louie
    Daniel D. Bohl • Kern Singh

Perguntas e Respostas 245

Índice Remissivo 273

Prefácio

O *Manual de Fundamentos da Coluna Vertebral* foi produzido como um recurso portátil facilmente acessível a todos os profissionais médicos. A informação detalhada, desde a neuroanatomia básica até a patologia da coluna vertebral à intervenção cirúrgica, permite ao leitor compreender totalmente a complexidade da coluna vertebral. Esta compilação holística auxilia o público a tornar-se confortável com a complexidade da coluna antes de entrar no consultório médico ou na sala cirúrgica. A demonstração clara da complexa anatomia da coluna sobreposta com as imagens intraoperatórias em tempo real facilita a compreensão dos detalhes associados à cirurgia da coluna.

Como qualquer cirurgia que exige eficiência, o texto de apoio fornece uma cobertura aprofundada da técnica, assim como dicas para ajudar na rápida execução cirúrgica. Por fim, o manual destaca possíveis complicações associadas à cirurgia da coluna com sugestões para a prevenção.

O texto fornece o conhecimento atualizado em rápido avanço nos campos de anatomia, patologia e cirurgia da coluna. Com imagens detalhadas, ilustrações em cortes transversais e ênfase em potenciais dificuldades, este manual permite melhor conhecimento em procedimentos cirúrgicos e cuidados pós-operatórios. Questões clínicas presentes no final deste livro são fornecidas para ajudar a testar e solidificar nosso conhecimento e compreensão sobre as complexidades e a cirurgia da coluna espinal.

Este manual será valioso não apenas para os cirurgiões e residentes em cirurgia, mas também para os demais profissionais da equipe cirúrgica envolvida no cuidado médico de pacientes submetidos à cirurgia da coluna. Somos otimistas de que o *Manual de Fundamentos da Coluna Vertebral* concederá aos leitores melhor compreensão das especialidades da cirurgia de coluna vertebral.

Kern Singh, MD

Agradecimentos

Gostaríamos de agradecer todos aqueles que auxiliaram na criação deste livro. Em particular, gostaríamos de agradecer a Brittany Haws e Benjamin Khechen, pelos esforços em ver este livro concluído.

Colaboradores

Ikechukwu Achebe, BS
Department of Orthopaedic Surgery
Rush University Medical Center
Chicago, Illinois

Junyoung Ahn, MD
Department of Orthopaedic Surgery
Rush University Medical Center
Chicago, Illinois

Daniel D. Bohl, MS, MD
Department of Orthopaedic Surgery
Rush University Medical Center
Chicago, Illinois

Jacob V. DiBattista, BS
Department of Orthopaedic Surgery
Rush University Medical Center
Chicago, Illinois

Melissa G. Goczalk, BFA
Department of Orthopaedic Surgery
Rush University Medical Center
Chicago, Illinois

Brittany E. Haws, MD
Orthopedic Surgery Resident
University of Rochester
Rochester, New York

Fady Y. Hijji, MD
Orthopedic Surgery Resident
Wright State University
Dayton, Ohio

Benjamin Khechen, BA
Research Coordinator
Rush University Medical Center
Chicago, Illinois

Suzanne Labelle, BS
Rush Medical College
Chicago, Illinois

William W. Long, BA
Department of Orthopaedic Surgery
Rush University Medical Center
Chicago, Illinois

Philip K. Louie, MD
Department of Orthopaedic Surgery
Rush University Medical Center
Chicago, Illinois

Catherine Maloney, BS
Department of Orthopaedic Surgery
Rush University Medical Center
Chicago, Illinois

Jonathan Markowitz, BS
Department of Orthopaedic Surgery
Rush University Medical Center
Chicago, Illinois

Dustin H. Massel, BS
Department of Orthopaedic Surgery
Rush University Medical Center
Chicago, Illinois

Benjamin C. Mayo, BA
Department of Orthopaedic Surgery
Rush University Medical Center
Chicago, Illinois

Krishna D. Modi, BS
Department of Orthopaedic Surgery
Rush University Medical Center
Chicago, Illinois

Ankur S. Narain, MD
Orthopedic Surgery Resident
University of Massachusetts
Boston, Massachusetts

Dil V. Patel, BS
Research Coordinator
Rush University Medical Center
Chicago, Illinois

Lauren M. Sadowsky, BA
Rush Medical College
Rush University
Chicago, Illinois

Kern Singh, MD
Professor
Department of Orthopaedic Surgery
Co-Director, Minimally Invasive Spine Institute
Rush University Medical Center
Chicago, Illinois

Antonios Varelas, BA
Department of Orthopaedic Surgery
Rush University Medical Center
Chicago, Illinois

Manual de Fundamentos da Coluna Vertebral

Uma Revisão Objetiva da Anatomia, Avaliação, Imagem, Testes e Procedimentos

1 Neuroanatomia e Fisiologia

Jacob V. DiBattista ▪ Ankur S. Narain ▪ Fady Y. Hijji ▪ Philip K. Louie ▪ Daniel D. Bohl ▪ Kern Singh

1.1 Anatomia dos Neurônios

- Componentes básicos (**Quadro 1-1, Fig. 1-1**).
- Junção sináptica e transmissão de sinal:
  - Mecanismo de sinapses químicas básicas (**Fig. 1-3**).
    - ◆ O potencial de ação (despolarização) atinge o ramo terminal do neurônio pré-sináptico.
    - ◆ Abertura de canais de Ca^{2+} do tipo-N, influxo de Ca^{2+}.
      - ◊ *Patologias associadas:* síndrome miastênica de Lambert-Eaton.
    - ◆ O Ca^{2+} facilita o acoplamento de vesículas, neurotransmissor liberado na fenda sináptica.
      - ◊ *Patologias associadas:* botulismo, tétano (trismo).
    - ◆ O neurotransmissor liga-se ao receptor do neurotransmissor (neurônio pós-sináptico).
      - ◊ Patologias associadas: miastenia grave.
    - ◆ Dependendo de sua função, o receptor do neurotransmissor cria tanto um potencial pós-sináptico excitatório (EPSP) quanto um potencial pós-sináptico inibitório (IPSP).

Quadro 1-1 Anatomia básica do neurônio

Componente	Função
Dendritos	Recebem os sinais de outros neurônios, transferindo-os para o corpo celular
Corpo celular (soma)	Contém o núcleo celular. Sítio de produção proteica e de ATP
Cone axonal	Porção do corpo celular que se conecta ao axônio. Sítio final da somatória dos potenciais de ação (zona de gatilho)
Axônio	Carrega o potencial de ação do corpo celular para os ramos terminais
Bainha de mielina	Camada isolante de gordura ao redor do axônio que facilita o potencial de ação por meio da condução saltatória ▪ Os oligodendrócitos realizam a mielinização dos neurônios do sistema nervoso central (CNS). Apenas um oligodendrócito realiza a mielinização de vários neurônios (**Fig. 1-2a**) ▪ As células de Schwann realizam a mielinização dos neurônios do sistema nervoso periférico (PNS). Múltiplas células de Schwann mielinizam um único neurônio (**Fig. 1-2b**)
Nodos de Ranvier	Interrupções ocasionais na bainha de mielina que expõem a membrana axonal. Contém alta densidade de canais de K^+ e Na^+ dependentes de voltagem e ATPases Na^+/K^+, que agem para regenerar o potencial de ação
Ramos terminais (botões) do axônio	Porção terminal ramificada de um axônio. Sítio de liberação do neurotransmissor na fenda sináptica. Frequentemente referida como o terminal pré-sináptico

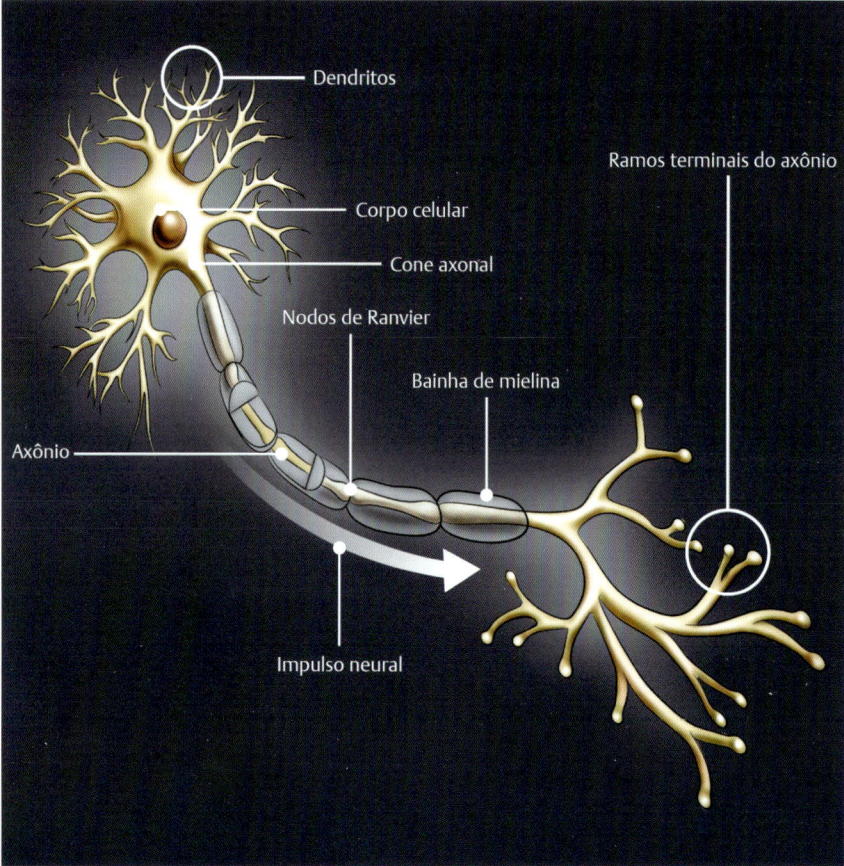

Fig. 1-1 Componentes básicos do neurônio.

- ◊ Os EPSPs despolarizam o neurônio pós-sináptico e aumentam a probabilidade de formação do potencial de ação.
- ◊ Os IPSPs tanto hiperpolarizam quanto resistem à despolarização do neurônio pós-sináptico e diminuem a probabilidade da formação de potencial de ação.
- ♦ Os potenciais em todos os dendritos são integrados no corpo celular e cone axonal, determinando se o potencial de ação será acionado ou não no neurônio pós-sináptico.
- ♦ Vários mecanismos, incluindo a degradação enzimática (p. ex., acetilcolina) e a recaptação pré-sináptica (p. ex., serotonina), removem os neurotransmissores da fenda sináptica para terminar o estímulo pós-sináptico.
- Junção neuromuscular:
  - ♦ Sinapse química especializada entre o neurônio motor e a fibra muscular.
  - ♦ Sinapse colinérgica contendo, principalmente, receptores nicotínicos de acetilcolina.
  - ♦ O impulso nervoso resulta em contração da(s) fibra(s) muscular(es).

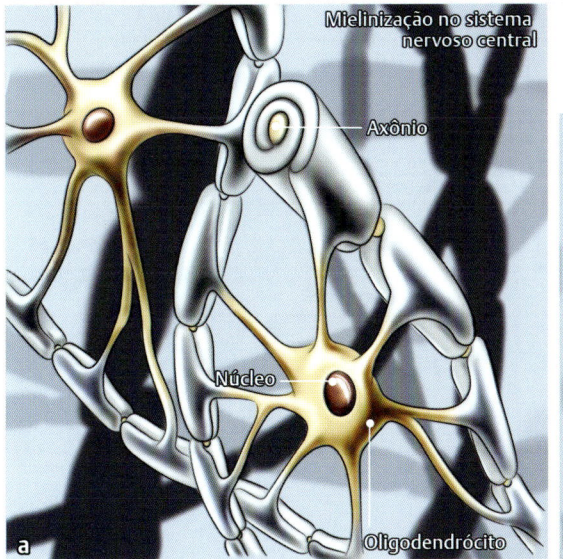
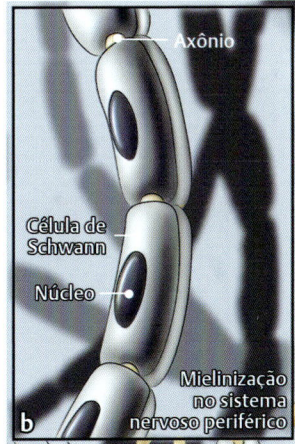

Fig. 1-2 (**a**) Oligodendrócito (sistema nervoso central). (**b**) Célula de Schwann (sistema nervoso periférico).

- Unidade motora:
  - Um *único* neurônio motor e todas as fibras musculares que o inervam.
    - Uma pequena unidade motora contém três a seis fibras musculares e controla os músculos de controle fino.
    - Uma grande unidade motora contém 100 a 1.000 fibras musculares e controla os músculos de controle e força bruta (p. ex., bíceps, quadríceps).
  - Todas as fibras musculares de uma única unidade motora são do mesmo tipo de fibra (tipos 1, 2a e 2b).
- Tipos de neurônios (**Quadro 1-2**).
- Organização da fibra nervosa (**Quadro 1-3, Fig. 1-4**).
- Organização do sistema nervoso (**Fig. 1-5**).
- Nervos aferentes e eferentes (**Quadro 1-4, Fig. 1-6**):
  - Fibras nervosas aferentes carregam informação sensorial e chegam na medula espinal pelas raízes dorsais.
  - Fibras nervosas eferentes carregam a informação motora e saem da medula espinal pelas raízes ventrais.
  - Neurônios motores eferentes (**Quadro 1-5, Fig. 1-7**):
    - Neurônios motores superiores (UMNs)
      - Corpos celulares originam-se no córtex motor primário ou núcleos do tronco encefálico.
      - Transmissão da informação motora pela sinapse com neurônios motores inferiores (LMNs ou interneurônios) no tronco encefálico ou medula espinal.

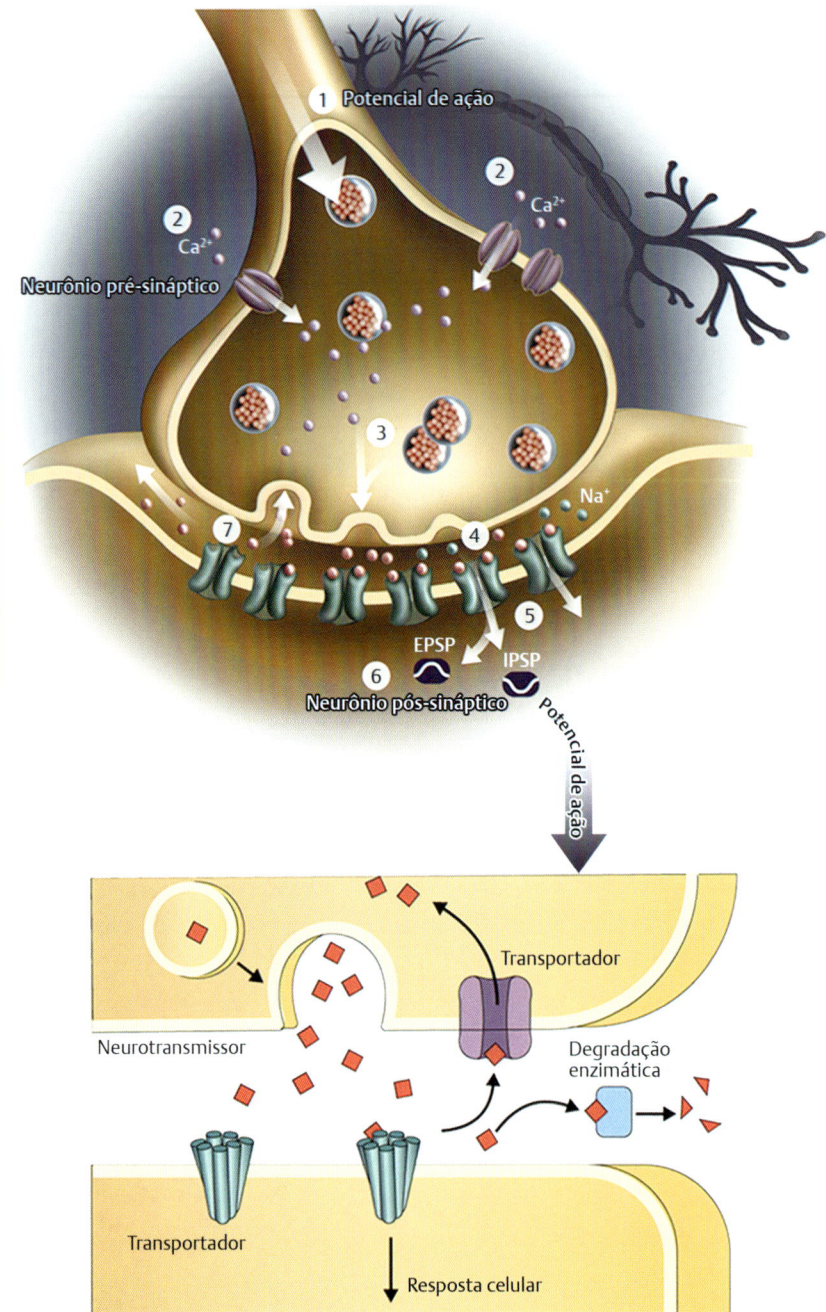

Fig. 1-3 Transmissão sináptica em uma sinapse química.

Neuroanatomia e Fisiologia

Quadro 1-2 Tipos básicos de neurônios

Tipo	Imagem	Descrição	Exemplos
Pseudounipolar		Um único axônio dividido em dois ramos com um corpo celular *adjacente*: • *Ramo periférico*: periferia ao corpo celular (contém dendritos) • *Ramo central*: corpo celular à medula espinal (contém terminais sinápticos) Transmite a informação sensorial da periferia ao CNS	• Neurônios sensoriais dos gânglios da raiz dorsal • Gânglios sensoriais dos nervos cranianos V, VII, IX e X
Bipolar		Corpo celular centralmente localizado entre um: • *Dendrito*: transmite sinais em direção ao corpo celular • *Axônio*: transmite sinais para fora do corpo celular Neurônios sensoriais especializados para a transmissão de sentidos especiais (*p. ex.*, visão, audição)	• Células bipolares, células ganglionares, células horizontais e células amácrinas da retina • Gânglios coclear e vestibular do ouvido interno
Multipolar		O corpo celular contém múltiplos dendritos e um único axônio Capaz de receber e integrar impulsos nervosos abundantes	• Neurônios motores (corno ventral da medula espinal) • Interneurônios (substância cinzenta da medula espinal) • Células de Purkinje (cerebelo) • Células piramidais (córtex cerebral)

Abreviatura: CNS, sistema nervoso central.

Quadro 1-3 Organização hierárquica das fibras nervosas

Componente	Revestimento
Profundo	
Axônio (do neurônio individual)	Endoneuro
Fascículo (feixe de axônios)	Perineuro
Nervo (feixe de fascículos)	Epineuro
Superficial	

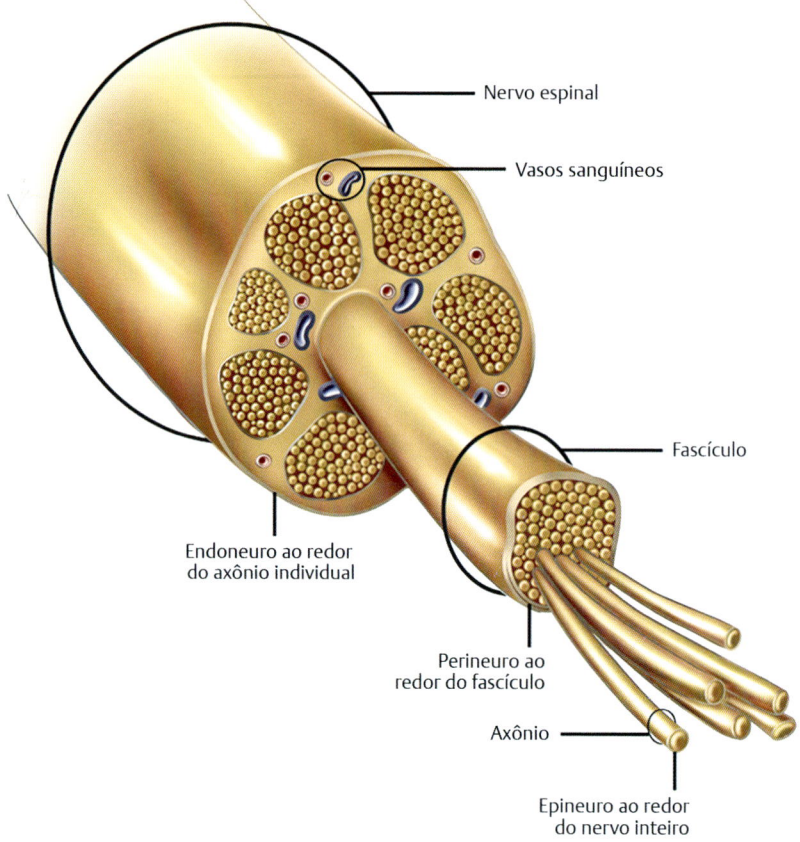

Fig. 1-4 Estrutura da fibra nervosa.

- ◆ LMNs:
  - ◊ Corpos celulares originam-se nos núcleos do tronco encefálico ou no corno ventral da substância cinzenta da medula espinal.
  - ◊ Transmissão da informação motora dos UMNs pela sinapse com o músculo esquelético na periferia por meio das junções neuromusculares.
- Receptores sensoriais aferentes (**Quadro 1-6**).
- Neurônios sensoriais aferentes (**Quadro 1-7**).
■ Arcos reflexos (**Quadro 1-8**):
  - Princípios gerais:
    - ◆ Um arco reflexo é uma via neural que controla uma ação reflexa.
    - ◆ Envolve somente a medula espinal, permitindo rápida resposta subconsciente.
    - ◆ A informação sensorial é processada pelo cérebro *após* o reflexo ter ocorrido.

Neuroanatomia e Fisiologia

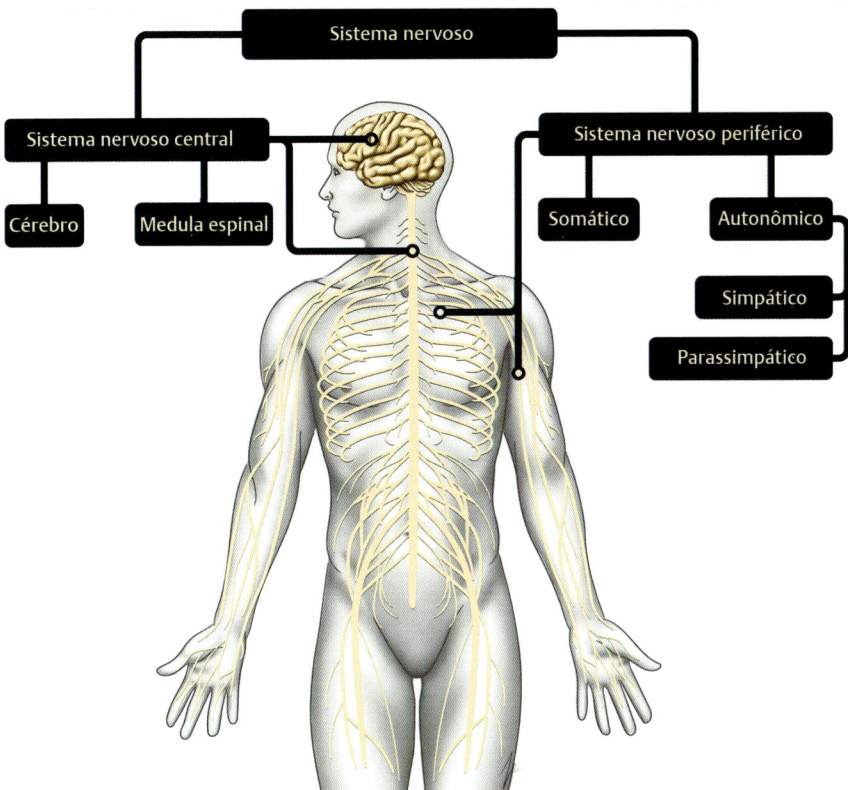

Fig. 1-5 Resumo dos sistemas nervosos central e periférico.

Quadro 1-4 Organização dos nervos aferente e eferente

Tipo	Raiz	Localização do corpo celular	Informação transmitida
Aferente:	Dorsal	Gânglio da raiz dorsal	Sensorial
Aferente somático geral (GSA)			*Pele, músculos, tendões, articulações*
Aferente visceral geral (GVA)			*Órgãos viscerais*
Eferente:	Ventral	Substância cinzenta da medula espinal	Motora
Eferente somático geral (GSE)		*Corno ventral*	*Músculo esquelético*
Eferente visceral geral (GVE)		*Corno lateral*	*Músculo liso e cardíaco, glândulas*

Observação: Em nervos espinais e ramos dorsais e ventrais, as fibras GSA, GVA, GSE e GVE são mistas.

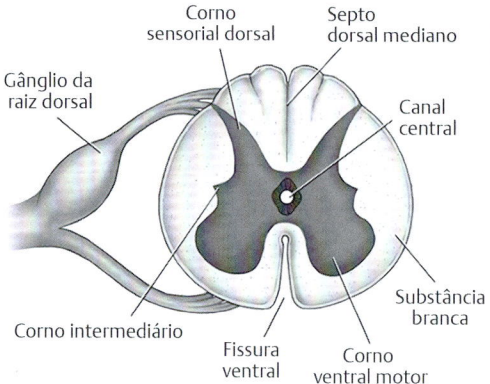

Fig. 1-6 Componentes dos nervos espinais. (Reproduzida com permissão de Baaj AA, Mummaneni PV, Uribe JS, Vaccaro AR, Greenberg MS, eds. Handbook of Spine Surgery. 2nd ed. New York, NY: Thieme; 2016.)

Quadro 1-5 Sinais gerais de lesões no neurônio motor superior e no neurônio motor inferior

Sinal clínico	Apresentação da lesão no neurônio motor superior		Apresentação da lesão no neurônio motor inferior
	Aguda	Crônica	
Fraqueza	Sim	Sim	Sim
Atrofia	Não	Algumas	Grave
Tônus/paralisia	Diminuído/flácido	Aumentado/espástico	Diminuído
Fasciculações	Não[a]	Não[a]	Sim
Reflexos	Diminuídos	Aumentados	Diminuídos
Sinal de Babinski[b]	Não	Sim	Não

[a]Pode observar fasciculações leves em nível espinal das lesões no UMN resultantes do dano parcial dos corpos celulares LMN no corno ventral.
[b]O sinal de Babinski é considerado uma resposta normal em crianças com idade inferior a 1 ano.

- Tipos:
  - Monossináptico: contém dois neurônios (sensorial e motor) com uma única sinapse química (**Fig. 1-9**):
    - Isto é, reflexo patelar, reflexo aquileu.
  - Polissináptico: contém um ou mais interneurônios que conectam um neurônio sensorial a um neurônio motor.
    - Representa a maioria dos arcos reflexos.
    - Permite maior processamento e controle de ordens.
    - Isto é, reflexo de retirada de dor.
  - Somático: afeta o músculo esquelético.
  - Autonômico: afeta as vísceras internas.
- Componentes:
  - Estímulo (estiramento muscular, dor, temperatura, estiramento etc.).
  - Receptor sensorial (fuso muscular, terminação nervosa livre etc.).

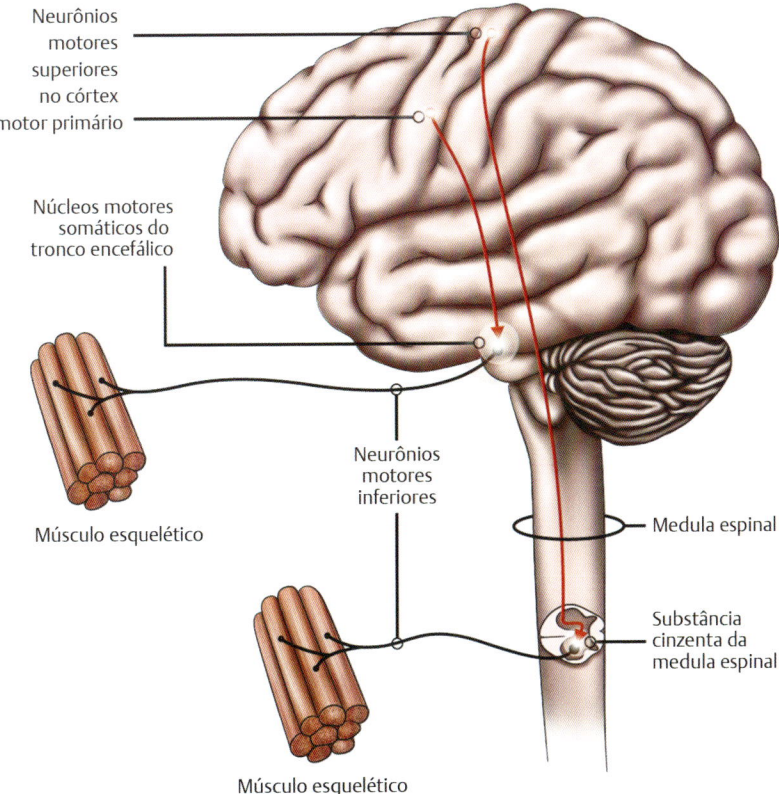

Fig. 1-7 Representação dos neurônios motores superiores e inferiores.

- ♦ Via aferente: neurônio sensorial (gânglios da raiz dorsal).
- ♦ Interneurônio(s) (corno dorsal):
  - ◊ Arco reflexo polissináptico apenas.
- ♦ Via eferente: neurônio motor (corno ventral).
- ♦ Músculo esquelético:
  - ◊ Resposta efetora → contração muscular.
- Interneurônios inibitórios:
  - ♦ Ativado pelos neurônios sensoriais de um arco reflexo.
  - ♦ Inibem os LMNs que agem nos grupos musculares antagonistas:
    - ◊ Isto é, durante o reflexo do bíceps, interneurônios inibitórios causarão o relaxamento do tríceps.
- Efeitos no UMN:
  - ♦ Inibe a magnitude das respostas do LMN em um arco reflexo:
    - ◊ Isso é um processo consciente e é a base da manobra de Jendrassik:
      - ❖ Útil para determinar o efeito dos UMNs na hiporreflexia observada clinicamente.

Quadro 1-6 Tipos de receptores sensoriais

Tipo de receptor	Modalidade	Taxa de adaptação	Classe de fibras
Mecanorreceptores cutâneos			
Corpúsculo de Meissner	Toque (superficial)	Rápida	II
Célula de Merkel	Toque (superficial)	Lenta	II
Receptor do folículo piloso	Toque, vibração	Rápida e lenta	II
Corpúsculo de Pacini	Toque (profundo), vibração	Rápida	II
Terminação de Ruffini	Toque (profundo), estiramento, propriocepção	Muito lenta	II
Receptores de estiramento			
Fuso muscular			
Fibras de bolsa nuclear	Propriocepção (estiramento muscular)	Lenta	I
Fibras da cadeia nuclear	Propriocepção (tônus muscular)	Lenta	II
Órgão tendíneo de Golgi	Propriocepção (tensão muscular)	Lenta	I
Receptor de dor e de temperatura			
Terminações nervosas livres	Nocicepção (rápida)	–	III
	Nocicepção (lenta)	–	IV
	Temperatura (fria)	–	III
	Temperatura (quente)	–	IV

Quadro 1-7 Tipos de fibras nervosas sensoriais

Tipo de fibra sensorial	Mielinizada	Modalidade sensorial	Receptor sensorial
A-α[a]	Sim	Propriocepção	Fuso muscular Órgão tendíneo de Golgi
A-β	Sim	Propriocepção Toque superficial Toque, vibração Toque profundo, vibração Toque profundo, estiramento	Fuso muscular Corpúsculo de Meissner Célula de Merkel Receptor do folículo piloso Corpúsculo de Pacini Terminação de Ruffini
A-δ	Sim	Nocicepção (rápida) Temperatura (fria)	Terminações nervosas livres Terminações nervosas livres
C[b]	Não	Nocicepção (lenta) Temperatura (quente)	Terminações nervosas livres Terminações nervosas livres

[a]Fibras A-α apresentam o menor limiar de estimulação.
[b]Fibras C apresentam o maior limiar de estimulação.

Quadro 1-8 Reflexos profundos do tendão comumente testados

Reflexo profundo do tendão	Nível da medula espinal testado
Reflexo biciptal	C5–C6
Reflexo braquirradial	C6
Reflexo triciptal	C6–C8
Reflexo patelar (puxão no joelho)	L2–L4
Reflexo aquileu (puxão no tornozelo)	S1–S2

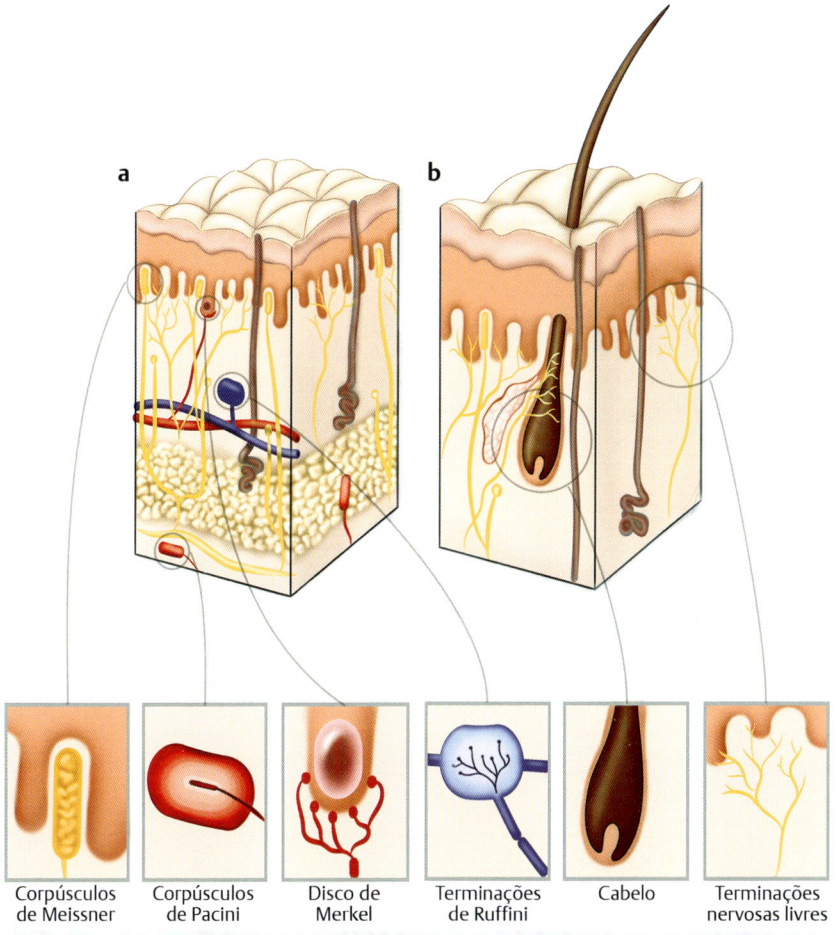

Fig. 1-8 (**a**) Localização dos diferentes tipos de receptor sensorial no tecido cutâneo. (**b**) Localização das fibras do Tipo I e Tipo II dentro do tecido muscular.

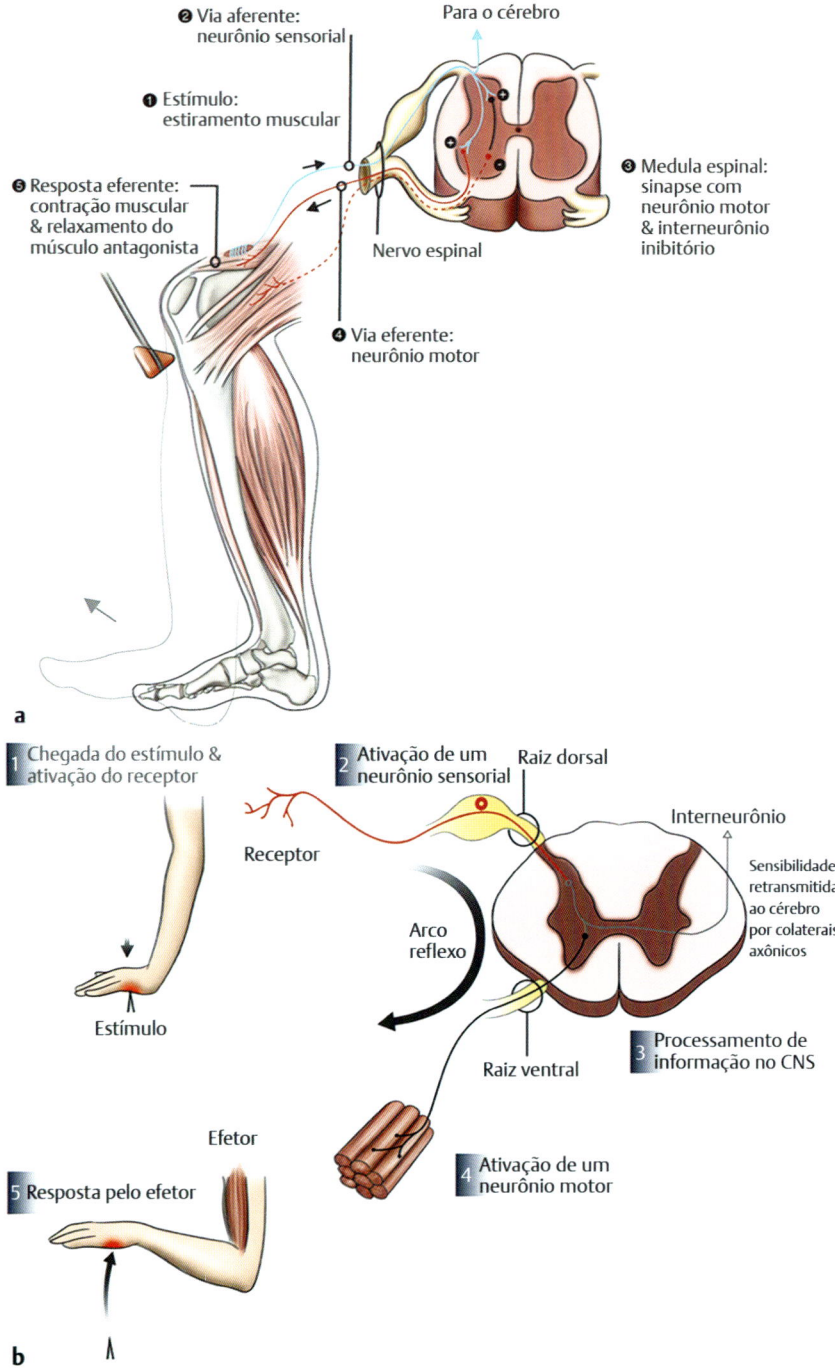

Fig. 1-9 (a, b) Componentes de um arco reflexo monossináptico.

❖ Pode reduzir o efeito dos UMNs em um arco reflexo, com o paciente cerrando os dentes e segurando seus dedos entrelaçados em uma configuração no formato de gancho.
❖ Essas manobras reduzem a atividade consciente dos UMNs pelo fornecimento de distração.
- Lesões
  ♦ Lesões no UMN → hiper-reflexia causada pela perda de inibição.
  ♦ Lesões no LMN → hiporreflexia causada pela perda de resposta efetora.

Leituras Sugeridas

1. Haines DE. Fundamental Neuroscience for Basic and Clinical Applications. 4th ed. Philadelphia, PA: Churchill Livingstone/Elsevier; 2013
2. Haines DE. Neuroanatomy in Clinical Context: An Atlas of Structures, Sections, and Systems. 9th ed. Baltimore, MD: Lippincott, Williams, and Wilkins; 2014
3. Drake RL, Vogl AW, Mitchell AW. Gray's Anatomy for Students. 2nd ed. Philadelphia, PA: Churchill Livingstone; 2014
4. Gilroy AM, MacPherson BR, Ross LM, Schuenke M, Schulte E, Schumacher U. Atlas of Anatomy. 2nd ed. New York, NY: Thieme; 2012
5. Martini FH, Timmons MJ, Tallitsch RB. Human Anatomy. 8th ed. Boston, MA: Pearson; 2014

2 Anatomia Geral da Coluna Vertebral e Vias do Trato Longo

Jacob V. DiBattista ▪ Ankur S. Narain ▪ Fady Y. Hijji ▪ Philip K. Louie ▪ Daniel D. Bohl ▪ Kern Singh

2.1 Anatomia Topográfica

2.1.1 Anatomia Geral da Coluna Vertebral

- Visão geral da coluna vertebral (**Quadro 2-1, Fig. 2-1**).
- Classificação da coluna:
  - Coluna vertebral dividida em três classificações anatômicas (**Quadro 2-2, Fig. 2-2**).
  - Confiabilidade moderada para determinar o grau clínico de estabilidade.
- Referências de superfície (**Quadro 2-3, Fig. 2-3**).

2.1.2 Anatomia Geral da Medula Espinal

- Canal vertebral:
  - Extensão do forame magno (cranial) até o hiato sacral (caudal).
  - Formado pelos forames vertebrais de cada vértebra.
  - Conteúdos (**Quadro 2-4, Fig. 2-4**).
- Regiões da medula espinal e nervos espinais:
  - Cinco divisões e 31 nervos espinais (**Fig. 2-5**):
    - Cervical: nervos espinais C1–C8.
    - Torácica: nervos espinais T1–T12.

Quadro 2-1 Regiões da coluna vertebral

Região	Níveis vertebrais	Curvatura[a]	Função
Cervical	C1–C7	Lordose, 20–40 graus	Apoia e movimenta a cabeça Comunica a medula espinal e os vasos vertebrais entre a cabeça e o pescoço
Torácica	T1–T12	Cifose, 20–40 graus	Apoia e protege o tórax
Lombar	L1–L5	Lordose, 40–60 graus	Apoia o abdome
Sacral	S1–S5 (fundido)	Cifose, fundido	Transmite o peso para os membros inferiores pelos ossos pélvicos Forma o contorno e a estrutura da pelve posterior
Cóccix	Co	Cifose	Vestigial sem função aparente

[a]Cifose: côncava, anteriormente, e convexa, posteriormente. Lordose: convexa, anteriormente, e côncava, posteriormente.

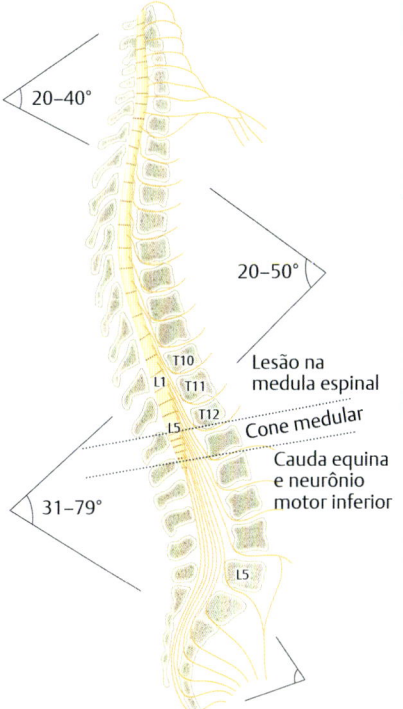

Fig. 2-1 Coluna vertebral. (Reproduzida com permissão de An HS, Singh K, eds. Synopsis of Spine Surgery. 3rd ed. New York, NY: Thieme; 2016.)

Quadro 2-2 Classificação da coluna vertebral

Classificação	Limite anterior	Limite posterior
Coluna anterior	Ligamento longitudinal anterior (ALL)	Dois terços anteriores do corpo vertebral e disco intervertebral
Coluna média	Um terço posterior do corpo vertebral e disco intervertebral	Ligamento longitudinal posterior (PLL)
Coluna posterior	Imediatamente posterior ao PLL	Ligamento nucal (C1–C7) ou ligamento supraespinal (inferior a C7)

- ♦ Lombar: nervos espinais L1–L5.
- ♦ Sacral: nervos espinhais S1-S5
- ♦ Cóccix: nervo coccígeo.
- Nervos espinais saem do canal vertebral pelos forames intervertebrais.
- Numeração do nervo espinal:
  - ♦ Nervos espinais C1–C7 saem *acima* de suas respectivas vértebras.
  - ♦ Nervo espinal C8 sai *abaixo* das vértebras C7 (forame intervertebral C7/T1).
  - ♦ Todos os demais nervos espinais saem *abaixo* de suas respectivas vértebras.

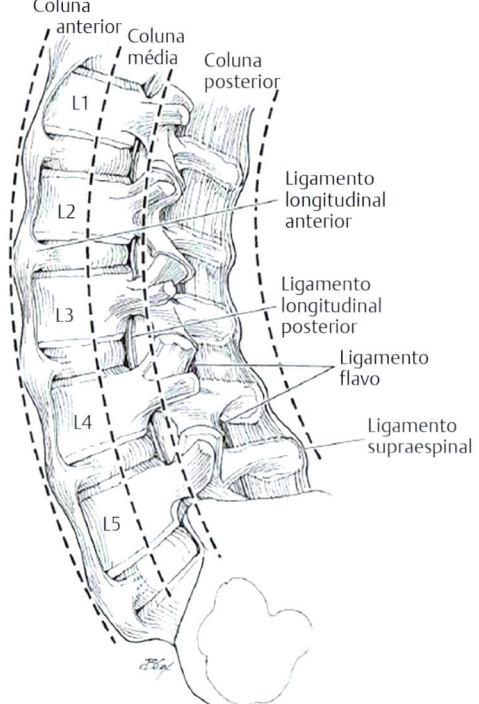

Fig. 2-2 Classificação da coluna vertebral. (Reproduzida com permissão de Baaj AA, Mummaneni PV, Uribe JS, Vaccaro AR, Greenberg MS, eds. Handbook of Spine Surgery. 2nd ed. New York, NY: Thieme; 2016.)

Quadro 2-3 Referências de superfície palpável e associação ao nível vertebral

	Anterior		Posterior
Nível vertebral	Referência de superfície	Nível vertebral	Referência de superfície
C2/C3	Corpo da mandíbula	C7	Mais saliente
T2/T3	Incisura jugular	T3	Vértebra da escápula (porção medial)
T9/T10	Processo xifoide	T7	Extremidade inferior da escápula
L3/L4	Umbigo	L4	Aspecto superior das cristas ilíacas
S1	Espinha ilíaca superior anterior (ASIS)	S2	Espinha ilíaca superior posterior (PSIS)

- Aspectos gerais da medula espinal:
  - Medula espinal adulta tem dois terços do comprimento da coluna vertebral:
    - Origem: medula (tronco encefálico) no forame magno.
    - Terminação: cone medular (L2).
  - O saco tecal compreende um saco envolto pela dura-máter que se estende da medula espinal e contém líquido cefalorraquidiano (CSF), raízes nervosas e a cauda equina.
  - Características (**Quadro 2-5, Figs. 2-5, 2-6**).

Anatomia Geral da Coluna Vertebral e Vias do Trato Longo

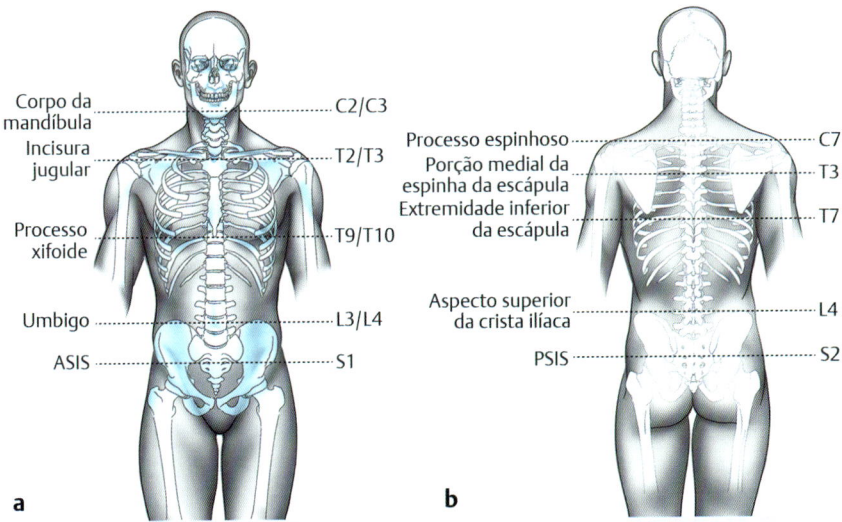

Fig. 2-3 Referências de superfície palpável para determinar o nível vertebral. (**a**) Anterior. (**b**) Posterior.

Quadro 2-4 Conteúdos do canal vertebral

Estrutura	Descrição
Superficial	
Espaço extradural (epidural)	Contém tecido adiposo e plexo venoso vertebral interno
Plexo venoso vertebral interno (divisões anterior e posterior)	Drena a medula espinal e conecta com o plexo vertebral externo. A falta de válvulas pode levar ao fluxo sanguíneo bidirecional
Camadas meníngeas	
▪ Dura-máter (mais superficial)	Composta de tecido fibroso. Contínua com o epineuro de nervos espinais
Espaço subdural	Espaço potencial entre a dura-máter e o aracnoide que pode abrir secundariamente ao trauma (p. ex., hematoma subdural)
▪ Aracnoide-máter (médio)	Aderente à dura-máter. Avascular e translucente
Espaço subaracnoide	Entre a aracnoide e a pia-máter. Contém o líquido cefalorraquidiano (CSF)
▪ Pia-máter (mais profunda)	Composta de tecido fibroso fino. Impermeável ao CSF
Ligamentos denticulados	Reflexões da pia-máter que se ligam ao aracnoide e dura-máter. São 21 pares, estendendo-se da junção craniovertebral até T12, fornecendo estabilidade à medula espinal
Medula espinal	
Profunda	

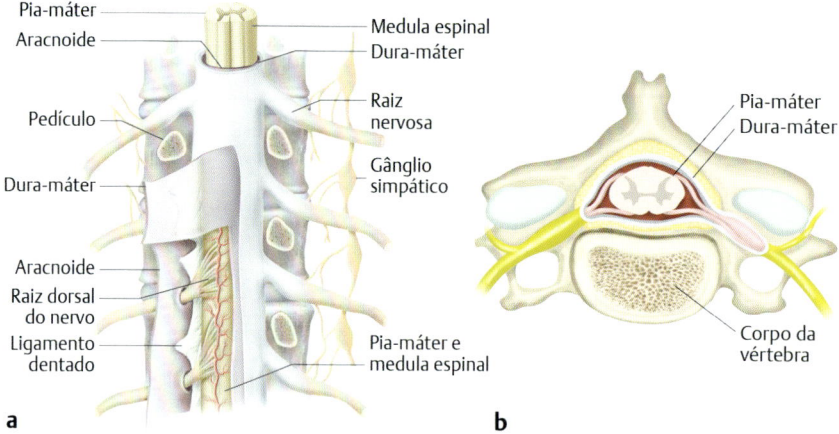

Fig. 2-4 (a, b) Conteúdo do canal vertebral. (Reproduzida com permissão de Baaj AA, Mummaneni PV, Uribe JS, Vaccaro AR, Greenberg MS, eds. Handbook of Spine Surgery. 2nd ed. New York, NY: Thieme; 2016.)

- Anatomia da medula espinal (**Quadros 2-6, 2-7**).
- Variação regional na composição da substância cinzenta e substância branca da medula espinal (**Figs. 2-7, 2-8**):
  - Região cervical:
    - Substância cinzenta abundante para inervação das extremidades superiores.
    - Região mais rica em substância branca.
    - Presença tanto de fascículo grácil e cuneiforme.
  - Região torácica:
    - Tamanho reduzido da substância cinzenta (nenhuma inervação nas extremidades).
    - Menos substância branca do que na região cervical.
    - Coluna celular intermediolateral (IML):
      - Pequena concentração de substância cinzenta do corno lateral contendo corpos celulares de neurônios simpáticos pré-ganglionares.
    - Fascículo cutâneo presente apenas em posição superior a T6, enquanto o fascículo grácil está presente ao longo do comprimento total.
  - Região lombar:
    - Substância cinzenta abundante para inervação de extremidades inferiores.
    - Menos substância branca do que nas regiões superiores.
    - Presença apenas do fascículo grácil.
    - Presença da cauda equina.
  - Região sacral:
    - Comparativamente pouca substância branca ou substância cinzenta.
    - Contém uma coluna celular IML:
      - Corpos celulares dos neurônios parassimpáticos pré-ganglionares.
    - Presença de cauda equina.

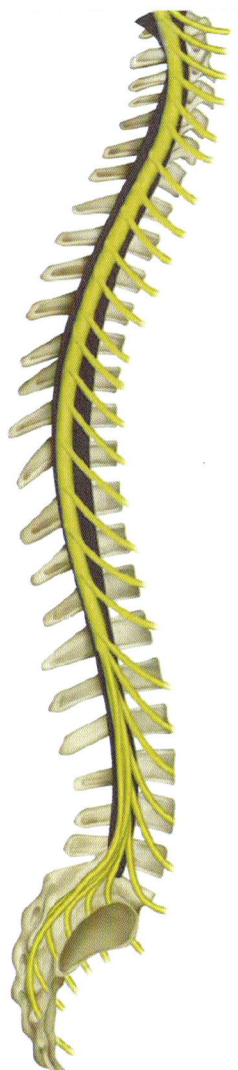

Fig. 2-5 Regiões da medula espinal, características e nervo espinal. (Reproduzida com permissão de Albert TJ, Vaccaro, AR, eds. Physical Examination of the Spine. 2nd ed. New York, NY: Thieme; 2016.)

2.2 Vias de Trato Longo
- Tratos descendentes (informação motora; **Quadros 2-8, 2-9, Figs. 2-9**).
- Tratos ascendentes (informação sensorial; **Quadros 2-10, 2-11**).

Quadro 2-5 Características gerais da medula espinal

Característica e nível vertebral	Descrição
Alargamento cervical (C4–T1)	Superabundância de fibras nervosas para a inervação de extremidades superiores
Alargamento lombossacral (L1–L3)	Superabundância de fibras nervosas para a inervação de extremidades inferiores
Cauda equina (T12/L1–Co)	Coleção de raízes nervosas lombares, sacrais e coccígeas que surgem do cone medular Percorre inferiormente dentro do canal vertebral para sair em seus respectivos níveis vertebrais
Terminação do saco dural (S2)	Terminação da dura-máter
Filamento terminal	Continuação da pia-máter do cone medular (L2) para o cóccix. Ajuda a ancorar a medula espinal no local
Interno (L2–S2)	Filamento terminal dentro do saco dural
Externo (S2–Co)	Filamento terminal fora do saco dural

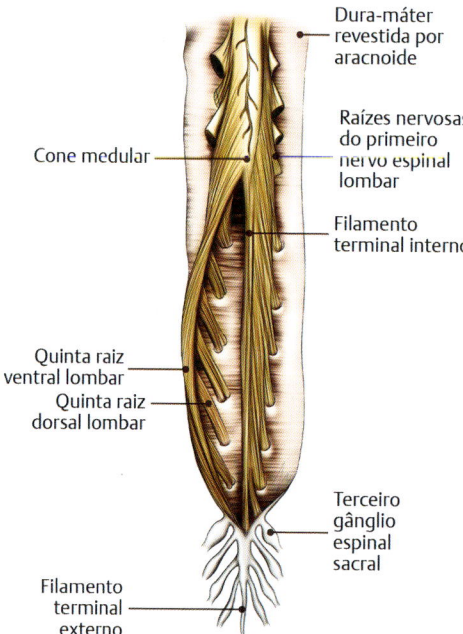

Fig. 2-6 Extremidade terminal da medula espinal.

Quadro 2-6 Anatomia da medula espinal: estruturas de superfície

Estrutura	Função
Raiz	
Ventral	Carrega a informação **motora** da medula espinal. Contém as fibras eferentes somáticas gerais (GSE) e eferentes viscerais gerais (GVE)
Dorsal	Carrega a informação **sensorial** para a medula espinal. Contém as fibras aferentes somáticas gerais (GSA) e aferentes viscerais gerais (GVA)
Radicular	
Ventral	Porção ramificada da raiz ventral que se liga à medula espinal
Dorsal	Porção ramificada da raiz dorsal que se liga à medula espinal
Gânglio da raiz dorsal	Sítio de corpos celulares de neurônios GSA e GVA
Nervo espinal	Acúmulo de raízes ventrais e dorsais (fibras GSA, GVA, GSE e GVE). São 31 pares, que saem do canal vertebral nos forames intervertebrais
Ramo	
Ventral	Divisão anterior de um nervo espinal. Inerva o tronco ventral e membros superiores e inferiores. Muito maior do que o minidorsal
Dorsal	Divisão posterior de um nervo espinal. A maioria dos níveis divide-se em ramos mediais e laterais para inervar a pele e músculos das costas (tronco dorsal)
Ramos meníngeos	Ramo do nervo espinal anterior aos ramos. Entra novamente no forame intervertebral para inervar as vértebras e as estruturas do canal vertebral
Fissura mediana anterior	Corre a extensão da medula espinal ventral, dividindo-a em metades direita e esquerda. Cria uma ranhura onde a artéria espinal anterior está situada
Sulco anterolateral	Sítio onde as estruturas radiculares ventrais saem da medula espinal
Sulco mediano posterior	Corre a extensão da medula espinal dorsal, dividindo-a em metades direita e esquerda. Menos evidente do que o sulco mediano anterior
Sulco intermediário posterior	Pequeno sulco que separa o fascículo grácil (medial) do fascículo cuneiforme (lateral). Apenas localizado em posição superior a T6
Sulco posterolateral	Sítio onde as estruturas radiculares dorsais entram na medula espinal

2.3 Anatomia do Disco Intervertebral (Fig. 2-10)

- Descrição:
    - Articulação não sinovial (sínfise) localizada entre os corpos vertebrais:
        - Camada de cartilagem hialina separa o disco e o corpo vertebral (placas terminais).
- Composição:
    - Fibrocartilaginosa.
    - Núcleo pulposo: núcleo interno, remanescente da notocorda embriológica:
        - Composto de colágeno tipo II.
    - Anel fibroso: anel externo disposto de modo lamelar:
        - Composto de colágeno tipo I.

Quadro 2-7 Anatomia da medula espinal: secção transversal

Substância branca: **neurônios mielinizados. Contém tratos ascendente e descendente (vias).**

Estrutura[a]	Função (tratos)
Funículo anterior	*Ascendente:* espinotalâmico anterior *Descendente:* corticospinal anterior, reticulospinal medial, tectospinal e vestibulospinal medial
Funículo lateral	*Ascendente:* espinotalâmico lateral e espinocerebelar anterior e posterior *Descendente:* corticospinal lateral, reticulospinal lateral, rubrospinal e vestibulospinal lateral
Funículo posterior	*Ascendente:* coluna dorsal (fascículo grácil e cuneiforme) *Descendente:* nenhum
Comissura branca anterior	Sítio onde há cruzamento de algumas fibras na linha média. Localizada entre a fissura mediana anterior e a comissura da substância cinzenta. Conecta duas metades da medula espinal

Substância cinzenta: **neurônios não mielinizados. Contém interneurônios e corpos celulares.**

Estrutura	Função
Corno ventral	Sítio de corpos celulares GSE (neurônios motores inferiores)
Corno lateral	Sítio de corpos celulares GVE (autonômicos)
Corno dorsal	Sítio de corpos celulares de interneurônios (recebem fibras GSA e GVA)
Comissura cinzenta	Em torno do canal central. Conecta duas metades da medula espinal

Outras estruturas

Estrutura	Função
Canal central	Espaço preenchido com líquido cefalorraquidiano no centro da medula espinal. Contínua com o sistema ventricular do cérebro. Gradualmente fecha com a idade

[a]Um fascículo refere-se a um feixe de axônios paralelos no sistema nervoso central (carrega a mesma informação/modalidade), enquanto um funículo refere-se a um grupamento de fascículos. Ambos estão localizados na substância branca da medula espinal.

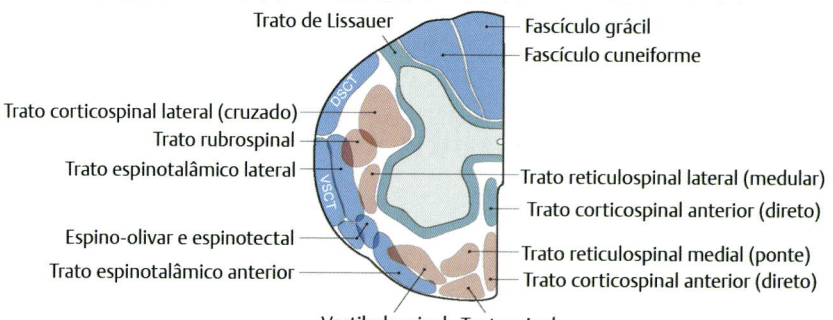

Fig. 2-7 Divisões da substância branca e substância cinzenta da medula espinal. (Reproduzida com permissão de Fehlings MG, Vaccaro AR, Maxwell Boakye M, Rossignol S, Ditunno DF, Burns AS, eds. Essentials of Spinal Cord Injury: Basic Research to Clinical Practice. New York, NY: Thieme; 2012.)

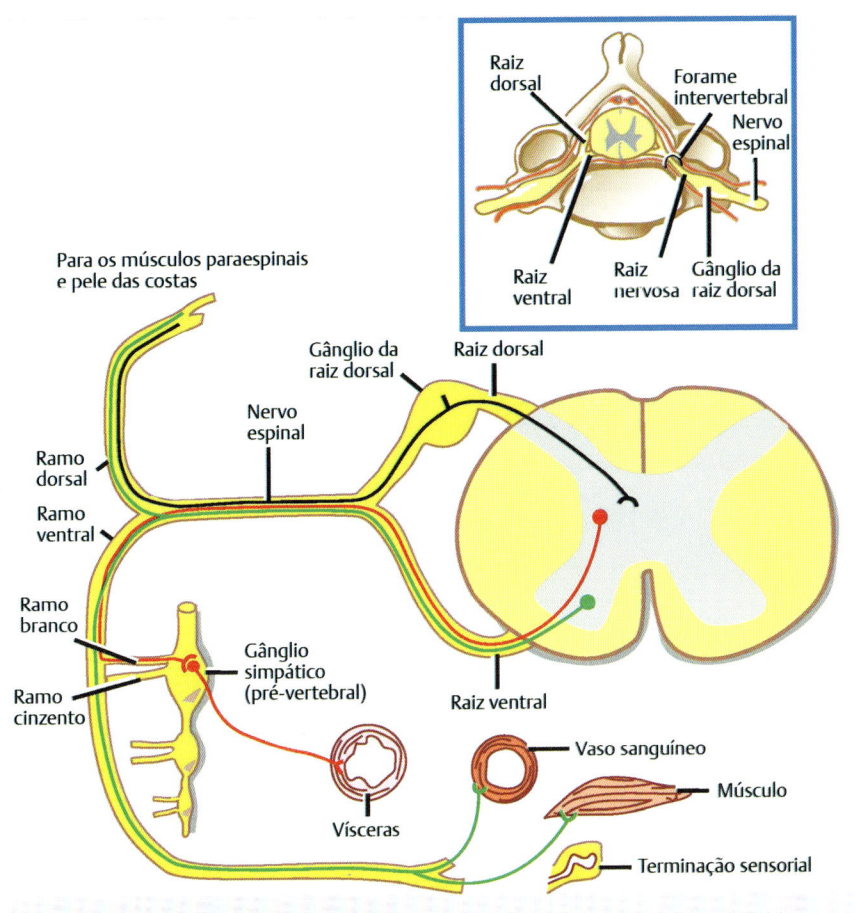

Anatomia Geral da Coluna Vertebral e Vias do Trato Longo

Fig. 2-8 Organização funcional da substância cinzenta da medula espinal. (Reproduzida com permissão de Albertstone CD, Benzel EC, Najm IM, Steinmetz M, eds. Anatomic Basis of Neurologic Diagnosis. New York, NY: Thieme; 2009.)

- Mecânica:
  - Permite o movimento limitado e mantém as vértebras em estreita associação.
  - Auxilia na resistência à compressão da coluna vertebral.
- Anatomia:
  - Vinte e três pares de discos na coluna vertebral:
    - Primeiro disco intervertebral: C2/C3.
    - Último disco intervertebral funcional: L5/S1.

Quadro 2-8 Visão geral dos tratos descendentes (motores)

Tratos piramidais: fibras UMN que percorrem do córtex cerebral para a medula espinal. Controlam o movimento voluntário pela ação direta (ou indiretamente, via interneurônios) nos corpos celulares de neurônios motores inferiores (LMN) do corno ventral.

Trato	Localização	
	Substância branca da medula espinal	Região da medula espinal
Corticospinal		
Anterior	Funículo anterior	Comprimento total
Lateral	Funículo lateral	Comprimento total

Tratos extrapiramidais: fibras do neurônio motor superior (UMN) que percorrem das áreas do tronco encefálico para a medula espinal. Controlam os movimentos involuntários pela modulação e regulação dos corpos celulares LMN do corno ventral (p. ex., postura, equilíbrio etc.).

Trato	Localização	
	Substância branca da medula espinal	Região da medula espinal
Reticulospinal		
Medial	Funículo anterior	Comprimento total
Lateral	Funículo lateral	Comprimento total
Rubrospinal	Funículo lateral	Apenas cervical/torácica superior
Tectospinal	Funículo anterior	Cervical apenas
Vestibulospinal		
Medial	Funículo anterior	Cervical apenas
Lateral	Funículo lateral	Comprimento total

2.4 Dermátomos

- Dermátomo:
  - Área distinta da pele suprida por um único nível de medula espinal.
  - Isto é, a sensação de dor por uma picada no terceiro dedo é realizada pelo nervo mediano e entra na medula espinal em C7.
- Irradiação da dor:
  - A dor que migra a partir da origem do estímulo doloroso, pode ser cutânea ou profunda.
  - Isto é, a ciatalgia é causada pela compressão do nervo espinal L5, levando à dor na região lombar que irradia para baixo da coxa em direção à perna e ao pé.
- Dor referida:
  - A dor percebida em um local diferente da origem do estímulo doloroso.
  - Segue o padrão do dermátomo (com base no sistema nervoso autonômico).
  - Isto é, um infarto do miocárdio frequentemente causa dor no ombro esquerdo, pescoço e costas, pois as fibras aferentes viscerais gerais (GVA) do coração são do mesmo nível espinal e do dermátomo como aquelas presentes nas áreas cutâneas.

Quadro 2-9 Detalhes da via de trato descendente (motor)

Trato	Função	Via		Sítio de decussação
		Origem	Destino final	
Corticospinal				
Anterior[a]	Controle dos músculos proximais (tronco e pescoço)	Córtex cerebral (giro pré-central)	Corpos celulares do neurônio motor inferior (LMN)	Alguns na comissura branca anterior, em nível de sinapse (inervação bilateral)
Lateral	Controle do movimento fino em músculos flexores distais (principalmente)	Córtex cerebral (giro pré-central)	Corpos celulares de LMN	Medula caudal (inervação contralateral)
Reticulospinal				
Medial	Regulação do movimento voluntário em extensores de membros e tronco (principalmente)	Formação da ponte reticular	Interneurônios (corno dorsal)	Nenhum (inervação ipsolateral)
Lateral	Regulação do movimento voluntário em flexores de membros (principalmente)	Formação reticular medular	Interneurônios (corno dorsal)	Algum na medula caudal (inervação bilateral)
Rubrospinal	Facilitação de movimento voluntário em flexores dos membros superiores. Inibição do movimento voluntário em extensores dos membros superiores. Importante no equilíbrio	Núcleo vermelho (mesencéfalo)	Interneurônios e corpos celulares de LMN	Mesencéfalo (inervação contralateral)
Tectospinal	Movimento reflexo da cabeça e pescoço em decorrência de estímulos visuais	Colículo superior (mesencéfalo)	Interneurônios e corpos celulares de LMN	Mesencéfalo (inervação contralateral)
Vestibulospinal				
Medial	Mantém o posicionamento ereto da cabeça em resposta aos estímulos vestibulares	Núcleo vestibular medial (medula)	Interneurônios e corpos celulares de LMN	Alguns na medula caudal (inervação bilateral)
Lateral	Manter a postura em resposta aos estímulos vestibulares	Núcleo vestibular lateral (ponte)	Corpos celulares LMN	Nenhum (inervação ipsolateral)

[a]A via corticospinal anterior representa, aproximadamente, 15% dos neurônios que não sofrem decussação na medula inferior (que forma a via corticospinal lateral).

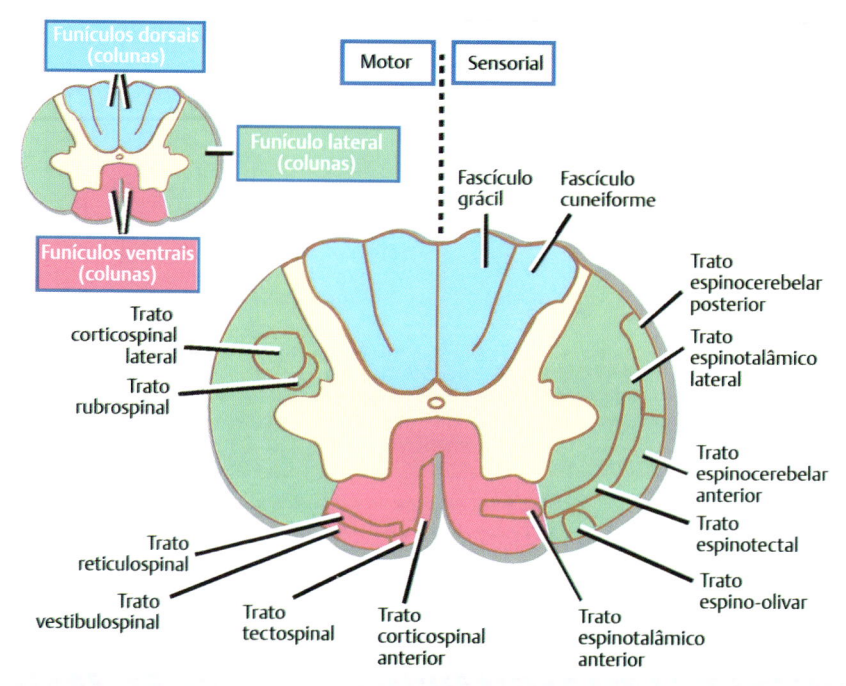

Fig. 2-9 Tratos descendentes (motores) e ascendentes (sensoriais). (Reproduzida com permissão de Albertstone CD, Benzel EC, Najm IM, Steinmetz M, eds. Anatomic Basis of Neurologic Diagnosis. New York, NY: Thieme; 2009.)

Quadro 2-10 Visão geral dos tratos ascendentes (sensoriais)

Trato	Localização	
	Substância branca da medula espinal	Região da medula espinal
Coluna dorsal		
Fascículo cuneiforme	Funículo posterior	Cranialmente para T6, apenas
Fascículo grácil	Funículo posterior	Comprimento total
Espinotalâmico		
Anterior	Funículo anterior	Comprimento total
Lateral	Funículo lateral	Comprimento total
Espinocerebelar		
Anterior	Funículo lateral	Comprimento total
Posterior	Funículo lateral	Comprimento total

Quadro 2-11 Detalhes da via do trato ascendente (sensorial)

Trato	Modalidade sensorial	Localização e via do corpo celular			Destino final	Sítio de decussação
		Neurônio grau 1	Neurônio grau 2	Neurônio grau 3		
Coluna dorsal						
Fascículo grácil	Propriocepção consciente, discriminação de dois pontos, toque, pressão e vibração caudal em T6	Gânglios da raiz dorsal. Ascende no fascículo grácil (porção medial do funículo posterior)	Núcleo grácil da medula. Ocorre a decussação e ascende no lemnisco medial	Núcleo posterolateral ventral (VPL) do tálamo. Ascende na cápsula interna	Córtex cerebral (giro pós-central)	Medula inferior (sensibilidade contralateral)
Fascículo cuneiforme	Propriocepção consciente, discriminação de dois pontos, toque, pressão e vibração cranial em T6	Gânglios da raiz dorsal. Ascende no fascículo cuneiforme (porção lateral do funículo posterior)	Núcleo cuneiforme da medula. Decussação e ascende no lemnisco medial	O mesmo descrito acima	O mesmo descrito acima	O mesmo descrito acima
Espinotalâmico						
Anterior	Toque leve	Gânglios da raiz dorsal. Entra no corno dorsal no mesmo nível ou também corre 1–2 níveis cranialmente ou caudalmente, via trato de Lissauer	Substância gelatinosa ou núcleo próprio do corno dorsal. Decussa via comissura branca anterior e ascende no funículo anterior	Núcleo VPL do tálamo. Ascende na cápsula interna	Córtex cerebral (giro pós-central)	Comissura branca anterior, tanto no mesmo nível espinal ou 1–2 níveis cranialmente ou caudalmente (sensibilidade contralateral)
Lateral	Dor e temperatura	O mesmo descrito anteriormente	O mesmo descrito acima, mas ascende no funículo lateral	O mesmo descrito acima	O mesmo descrito acima	O mesmo descrito acima

(Continua)

Quadro 2-11 (*Continua*)

Trato	Modalidade sensorial	Localização e via do corpo celular				Sítio de decussação
		Neurônio grau 1	Neurônio grau 2	Neurônio grau 3	Destino final	
Espinocerebelar						
Anterior	Propriocepção inconsciente	Gânglios da raiz dorsal. Entra no corno dorsal no mesmo nível	Núcleo próprio. Decussação via comissura branca anterior e ascende no funículo lateral	Nenhum	Cerebelo (via pedúnculo cerebelar superior do mesencéfalo)	Comissura branca anterior no mesmo nível, em seguida, novamente no cerebelo (sensibilidade ipsolateral em rede)
Posterior	Propriocepção inconsciente	O mesmo descrito acima	Núcleo de Clarke. Ascende ipsolateralmente no funículo lateral	Nenhum	Cerebelo (via pedúnculo cerebelar inferior do mesencéfalo)	Nenhum (sensibilidade ipsolateral)

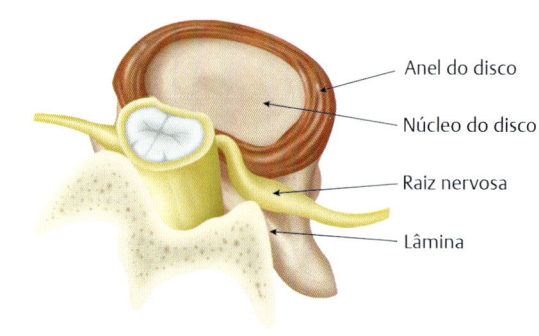

Fig. 2-10 Componentes dos discos intervertebrais. (Reproduzida com permissão de An HS, Singh K, eds. Synopsis of Spine Surgery. 3rd ed. New York, NY: Thieme; 2016.)

- Anel do disco
- Núcleo do disco
- Raiz nervosa
- Lâmina

Leituras Sugeridas

1. Haines DE. Fundamental Neuroscience for Basic and Clinical Applications. 4th ed. Philadelphia, PA: Churchill Livingstone/Elsevier; 2013
2. Haines DE. Neuroanatomy in Clinical Context: An Atlas of Structures, Sections, and Systems. 9th ed. Baltimore, MD: Lippincott, Williams, and Wilkins; 2014
3. Drake RL, Vogl AW, Mitchell AW. Gray's Anatomy for Students. 2nd ed. Philadelphia, PA: Churchill Livingstone; 2014
4. Gilroy AM, MacPherson BR, Ross LM, Schuenke M, Schulte E, Schumacher U. Atlas of Anatomy. 2nd ed. New York, NY: Thieme; 2012
5. Martini FH, Timmons MJ, Tallitsch RB. Human Anatomy. 8th ed. Boston, MA: Pearson; 2014

3 Anatomia Atlanto-Occipital

Suzanne Labelle ▪ Fady Y. Hijji ▪ Ankur S. Narain ▪ Philip K. Louie ▪ Daniel D. Bohl ▪ Kern Singh

3.1 Anatomia Óssea

3.1.1 Osso Occipital (Fig. 3-1)

- Protuberância occipital externa.
- Linha nucal superior.
- Linha nucal inferior.
- Côndilo occipital:
  - Articulação com as faces superiores do atlas.

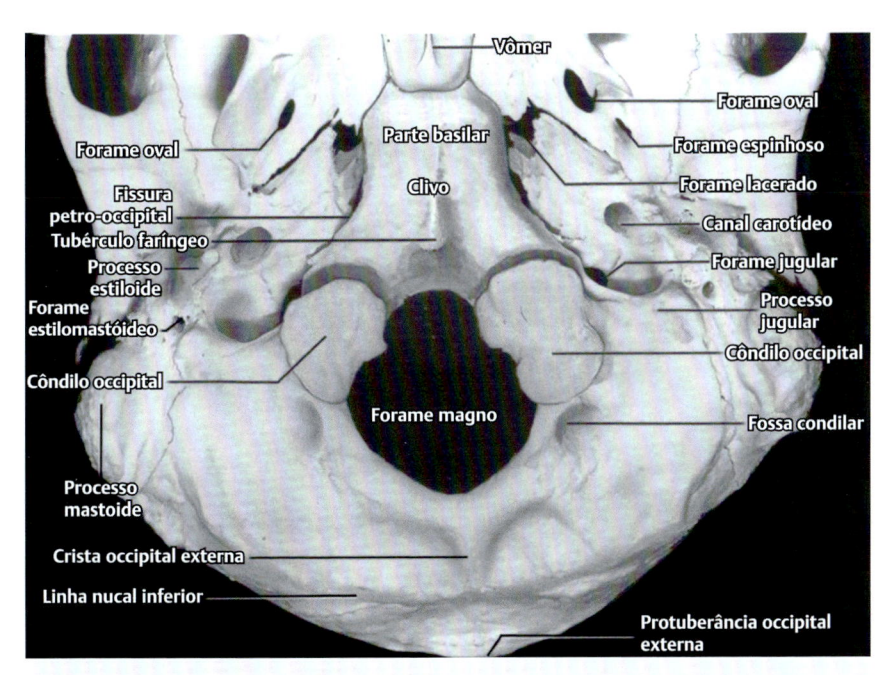

Fig. 3-1 Anatomia do osso occipital. (Reproduzida com permissão de Bambakidis NC, Dickman CA, Spetzler RF, Sonntag VKH, eds. Surgery of the Craniovertebral Junction. 2nd edition. New York, NY: Thieme; 2012.)

3.1.2 Atlas: Primeira Vértebra Cervical (C1; Fig. 3-2)

- Forame magno:
  - Permite a passagem da medula espinal.
- Arco anterior:
  - Tubérculo anterior.
  - Face articular para o dente na superfície posterior.

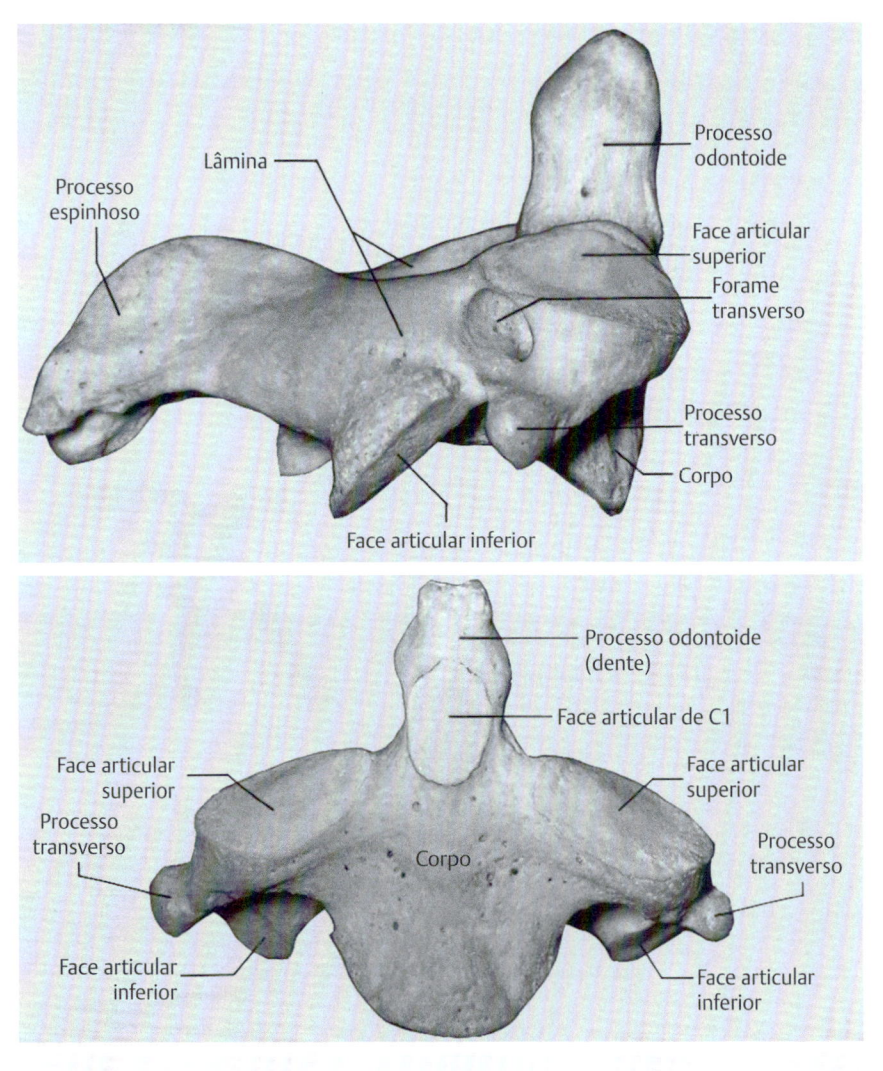

Fig. 3-2 Anatomia óssea do atlas e áxis. (Reproduzida com permissão de Bambakidis NC, Dickman CA, Spetzler RF, Sonntag VKH, eds. Surgery of the Craniovertebral Junction. 2nd edition. New York, NY: Thieme; 2012.)

Anatomia Atlanto-Occipital

- Arco posterior:
  - Equivalente à lâmina de outras vértebras cervicais.
  - Tubérculo posterior:
    - Equivalente ao processo espinhoso.
- Processo transverso:
  - Contém o forame transverso:
    - Permite a passagem da artéria vertebral.
    - Orientação vertical.
- Massa laterais:
  - Equivalente ao corpo vertebral (sem corpo vertebral formal).
  - Contém o tubérculo para a fixação do ligamento cruzado.
  - Superfície articular superior:
    - Orientação horizontal.
    - Articulação com o côndilo occipital formando a articulação atlanto-occipital:
      ◊ Articulação sinovial condiloide biaxial: articulações preenchidas com fluido envolvendo os côndilos occipitais que permitem o movimento em dois planos.
      ◊ Permite a flexão e extensão; rotação e inclinação lateral mínima.
  - Superfície articular inferior:
    - Orientação horizontal.
    - Articulação com a massa lateral do áxis formando a articulação atlantoaxial.

3.1.3 Áxis: Segunda Vértebra Cervical (C2; Fig. 3-2)

- Dente:
  - Único apenas para C2.
  - Face articular anterior:
    - Articulação com o arco anterior do atlas.
    - Forma a articulação mediana em pivô (**Fig. 3-3**).
  - Face articular posterior:
    - Serve como superfície de articulação para o ligamento transverso do ligamento cruzado:
      ◊ Previne a subluxação entre C1 e C2.

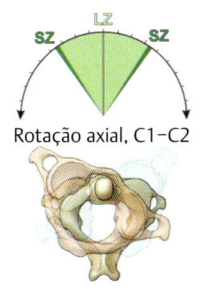

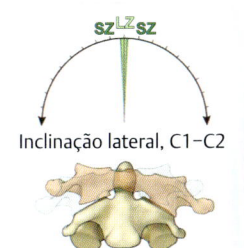

Fig. 3-3 Rotação da articulação atlantoaxial lado a lado. (Reproduzida com permissão de Bambakidis NC, Dickman CA, Spetzler RF, Sonntag VKH, eds. Surgery of the Craniovertebral Junction. 2nd edition. New York, NY: Thieme; 2012.)

- Pequeno corpo vertebral abaixo do dente:
  - Pequenos pedículos fixados às massas laterais.
- Processo transverso:
  - Contém o forame transverso:
    - Artéria vertebral sai aqui:
      - Faz uma volta de 45 graus e retorna na coluna cervical no forame transverso de C1.
- Processo espinhoso:
  - Pequeno e bífido.
- Massas laterais:
  - Face articular superior:
    - Orientação horizontal.
    - Articulação com o atlas formando a articulação atlantoaxial:
      - Articulação sinovial uniaxial: articulação preenchida por fluido que permite o movimento em um plano.
      - Articulação do plano entre ambas as faces articulares superiores do áxis e as faces articulares inferiores correspondentes do atlas.
      - Articulação mediana em pivô entre o dente e o arco anterior do atlas.
      - Permite a rotação da cabeça lado a lado (50% de rotação cervical).
      - Permite um pequeno grau de flexão/extensão (10 de 110 graus de coluna cervical).
  - Face articular inferior:
    - Orientação horizontal.
    - Articulação com C3 (**Quadro 3-1**).

Quadro 3-1 Comparação com outras vértebras cervicais

Vértebra	Similaridades	Diferenças
Atlas (C1)		Arco posterior na região da lâmina Tubérculo posterior na região do processo espinhoso Arco anterior com o processo anterior
Áxis (C2)	Processo espinhoso Corpo vertebral	Processos articulares na região da lâmina Dente/processo odontoide
Ambas	Processos transversos com os forames para a artéria vertebral Superfícies articulares nas massas laterais	Processos unciformes ausentes Massas laterais na região do corpo

3.2 Anatomia dos Ligamentos (Quadros 3-2, 3-3; Figs. 3-4, 3-5)

3.3 Anatomia Muscular (Quadros 3-4, 3-5; Figs. 3-6, 3-7)

3.4 Anatomia Vascular

Quadro 3-2 Ligamentos atlanto-occipitais (**Figs. 3.5, 3.6**)

Ligamento	Origem	Inserção	Função
Anterior			
Membrana atlanto-occipital anterior (AAO)	Aspecto anterior do atlas	Borda anterior do forame magno	Limita a extensão da cabeça
Ligamento de Barkow	Aspecto anteromedial do côndilo occipital anterior ao ligamento alar	Aspecto anteromedial do côndilo occipital anterior ao ligamento alar	Limita a extensão da articulação atlanto-occipital
Ligamento atlanto-occipital lateral (LAO)	Processo transverso anterolateral do áxis	Processo jugular do osso occipital	Limita a flexão lateral da cabeça
Posterior			
Membrana atlanto-occipital posterior (PAO)	Arco posterior do atlas	Borda posterior do forame magno	Reforço posterior da articulação
Membrana tectória	Áxis posterior	Superfície superior do osso occipital anterior ao forame magno	Restringe a extensão na articulação atlanto-occipital (continuação do ligamento longitudinal posterior)
Membrana atlanto-occipital posterior (PAO)	Arco posterior do atlas	Borda posterior do forame magno	Reforço posterior da articulação
Ligamento nucal	Processo espinhoso de C7	Projeção inferior do osso occipital	Restringe a hiperflexão da coluna cervical (continuação do ligamento supraespinhoso)

Quadro 3-3 Ligamentos atlantoaxiais

Ligamento	Origem	Inserção	Função
Anterior			
Ligamento cruzado (ligamento atlantotransversal)	Tubérculo lateral do atlas	Tubérculo lateral do atlas do lado oposto	Mantém a estabilidade da junção atlantoaxial pelo bloqueio do processo odontoide contra o arco anterior de C1. Ligamento mais forte da articulação atlantoaxial
Ligamentos alares	Aspecto lateral do processo odontoide	Base do crânio	Limita a hiper-rotação e a inclinação lateral no lado contralateral
Ligamento occipital transverso (TOL)	Aspecto interno do côndilo occipital	Aspecto interno do côndilo occipital	Assenta-se posterossuperiormente aos ligamentos alares e auxilia no apoio da junção craniocervical
Posterior			
Ligamento atlantoaxial acessório	Superfície dorsal medial do áxis	Posterior ao ligamento transverso na massa lateral do atlas	Proteção e suporte dos ramos da artéria vertebral que irrigam o dente
Membrana tectória	Áxis posterior	Superfície superior do osso occipital anterior ao forame magno	Restringe a flexão/extensão na articulação atlantoaxial
Ligamento nucal	Processo espinhoso de C7	Projeção inferior do osso occipital	Restringe a hiperflexão da coluna cervical

- Artéria vertebral: irrigação arterial de C1 e C2:
  - Quatro segmentos (V1–V4).
  - Origina-se da artéria subclávia:
    - Ascende entre o escaleno anterior e os músculos longos do pescoço.
    - Alcança as vértebras C6 e entra no forame transverso.
  - Quatro segmentos (V1–V4): progride superiormente:
    - V1: pré-foraminal:
      - Artéria subclávia para o forame transverso de C6:
        - Apesar do forame vertebral em C7, a artéria vertebral não percorre por ele na maioria dos indivíduos.
    - V2: foraminal:
      - Forame transverso (C6) para as vértebras C2.
  - Segmentos na junção craniocervical:
    - V3: acima de C2:
      - C2 para dura-máter.
    - V4: intradural:
      - Intradural para a artéria basilar (tronco encefálico).

Anatomia Atlanto-Occipital

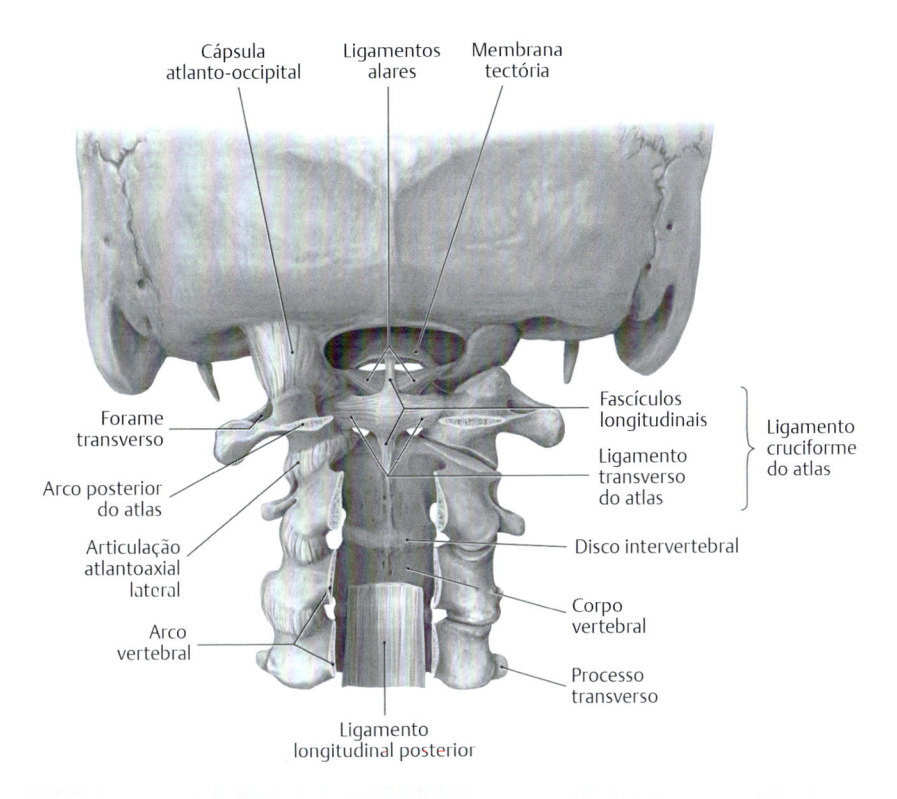

Fig. 3-4 Ligamentos internos da junção craniocervical. (Reproduzida com permissão de Baaj AA, Mummaneni PV, Uribe JS, Vaccaro AR, Greenberg MS, eds. Handbook of Spine Surgery. 2nd edition. New York, NY: Thieme; 2016.)

- Ramos de irrigação em C1 e C2:
  - Artéria espinal anterior:
    - Vaso único na linha média.
    - Irriga dois terços anteriores da medula espinal em C1 e C2.
  - Artéria espinal posterior:
    - Irriga o terço posterior da medula espinal em C1 e C2.
  - Artéria ascendente anterior:
    - Ramificação das artérias vertebrais imediatamente em posição caudal ao áxis.
    - Irrigação primária para o odontoide.
    - Forma o sistema colateral com a artéria ascendente posterior.
  - Artéria ascendente posterior:
    - Ramificação das artérias vertebrais caudais ao áxis.
    - Irrigação primária ao odontoide.

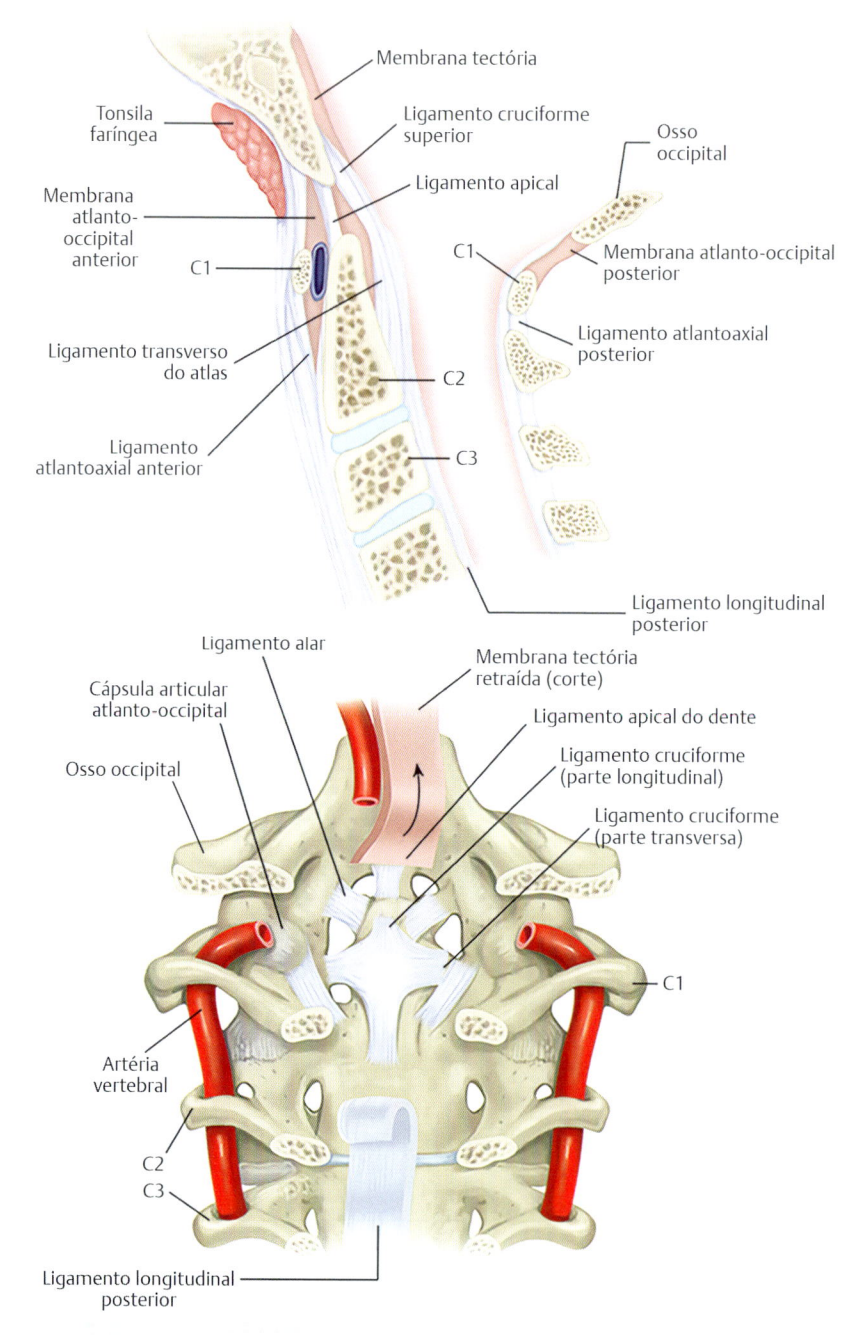

Fig. 3-5 Vista sagital dos ligamentos externos da junção craniocervical. (Reproduzida com permissão de An HS, Singh K, eds. Synopsis of Spine Surgery. 3rd ed. New York, NY: Thieme; 2016.)

Anatomia Atlanto-Occipital

Quadro 3-4 Triângulo suboccipital (**Fig. 3-6**)

Músculo	Origem	Inserção	Ação	Inervação
Reto posterior da cabeça (maior)	Coluna das vértebras C2 (áxis)	Linha nucal inferior	Estende, rotaciona e flexiona lateralmente a cabeça	Nervo suboccipital (ramo dorsal de C1)
Reto posterior da cabeça (menor)	Tubérculo posterior das vértebras C1 (C1)	Osso occipital	Estende e flexiona lateralmente a cabeça	Nervo suboccipital
Oblíquo da cabeça	Processo transverso do atlas	Osso occipital	Estende e flexiona lateralmente a cabeça	Nervo suboccipital
Oblíquo inferior da cabeça	Coluna do áxis	Processo transverso do atlas	Estende e flexiona lateralmente a cabeça	Nervo suboccipital

Quadro 3-5 Músculos anteriores profundos do pescoço (**Fig. 3-7**)

Músculo	Origem	Inserção	Ação	Inervação
Longo da cabeça	Processo transverso de C3–C6	Parte basilar do osso occipital	Flexão do pescoço na articulação atlanto-occipital	Raízes nervosas de C1–C4
Longo do pescoço	Processo transverso de C5–T3	Arco anterior do atlas	Flexiona a cabeça e o pescoço	Raízes nervosas de C2–C6

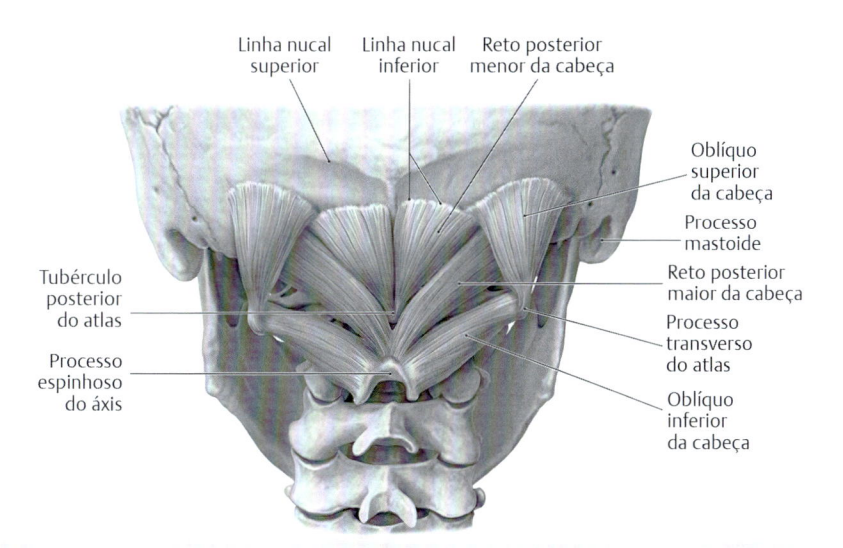

Fig. 3-6 Anatomia muscular do triângulo suboccipital. (Reproduzida com permissão de Baaj AA, Mummaneni PV, Uribe JS, Vaccaro AR, Greenberg MS, eds. Handbook of Spine Surgery. 2nd ed. New York, NY: Thieme; 2016.)

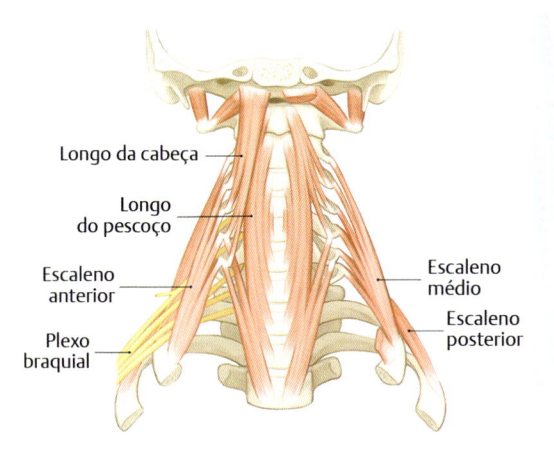

Fig. 3-7 Músculos anteriores profundos do pescoço.

- Longo da cabeça
- Longo do pescoço
- Escaleno anterior
- Escaleno médio
- Escaleno posterior
- Plexo braquial

◊ Artérias ascendentes posteriores conectam-se para formar a arcada apical na porção superior do processo odontoide.
◊ Forma o sistema colateral com a artéria ascendente anterior.
♦ Artéria medular segmentar anterior:
◊ Pequenos ramos penetrando as vértebras cervicais e a medula espinal.
♦ Artéria medular segmentar posterior:
◊ Pequenos ramos penetrando as vértebras cervicais e a medula espinal.

3.5 Anatomia Neural

- Raízes nervosas em C1 e C2:
  - Sai acima das respectivas vértebras.
  - Apresentam os ramos ventral e dorsal:
    ♦ Ramos ventrais: inervação motora para os músculos infra-hióideos.
    ♦ Ramos dorsais: inervação motora para os músculos triangulares suboccipitais e sensibilidade do couro cabeludo posterior (**Fig. 3-8**).
- Plexo cervical:
  - Ramos anteriores de C1–C4.
  - Origina a alça cervical.
    ♦ Ramos ventrais de C1 formam a raiz superior:
    ◊ Liberam os ramos para os músculos infra-hióideos anteriores do pescoço (músculos infra-hióideos): omo-hióideo, esterno-hióideo e esternotireóideo.
    ♦ Ramos ventrais de C2 unem-se a C3 para formar a raiz inferior:
    ◊ Liberam os ramos para os músculos infra-hióideos: omo-hióideo, esterno-hióideo e esternotireóideo.

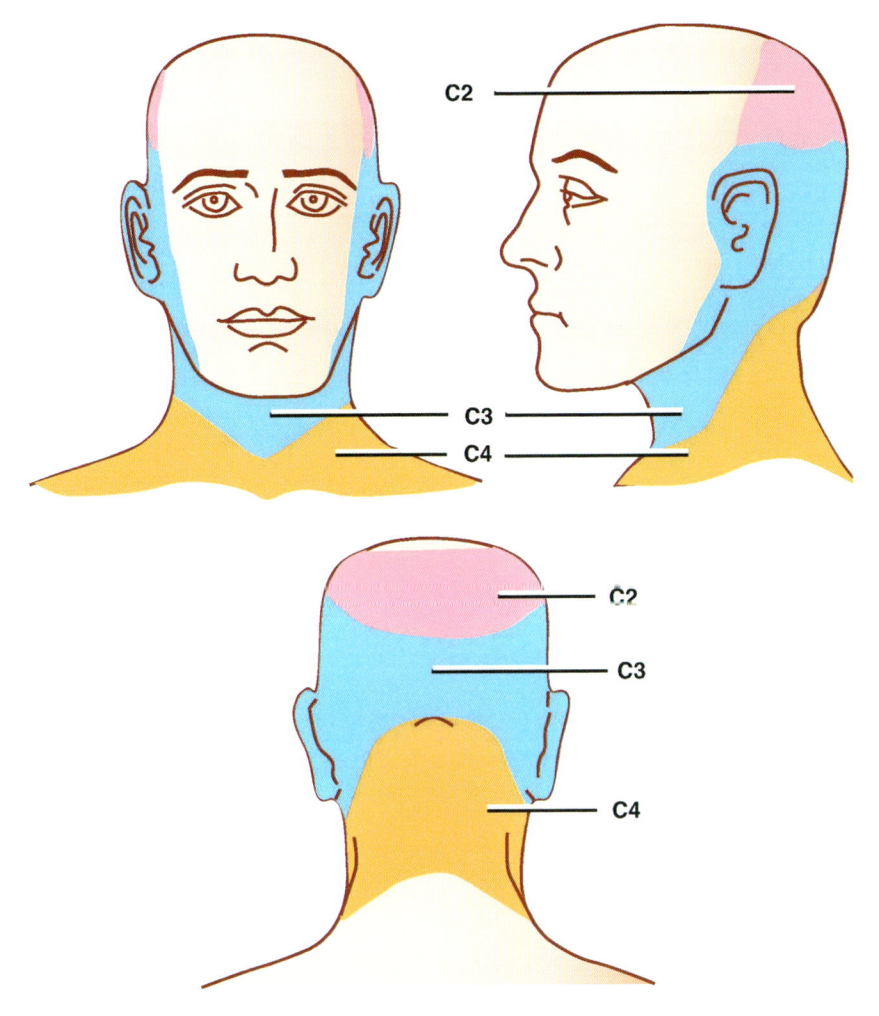

Fig. 3-8 Dermátomos occipitais. (Reproduzida com permissão de Albertstone CD, Benzel EC, Najm IM, Steinmetz M, eds. Anatomic Basis of Neurologic Diagnosis. New York, NY: Thieme; 2009.)

3.6 Dicas Clínicas e Cirúrgicas

- Raízes nervosas em C1 e C2 podem ser removidas com mínimas consequências na fusão occipital-cervical e risco de neuralgia occipital.
- Forças de alta energia, como colisões por veículos motores podem resultar em lesão no ligamento atlanto-occipital:
    - Separa a coluna espinal do occipício, frequentemente lesionando o tronco encefálico.

- A fusão anômala das vértebras cervicais ocorre com mais frequência entre C1 e C2 ou entre C5 e C6.
- 3–15% da população possui um forame arqueado:
  - Ponte óssea cobrindo o sulco da artéria vertebral (V3) entrando em C1:
    - Causada por calcificação dos ligamentos atlanto-occipitais.
- Pedículos em C2 são estreitos, aumentando o risco de ruptura do parafuso no canal neural durante os procedimentos de fusão occipitocervical.

Leituras Sugeridas

1. An HS, Singh K. Synopsis of Spine Surgery. 3rd ed. New York, NY: Thieme; 2016
2. Althoff B, Goldie IF. The arterial supply of the odontoid process of the axis. Acta Orthop Scand 1977;48(6):622–629
3. Netter FH. Atlas of Human Anatomy. 6th ed. Philadelphia, PA: Saunders; 2014
4. Tubbs RS, Hallock JD, Radcliff V, et al. Ligaments of the craniocervical junction. J Neurosurg Spine 2011;14(6):697–709

4 Anatomia da Coluna Cervical

Fady Y. Hijji ▪ Ankur S. Narain ▪ Philip K. Louie ▪ Daniel D. Bohl ▪ Kern Singh

4.1 Informação Geral
- C3–C7 são definidas como a coluna subaxial.
- Maior parte da flexão/extensão do pescoço e inclinação lateral ocorre aqui:
  - A flexão máxima ocorre em C4/C5 e C5/C6.
  - A inclinação lateral máxima ocorre em C2/C3, C3/C4 e C4/C5.
- Curvatura lordótica: 16 a 25 graus.
- Referências:
  - C2/C3: borda inferior da mandíbula.
  - C3: osso hioide.
  - C4: cartilagem tireóidea.
  - C6: cartilagem cricóidea.

4.2 Anatomia Óssea (Fig. 4-1)
- Corpo vertebral:
  - Côncavo superiormente.
  - Convexo inferiormente.
- Processo uncinado:
  - Interage diretamente com o corpo vertebral adjacente acima.
  - Contém superfícies articulares.
- Pedículo:
  - Angulado medial e superiormente.
  - Pedículos menores do que aqueles na coluna torácica e lombar.
- Processo transverso:
  - Contém o forame transverso:
    - **Todas** as vértebras cervicais possuem forame transverso.
    - Anterior ao sulco da raiz nervosa.
    - Permite a passagem da artéria vertebral.
  - O processo transverso de C6 (tubérculo de Chassaignac) é palpável.
- Lâmina:
  - Ponte entre as massas laterais e o processo espinhoso.
- Massa lateral:
  - Lateral à junção entre o pedículo e a lâmina.
  - Contém os processos articulares superiores e inferiores:
    - Cria a face articular com os processos articulares vertebrais adjacentes.

(C4) Vista superior

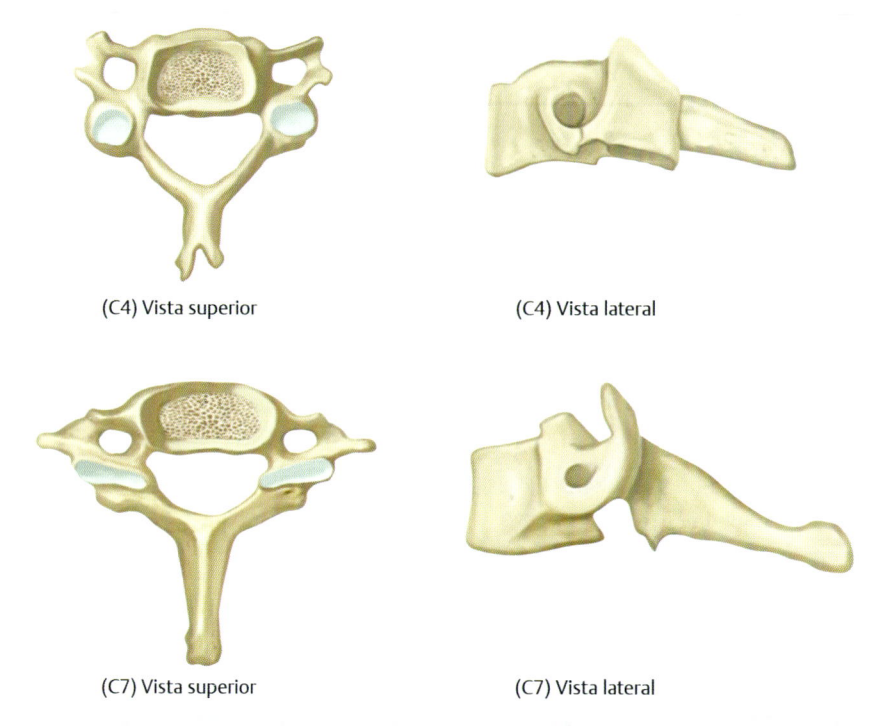

(C4) Vista lateral

(C7) Vista superior

(C7) Vista lateral

Fig. 4-1 Anatomia óssea das vértebras cervicais. (Reproduzida com permissão de An HS, Singh K, eds. Synopsis of Spine Surgery. 3rd ed. New York, NY: Thieme; 2016.)

- ♦ As faces articulares superiores exibem a orientação posteromedial, em transição posterolateral com a progressão caudal:
    - ◊ Suporta mais flexão/extensão.
- Processo espinhoso:
  - Bífido de C3 a C5.
  - C7 exibe o maior processo espinhoso.

4.3 Anatomia do Ligamento

- Complexo ligamentar anterior:
  - Ligamento longitudinal anterior (ALL):
    - ♦ Percorre ao longo da superfície anterior dos corpos vertebrais.
    - ♦ Resiste à extensão.
  - Anel fibroso do disco intervertebral.
- Complexo ligamentar médio:
  - Ligamento longitudinal posterior (PLL):
    - ♦ Percorre ao longo da superfície posterior dos corpos vertebrais.
    - ♦ Resiste à flexão.
  - Anel fibroso.

- Complexo ligamentar posterior:
  - Faces das cápsulas:
    - Suporta a face articular da articulação da vértebra adjacente e resiste às forças distrativas.
  - Ligamento interespinal e supraespinal:
    - Percorre entre os processos espinhosos:
      - Plano avascular na linha média.
    - Contínuo com o ligamento da nuca acima de C7.
  - Ligamento flavo:
    - Estrutura mais profunda posteriormente antes de alcançar o canal vertebral.
    - Conecta as lâminas de vértebras adjacentes.

4.4 Anatomia Muscular

- Camadas fasciais (**Fig. 4-2**):
  - Platisma:
    - Músculo superficial.
  - Camada superficial da fáscia cervical profunda:
    - Contém os músculos anteriores do pescoço (exceto o longo do pescoço) e o trapézio posteriormente.
  - Camada pré-vertebral da fáscia cervical profunda:
    - Contém todos os músculos posteriores do pescoço profundos em relação ao trapézio.
    - Cobre TODOS e o músculo longo do pescoço.
  - Fáscia pré-traqueal:
    - Contém a tireoide e a traqueia.
  - Bainha carotídea:
    - Contém a artéria carótida, veia jugular interna e o nervo vago (X nervo craniano).
- Camadas musculares:
  - Músculos anteriores do pescoço (**Fig. 4-3; Quadros 4-1 e 4-2**):
    - Divididos em duas regiões: anterior do pescoço e trígono (triângulo) cervical anterior:
      - Trígono cervical anterior funciona, primariamente, para mover o osso hioide.
  - Músculos posteriores do pescoço:
    - Divididos em três regiões: posterior do pescoço, trígono occipital e trígono suboccipital:
      - Posterior do pescoço (**Quadro 4-3, Figs. 4-4, 4-5**).
      - Trígono occipital (**Quadro 4-4, Fig. 4-6**):
        - Margens: esternoclidomastóideo (SCM; anterior), trapézio (posterior) e omo-hióideo (inferior).
      - Trígono suboccipital:
        - Margens: formadas pelos músculos que o contém.
        - Ver Capítulo 3.

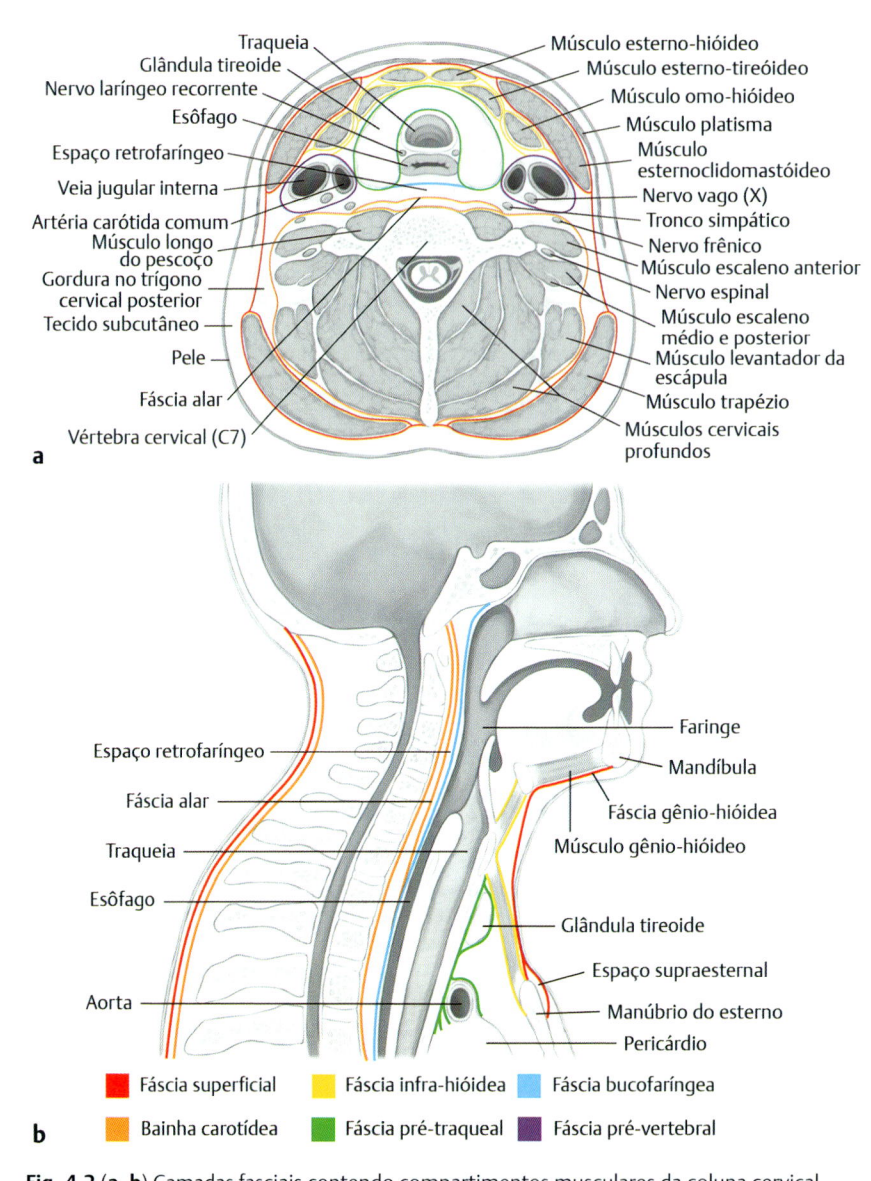

Fig. 4-2 (a, b) Camadas fasciais contendo compartimentos musculares da coluna cervical.

Anatomia da Coluna Cervical

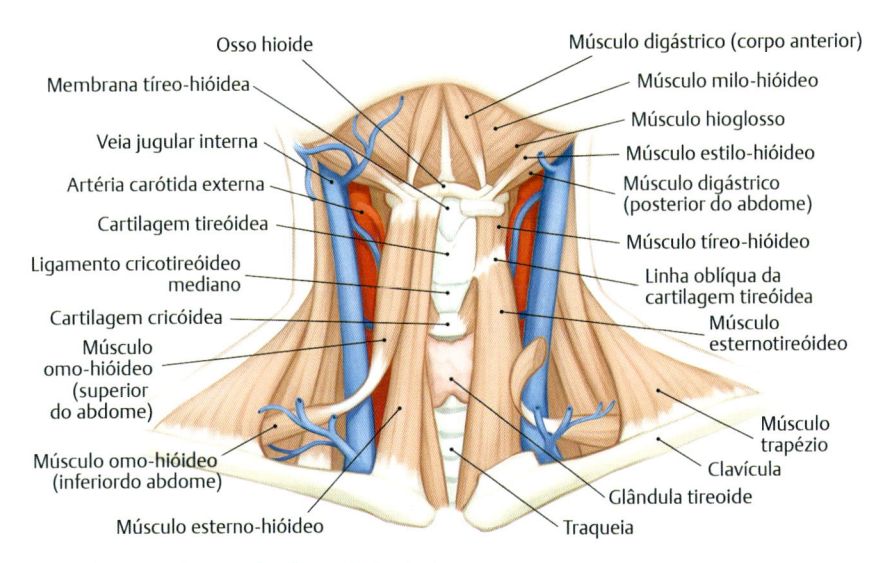

Fig. 4-3 Anatomia muscular da cervical anterior.

Quadro 4-1 Cervical anterior

Músculo	Origem	Inserção	Ação	Inervação
Platisma	Deltoide e peitoral maior	Mandíbula	Mandíbula inferior	VII nervo craniano
Esternoclidomastóideo (SCM)	Manúbrio do esterno e clavícula	Processo mastoide do crânio	Giro da cabeça (SCM esquerdo gira a cabeça para a direita)	XI nervo craniano

4.5 Anatomia Vascular

- Região cervical rica em estruturas vasculares.
- Bainha carotídea:
  - No interior do trígono carotídeo da porção anterior do pescoço:
    - Formado pelo SCM lateralmente, digástrico superiormente e omo-hióideo anteriormente.
  - Contém artéria carótida (anteromedial), veia jugular interna (anterolateral) e nervo vago (posterior entre a artéria e a veia).

Quadro 4-2 Trígono (triângulo) cervical anterior

Músculo	Origem	Inserção	Ação	Inervação
Supra-hióideo				
Digástrico	Mandíbula (anterior do abdome); incisura mastoide do osso temporal (posterior do abdome)	Osso hioide	Deprime a mandíbula e eleva a laringe	V nervo craniano (anterior do abdome); VII nervo craniano (posterior do abdome)
Milo-hióideo	Mandíbula	Osso hioide	Deprime a mandíbula, hioide elevado	V nervo craniano
Estilo-hióideo	Processo estiloide	Osso hioide	Hioide elevado	VII nervo craniano
Gênio-hióideo	Mandíbula	Osso hioide	Hioide elevado	C1
Infra-hióideo (superficial)				
Esterno-hióideo	Manúbrio e clavícula	Osso hioide	Hioide deprimido	Alça cervical (C1–C3)
Omo-hióideo	Incisura supraescapular	Osso hioide	Hioide deprimido	Alça cervical
Infra-hióideo (profundo)				
Tíreo-hióideo	Cartilagem tireóidea	Osso hioide	Hioide deprimido	C1
Esternotireóideo	Manúbrio do esterno	Osso hioide	Depressão do hioide e laringe	Alça cervical

Quadro 4-3 Cervical posterior

Músculo	Origem	Inserção	Ação	Inervação
Superficial (extrínseco)				
Trapézio	Processos espinhosos de C7–T12	Clavícula e escápula	Rotação e elevação da escápula	XI nervo craniano
Superficial (intrínseco)				
Esplênio da cabeça	Ligamento nucal	Mastoide e linha nucal	Flexão lateral e rotação do pescoço	Ramos dorsais de C4, C5, C6
Profundo (intrínseco)				
Semiespinal da cabeça	Processo transverso de T1–T6	Crista nucal	Extensão da cabeça	Ramos dorsais

- Artéria subclávia (**Fig. 4-7**):
  - Origina-se da aorta (esquerda) ou tronco braquiocefálico (direita):
    - Percorre entre os músculos escaleno anterior e médio.
  - Ramos:
    - Artéria vertebral:
      - Bilateral.
      - Primariamente, realiza a irrigação arterial para a medula e vértebras cervicais.

Anatomia da Coluna Cervical

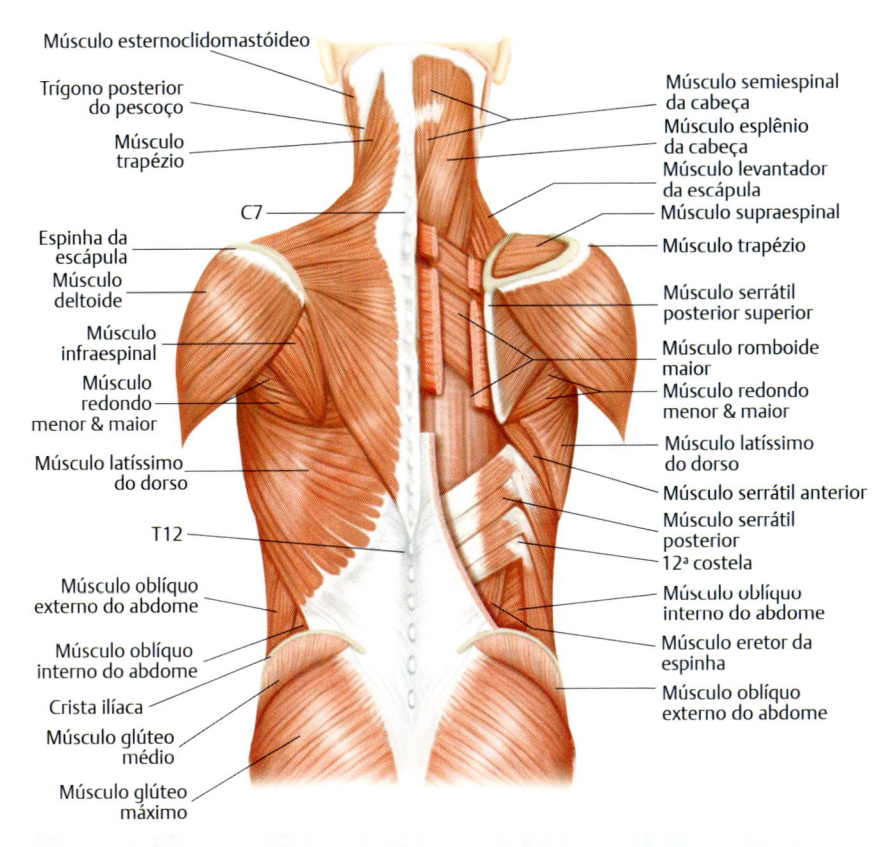

Fig. 4-4 Anatomia muscular da porção superficial e posterior profunda do pescoço. (Reproduzida com permissão de An HS, Singh K, eds. Synopsis of Spine Surgery. 3rd ed. New York, NY: Thieme; 2016.)

- ♦ Cervical ascendente:
  - ◊ Percorre com o nervo frênico.
  - ◊ Corre ao longo do músculo escaleno anterior.
- ♦ Cervical superficial:
  - ◊ Percorre para o cervical posterior.
- ♦ Cervical profunda:
  - ◊ Anastomoses com a artéria occipital.
- Artéria vertebral (**Fig. 4-8**):
  - • Origina-se da artéria subclávia:
    - ♦ Ascende entre os músculos escaleno anterior e o longo do pescoço.
    - ♦ Alcança as vértebras C6 e entra no forame transverso.

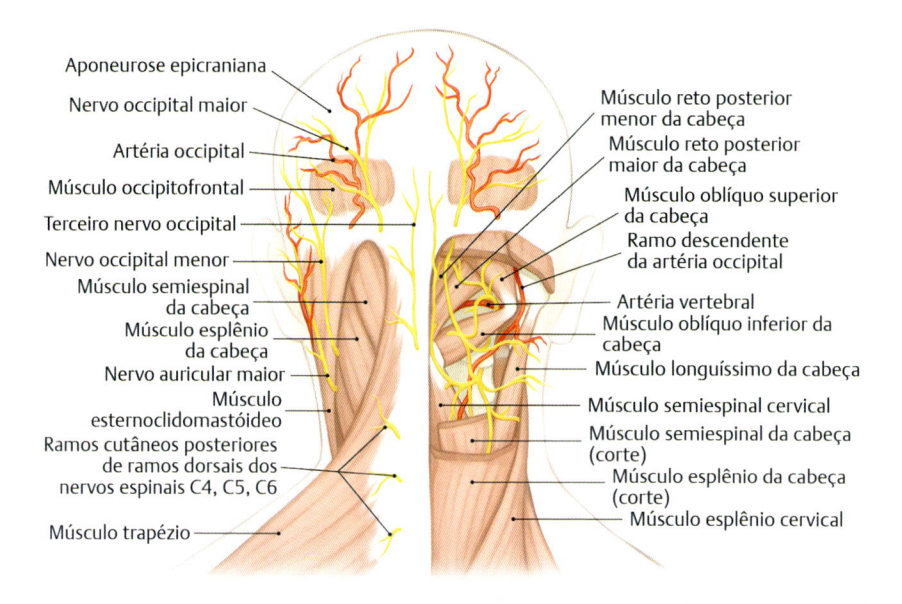

Fig. 4-5 Anatomia muscular da porção superficial e posterior profunda do pescoço e do trígono suboccipital com nervos associados.

Quadro 4-4 Trígono occipital

Músculo	Origem	Inserção	Ação	Inervação
Escaleno anterior	Processo transverso de C3-C6	Primeira costela	Flexão lateral do pescoço e elevação da primeira costela	Raízes nervosas de C5-C8
Escaleno médio	Processo transverso C2-C7	Primeira costela	Flexão lateral do pescoço e elevação da primeira costela	Raízes nervosas de C5-C8
Escaleno posterior	Processo transverso de C4-C6	Segunda costela	Flexão lateral do pescoço e elevação da segunda costela	Raízes nervosas de C5-C8

- Quatro segmentos: progride superiormente:
  - V1: pré-foraminal:
    - Artéria subclávia para o forame transverso (C6).
    - Apesar de um forame vertebral em C7, a artéria vertebral não percorre por ele na maioria dos indivíduos.
  - V2: foraminal:
    - Forame transverso (C6) para as vértebras C2.
  - V3: acima de C2:
    - C2 para a dura-máter.
  - V4: intradural:
    - Intradural para a artéria basilar (tronco encefálico).

Anatomia da Coluna Cervical

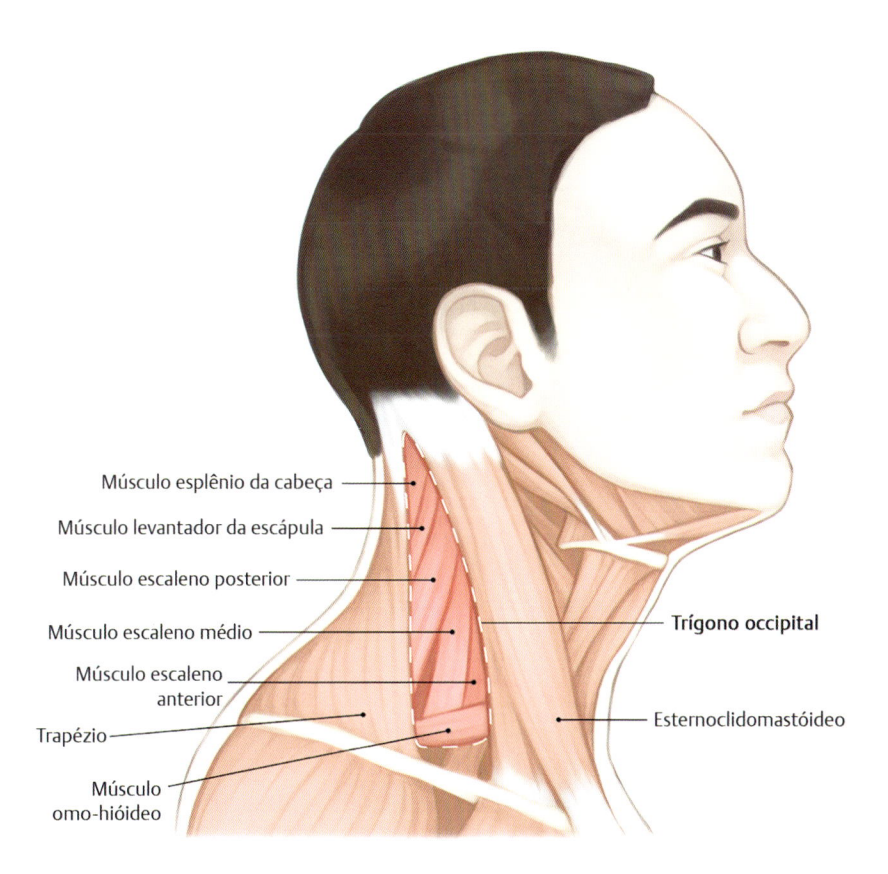

Fig. 4-6 Anatomia do trígono occipital e margens associadas.

- Ramos:
    - Artéria espinal anterior.
    - Artéria espinal posterior.
    - Artéria ascendente anterior:
        - Irrigação primária para o odontoide.
    - Artéria ascendente posterior:
        - Irrigação primária para o odontoide.
    - Artéria medular segmentar anterior.
    - Artéria medular segmentar posterior.
- Artéria espinal anterior:
    - Origina-se da artéria vertebral:
        - Ramos na junção pontomedular do tronco encefálico.
        - Desloca-se na fissura ventral mediana.

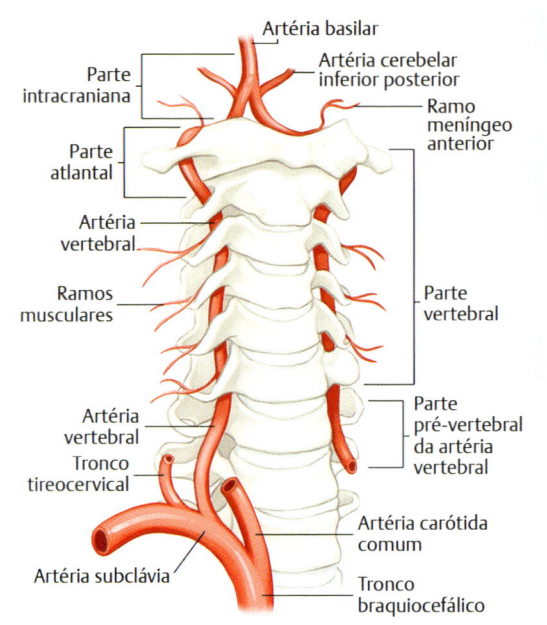

Fig. 4-7 Anatomia da artéria vertebral e ramos associados.

- Única artéria na linha média:
    - Nutre os dois terços anteriores da medula espinal.
    - Comunica-se com os ramos de outras artérias:
        - Artéria medular segmentar anterior (da artéria vertebral) em C3.
        - Artéria cervical anterior (da artéria tireóidea inferior) em C6.
- Artéria espinal posterior:
    - Origina-se da artéria vertebral:
        - Ramos na medula.
    - Artéria bilateral:
        - Nutre o terço posterior da medula espinal.
        - Percorre nos sulcos posterolaterais da medula espinal.

4.6 Anatomia Neural

- A medula espinal cervical diminui em diâmetro cranialmente.
- Raízes nervosas:
    - Saem em posição anterolateral à face superior.
    - As raízes nervosas de C3−C7 saem **acima** do pedículo de suas respectivas vértebras.
    - C8 sai **abaixo** da vértebra C7 (acima do pedículo T1).
    - Ramos dorsais (posteriores) fornecem sensibilidade em grande parte da região posterior do pescoço e cabeça.
    - Ramos ventrais (anteriores) forma dois plexos nervosos:
        - Plexo cervical.
        - Plexo braquial.

Anatomia da Coluna Cervical

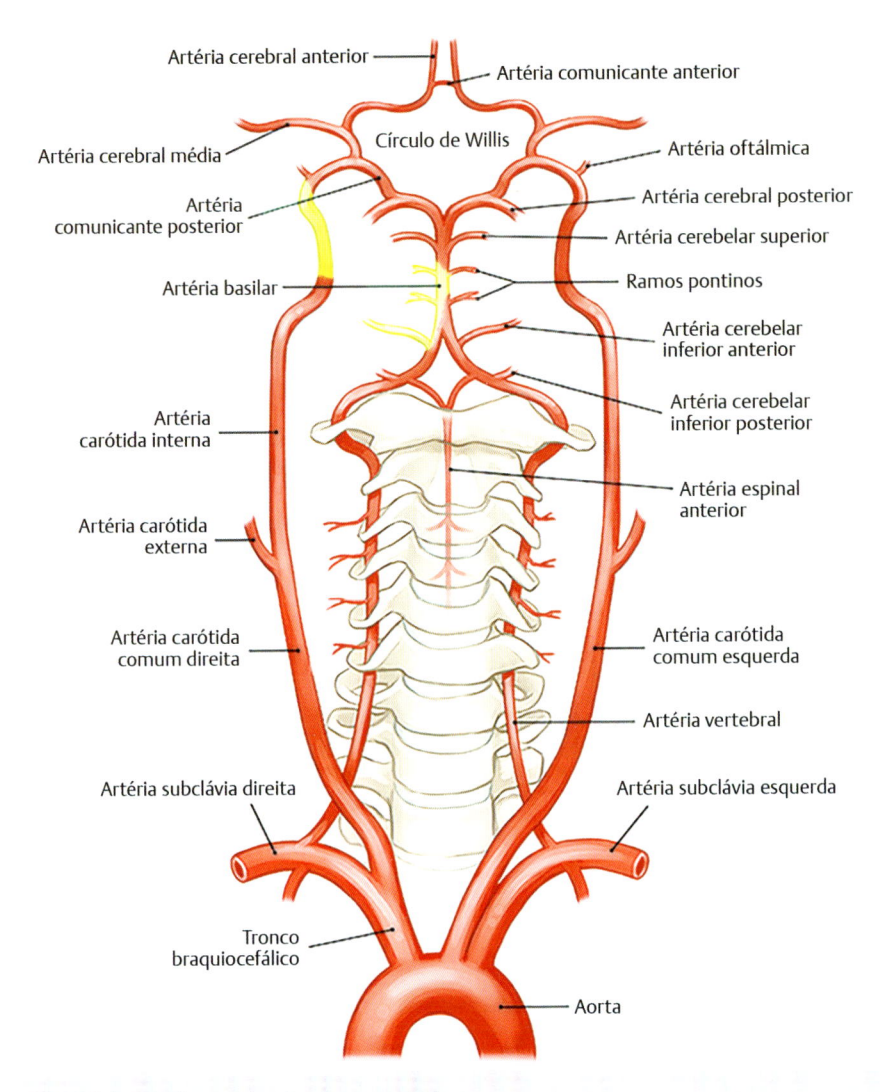

Fig. 4-8 Anatomia vascular da coluna cervical.

- Plexo cervical (**Fig. 4-9**):
  - Ramos anteriores de C1–C4.
  - Origina:
    ♦ Alça cervical:
      ◊ Descrita no Capítulo 3.
    ♦ Nervo frênico (C3–C5):
      ◊ Inerva o diafragma.
    ♦ Nervos cutâneos da porção posterior da cabeça e do pescoço.

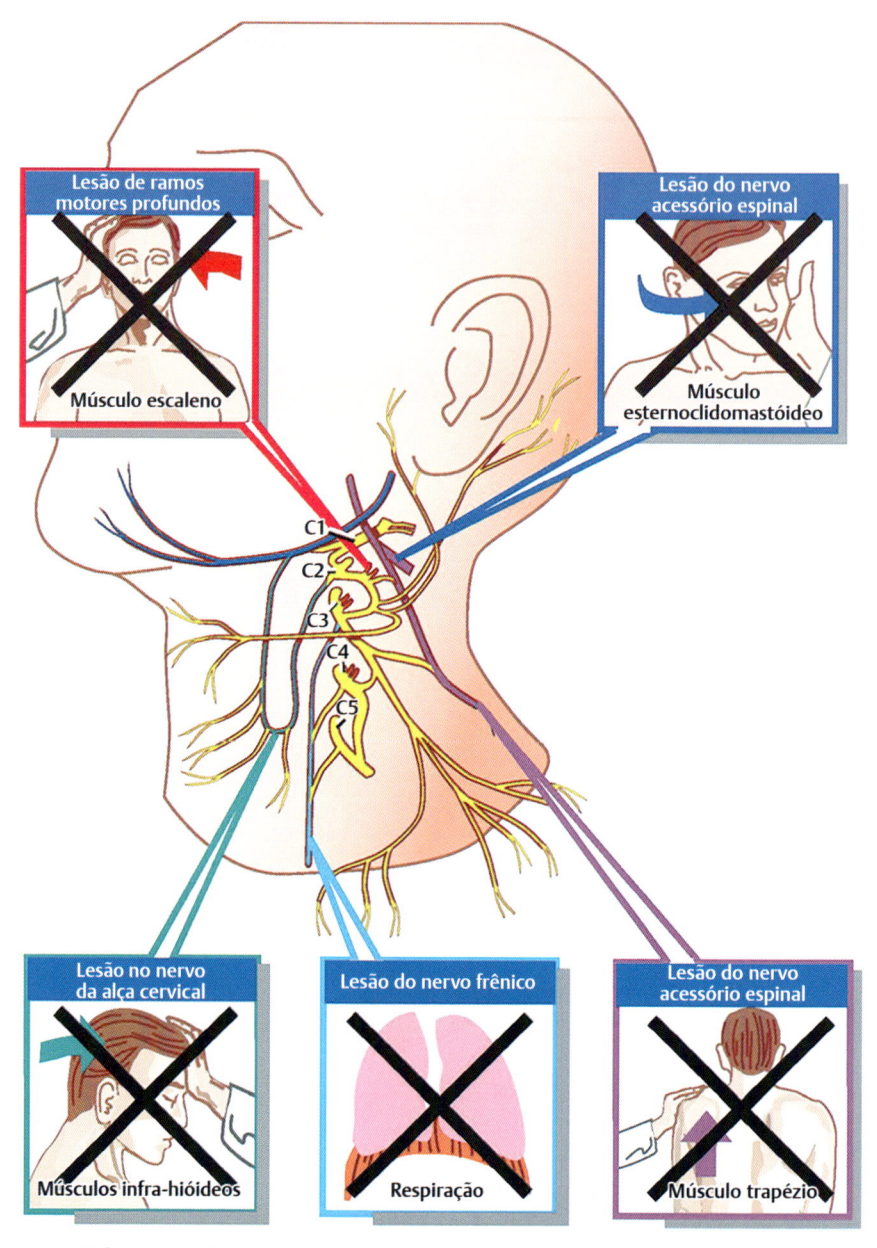

Fig. 4-9 Plexo cervical com raízes nervosas e inervações terminais correspondentes. (Reproduzida com permissão de Albertstone CD, Benzel EC, Najm IM, Steinmetz M, eds. Anatomic Basis of Neurologic Diagnosis. New York, NY: Thieme; 2009.)

- Plexo braquial (**Fig. 4-10**):
  - Ramos anteriores de C5-T1 (**Quadros 4-5, 4-6**).
  - Dividido em cinco segmentos:
    - Raízes.
    - Troncos.
    - Divisões.
    - Fascículos.
    - Nervos terminais.

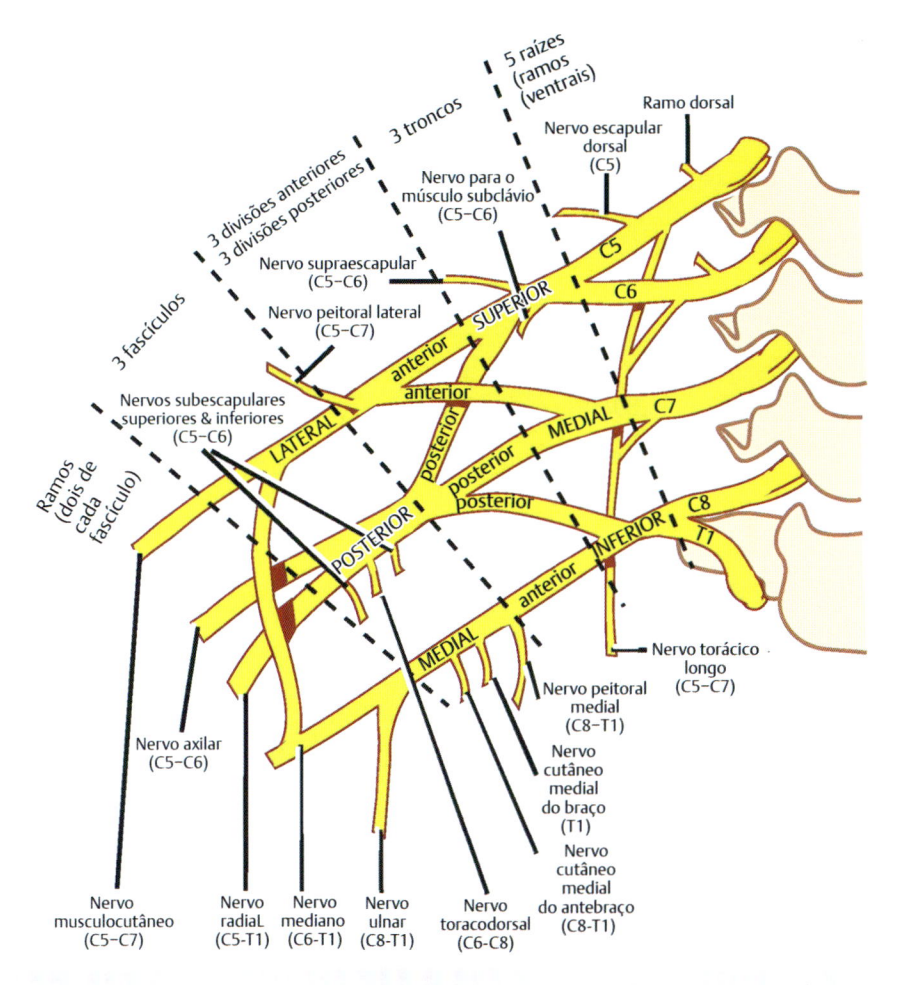

Fig. 4-10 Plexo braquial dividido por segmentos e nervos com ramificação. (Reproduzida com permissão de Albertstone CD, Benzel EC, Najm IM, Steinmetz M, eds. Anatomic Basis of Neurologic Diagnosis. New York, NY: Thieme; 2009.)

- Dermátomos cervicais:
  - Cada raiz nervosa fornece a inervação sensorial predominante de uma área específica da pele.
  - Dermátomos importantes:
    - C5: lateral do ombro e do braço.
    - C6: lateral do antebraço e polegar.
    - C7: dedos indicador e médio.
    - C8: dedos anelar e mínimo.
    - T1: medial do antebraço.

Quadro 4-5 Plexo braquial

Nível	Nervo	Origem	Motor	Sensorial
Raízes	Nervo torácico longo	C5, C6, C7	Serrátil anterior	Nenhum
	Nervo escapular dorsal	C4, C5	Levantador da escápula, romboides	Nenhum
	Nervo frênico (contribuição)	C5	Diafragma	Diafragma
Troncos	Nervo supraescapular	C5, C6	Supraespinal e infraespinal	Nenhum
	Nervo para a subclávia	C5, C6	Subclávia	
Fascículos	Nervo peitoral lateral	C5, C6, C7	Peitoral maior e menor	Nenhum
	Nervo toracodorsal	C6, C7, C8	Latíssimo do dorso	Nenhum
	Nervo subescapular inferior	C5, C6	Subescapular e redondo maior	Nenhum
	Nervo subescapular superior	C5, C6	Subescapular	Nenhum
	Nervo peitoral medial	C8, T1	Peitoral maior e menor	Nenhum
	Nervo cutâneo medial do braço	C8, T1	Nenhum	Aspecto medial da parte superior do braço sobrejacente ao bíceps braquial
	Nervo cutâneo medial do antebraço	C8, T1		Aspecto ulnar da região volar do antebraço

(Continua)

Anatomia da Coluna Cervical

Quadro 4-5 (*Continua*)

Nível	Nervo	Origem	Motor	Sensorial
Raízes terminais	Nervo axilar	C5, C6	Deltoide e redondo menor	Deltoide e posterior superior do braço
	Nervo musculocutâneo	C5, C6, C7	Compartimento anterior da região superior do braço (bíceps braquial, braquial)	Lateral do antebraço (ramo do nervo cutâneo lateral do antebraço)
	Nervo mediano	C5–T1	Compartimento anterior do antebraço, com exceção do flexor ulnar do carpo e ulnar lateral do flexor profundo dos dedos	Aspecto volar dos três primeiros dedos, dois terços laterais da palma
	Nervo radial	C5–T1	Compartimento posterior do braço e antebraço	Região posterior do braço e antebraço, aspecto dorsal dos três primeiros dedos, dois terços laterais do dorso da mão
	Nervo ulnar	C8, T1	Maioria dos músculos intrínsecos da mão, flexor ulnar do carpo, ulnar lateral do flexor profundo dos dedos	Lado medial da mão e quarto e quinto dedos

4.7 Dicas Clínicas e Cirúrgicas

- A herniação do disco cervical ocorre com mais frequência em C5–C6 e C6–C7.
- Em razão da presença de pedículos menores na coluna cervical, a colocação do parafuso aqui não é viável:
  - Técnica de Magerl utilizada para a colocação do parafuso nas massas cervicais laterais:
    - Artéria vertebral em risco; para evitar o risco, a broca é posicionada ligeiramente em posição medial ao ponto médio da massa lateral e angulada superior e lateralmente.

Quadro 4-6 Lesões comuns no plexo braquial

Distúrbio	Etiologia	Nervos	Exame físico
Escápula alada	Avulsão das raízes nervosas proximais de C5, C6	• Perda do nervo torácico longo • Perda do nervo escapular dorsal • Deficiência do nervo frênico (perda do serrátil anterior e romboides)	Deslocamento medial da escápula, amiotrofia braquial diplégica, hemidiafragma elevado
Paralisia de Erb	Tração ou avulsão do tronco superior (C5, C6)	• Deficiência do nervo axilar (deltoide/redondo menor fracos) • Deficiência do nervo supraescapular (infra/supraespinal fracos) • Deficiência do nervo musculocutâneo (bíceps fraco) • Deficiência do nervo radial (braquiorradial, supinador fracos)	Rotação, adução, pronação e extensão interna do braço no cotovelo
Paralisia de Klumpke	Tração ou avulsão do tronco inferior (C8, T1)	• Deficiência do nervo ulnar (perda dos intrínsecos da mão) • Deficiência do nervo mediano (perda dos flexores do pulso)	Extensão do pulso, extensão das articulações metacarpofalangeanas (MCP), flexão das articulações interfalangeanas proximais (PIP)
Mão em garra	Dano no nervo ulnar periférico	• Deficiência do nervo ulnar (perda de intrínsecos da mão)	Extensão do quarto e quinto dedos na MCP e flexão na PIP

5 Coluna Torácica

Catherine Maloney ▪ Fady Y. Hijji ▪ Ankur S. Narain ▪ Philip K. Louie ▪ Daniel D. Bohl ▪ Kern Singh

5.1 Informação Geral

- T1–T12 são definidas como as vértebras torácicas (**Quadro 5-1**):
- Curvatura cifótica: 20–40 graus:
    - Ápice da cifose em T7–T8:
        - Cifose patológica pode apresentar um ápice em qualquer nível.
- Articulação com as costelas correspondentes nas articulações facetárias, amplitude de movimento limitada:
    - Flexão – extensão mínima em T1–T2; máxima em T12–L1.
    - Rotação axial mínima na junção toracolombar; máxima em T12.
- Em forma de cunha com a altura anterior mais curta do que a altura posterior.
- A largura do canal vertebral é menor nas vértebras torácicas.

5.2 Anatomia Óssea (Fig. 5-1)

- Corpo vertebral:
    - Borda anterior do forame intervertebral.
    - Forma a articulação com as costelas:
        - Cada costela articula com dois corpos vertebrais:
            - Hemifaceta costal inferior do corpo vertebral superior e faceta costal superior do corpo vertebral inferior.

Quadro 5-1 Referências torácicas

Vértebras	Estrutura associada
T1	Articulação esternoclavicular
T1–T2	Ângulo superior da escápula
T2	Incisura jugular
T3	Base da espinha da escápula
T4	Ângulo esternal de Louis
T5–T9	Corpo do esterno
T7	Ângulo inferior da escápula
T8	Nível em que a veia cava inferior atravessa o diafragma
T9	Junção xifoesternal
T9–L3	Margem costal
T10	Passagem do esôfago pelo diafragma
T12	Aorta, ducto torácico e veia ázigo atravessam o diafragma

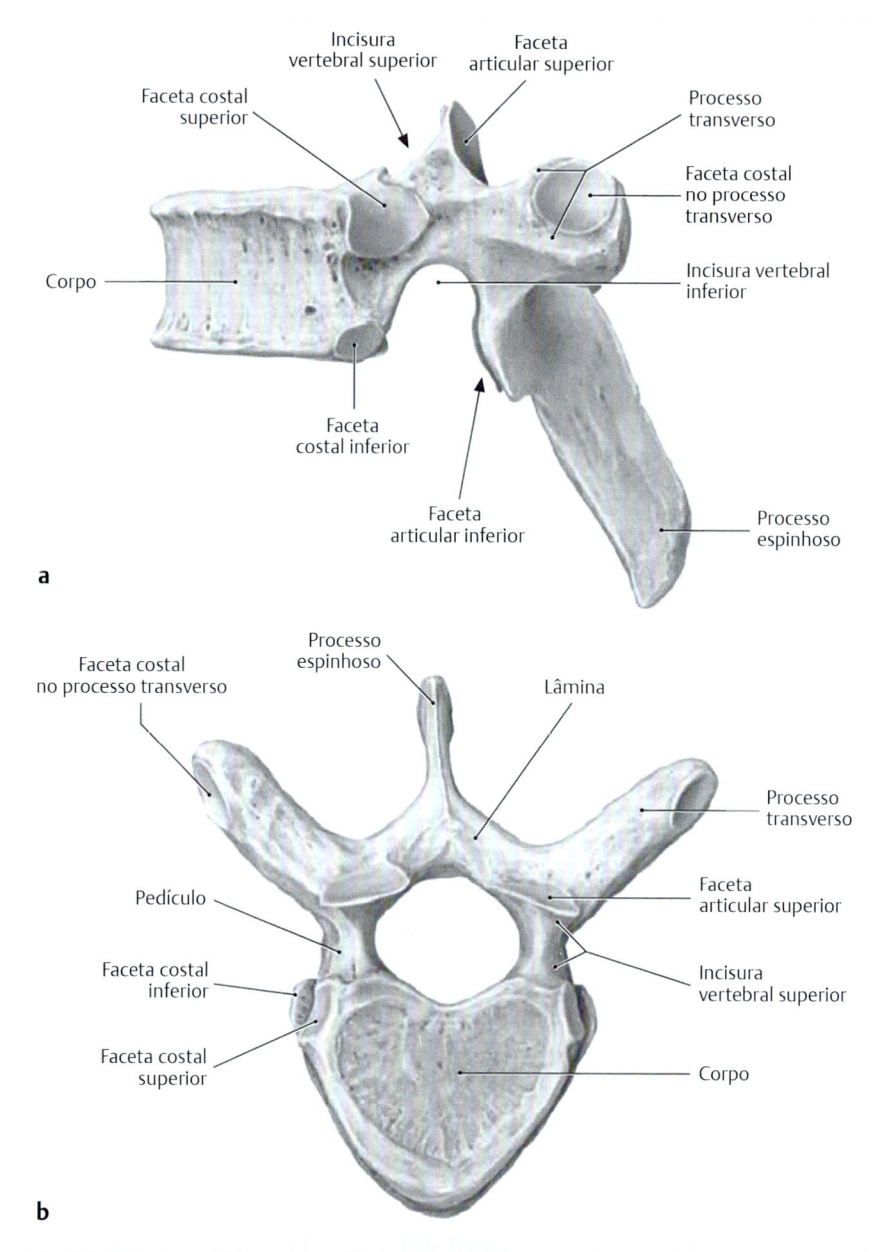

Fig. 5-1 Vistas lateral (**a**) e superior (**b**) das vértebras torácicas. (Reproduzida com permissão de Baaj AA, Mummaneni PV, Uribe JS, Vaccaro AR, Greenberg MS, eds. Handbook of Spine Surgery. 2nd ed. New York, NY: Thieme; 2016.)

- Hemifaceta costal superior:
  - Borda superoposterior do corpo vertebral.
  - Articula com a costela correspondente do mesmo número.
  - Exceções:
    - Faceta costal superior de T1 não é uma hemifaceta:
      - A primeira costela articula apenas com T1.
    - T10 tem apenas um par de facetas costais completas localizadas entre o corpo vertebral e o pedículo.
    - T11 e T12 apresentam um par de facetas costais completas localizadas nos pedículos.
- Hemifaceta costal inferior:
  - Borda inferoposterior do corpo vertebral.
  - Articular com a cabeça da costela abaixo.
- Pedículo:
  - Altura do pedículo é o dobro da largura.
  - A incisura inferior é a borda superior do forame intervertebral.
  - A incisura superior é a borda inferior do forame intervertebral.
  - O diâmetro do pedículo é máximo em T1 e mínimo em T6:
    - O diâmetro aumenta gradualmente, de novo, a partir de T6.
- Processo articular superior:
  - Com a face posterolateral.
  - Articula com o processo articular inferior das vértebras superiores adjacentes.
- Processo articular inferior:
  - Com a face anteromedial.
  - Articular com o processo articular superior das vértebras inferiores adjacentes.
- Lâmina.
- Borda posterior do forame vertebral.
- Processo transverso:
  - Forma a articulação costotransversal.
  - T1–T10 apresentam uma fóvea costal no processo transverso que articula com o tubérculo da costela.
- Processo espinhoso:
  - Pontos longos, descendentes.
  - Torna-se nivelado com o corpo das vértebras abaixo.

5.3 Anatomia dos Ligamentos

- Ligamento radiado da cabeça da costela:
  - Associa a cabeça da costela aos corpos e ao disco.
  - Reforça a articulação costovertebral anteriormente.

- Ligamento costotransversário:
  - Associa o colo da costela ao processo transverso.
- Ligamento costotransversário superior:
  - Associa a costela ao processo transverso das vértebras superiores.
- Ligamento intratransversário:
  - Fascículos fibrosos que unem as vértebras torácicas adjacentes e combinam com os músculos dorsais adjacentes.
- Ligamento costotransversário lateral:
  - Associa o processo transverso ao tubérculo da costela.

5.4 Anatomia Muscular (Quadros 5-2 a 5-4) Anatomia Vascular (Fig. 5-2)

- Menos suprimento sanguíneo na medula espinal torácica do que nas regiões cervicais e lombares:
  - Região limítrofe na medula espinal torácica média:
    - Área pouco vascularizada.
    - Entre T4 e T9, suprimento sanguíneo menos profuso; região mais estreita do canal vertebral.

Quadro 5-2 Camadas superficiais do dorso

Músculo	Origem	Inserção	Ação	Inervação
Trapézio (divisões superior, média e inferior)	Divisão superior: terço medial da linha nucal superior, protuberância occipital externa, ligamento nucal, processos espinhosos de C7 Divisão média: processo espinhoso de T1–T5 Divisão inferior: processo espinhoso de T6–T12	Divisão superior: terço lateral da clavícula e processo do acrômio da escápula Divisão média: borda superior da espinha da escápula Divisão inferior: terço medial da espinha da escápula	Divisão superior: rotação ascendente da escápula e elevação da escápula Divisão média: retração da escápula Divisão inferior: rotação ascendente da escápula e depressão da escápula	XI nervo craniano Ramos dorsais de C3–C4 (para propriocepção)
Latíssimo do dorso	Processos espinhosos de T7–L5, três ou quatro costelas inferiores, terço posterior da crista ilíaca	Assoalho do sulco intertubercular	Extensão e rotação interna (medial) do braço	Nervo toracodorsal (C7–C8)
Romboide maior	Processos espinhosos de T2–T5	Borda medial da escápula (inferior à espinha da escápula)	Retração, elevação e rotação da escápula	Nervo escapular dorsal (C5)
Romboide menor	Extremidade inferior do ligamento nucal, processos espinhosos de C7–T1	Borda medial da escápula	Retração, elevação e rotação de escápula	Nervo escapular dorsal (C5)

Quadro 5-3 Camadas intermediárias do dorso

Músculo	Origem	Inserção	Ação	Inervação
Serrátil posterior superior	Ligamento nucal, processos espinhosos de C7–T3	Costelas 2–5 (lateral ao ângulo da costela)	Elevação das costelas superiores	Ramos ventrais de T1–T4
Serrátil posteroinferior	Fáscia toracolombar, processos espinhosos de T11–L2	Costelas 9–12 (lateral ao ângulo da costela)	Depressão das costelas inferiores	Ramos ventrais de T9–T12
Iliocostal torácico (eretor da espinha)	Bordas superiores dos ângulos das 6 costelas inferiores	Ângulos de 6 ou 7 costelas superiores e processo transverso de C7	Extensão e flexão lateral do tronco e pescoço	Ramos dorsais de C4–S5
Longuíssimo do tórax (eretor da espinha)	Processo transverso e processo espinhoso das vértebras lombares, sacro e crista ilíaca	Processo transverso de T1–T12	Extensão e flexão lateral do tronco e pescoço	Ramos dorsais de C1–S1
Espinal torácico (eretor da espinha)	Processo espinhoso de T11–L3	Processos espinhosos de T3–T8	Extensão e flexão lateral do tronco e pescoço	Ramos dorsais de C2–L3

Quadro 5-4 Camadas profundas do dorso

Músculo	Origem	Inserção	Ação	Inervação
Semiespinal torácico	Processos transversos de C7–T12	Semiespinal da cabeça: parte traseira do crânio entre as linhas nucais; semiespinal cervical e torácico: processos espinhosos de 4 a 6 vértebras acima da origem	Extensão da flexão lateral e rotação contralateral do tronco	Ramos dorsais de C1–T12
Torácico interespinal	Processos espinhosos das vértebras torácicas	Processo espinhoso adjacente	Extensão da coluna vertebral	Ramos dorsais de nervos espinais da região
Torácico intertransversário	Processo transverso das vértebras	Processo transverso adjacente	Auxilia na flexão lateral da coluna	Ramos dorsais dos nervos espinais da região
Multífido	Sacro, ílio, processos transversos de T1–T12 e processos articulares de C4–C7	Processos espinhosos das vértebras superiores, estendendo-se em 2 a 4 segmentos	Estabiliza a coluna vertebral	Ramos dorsais dos nervos espinais da região

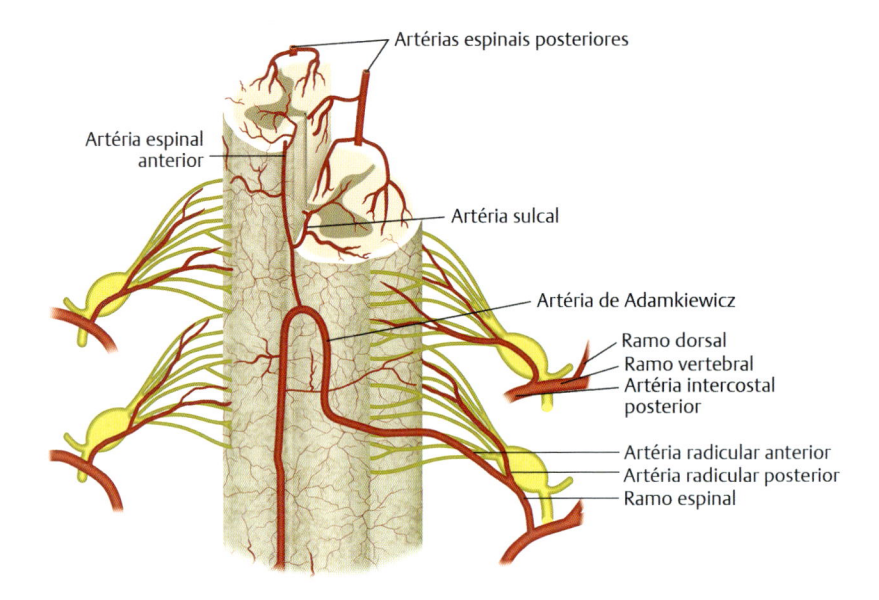

Fig. 5-2 Vascularização da medula espinal. Notar a origem da artéria de Adamkiewicz a partir da artéria intercostal posterior esquerda.

- Artéria espinal anterior:
  - Irriga dois terços ventrais da medula torácica.
  - Origina-se da artéria vertebral na região da medula oblonga.
- Artéria espinal medial anterior:
  - Continuação da artéria espinal anterior abaixo de T4.
- Artérias espinais posterolaterais:
  - Originam-se de artérias vertebrais.
  - Descem em direção à região cervical inferior e torácica superior.
- Artérias espinais posteriores:
  - Artérias pareadas originadas de artérias vertebrais que se ramificam em vários níveis para formar o plexo arterial posterolateral.
  - Irrigam o terço posterior da medula (colunas brancas dorsais e a porção posterior das colunas cinzentas dorsais).
- Artérias radiculares:
  - Originam-se de artérias intercostais em nível da articulação costotransversário:
    - Artérias intercostais originam-se da artéria subclávia e da aorta torácica.
  - Entram no canal vertebral pelos forames intervertebrais:
    - Formam as artérias radiculares anteriores e posteriores:
      - Irrigação das artérias espinais anteriores e posteriores.
- Artéria radicular de Adamkiewicz:
  - Artéria segmentar maior:
    - Geralmente surge a partir de uma artéria intercostal posterior esquerda.

- Entra no canal espinal entre T9 e T12.
- Maior suprimento sanguíneo para os dois terços inferiores da medula espinal.
- Geralmente percorre com as raízes ventrais de T9, T10 ou T11.

5.5 Anatomia Neural

- A medula espinal alarga entre T9 e T12 (alargamento lombar).
- Nervos espinais torácicos:
  - Saem **abaixo** do pedículo das vértebras correspondentes enumeradas.
  - Formados a partir de raízes dorsais e ventrais na região do forame intervertebral.
  - O nervo espinal divide-se, no forame, em ramos dorsais e ventrais:
    - Ramos ventrais continuam como nervos intercostais:
      - Inervam as camadas musculares intermediárias das costas.
    - Ramos dorsais fornecem a sensibilidade cutânea e a inervação dos músculos profundos das costas e articulações facetárias em nível torácico.
- Feixe neurovascular torácico:
  - Contém uma veia intercostal posterior, artéria intercostal posterior e ramos ventrais de um nervo espinal.
  - Situa-se em região inferior de cada costela.
  - Relação da veia, artéria, nervo (V-A-N) da posição superior para a inferior.
- Nervos sinuvertebrais torácicos:
  - Três ramos.
    - Ascendente.
    - Descendente.
    - Transverso.
  - Ramos recorrentes dos ramos ventrais.
  - Nervos mistos; fornecem sensibilidade à dor na superfície ventral da dura-máter, disco intervertebral, ligamentos longitudinais posteriores e disco intervertebral.
- Tronco simpático (**Fig. 5-3**):
  - O tronco simpático do tórax está localizado ao longo da superfície anterior da cabeça da costela.
  - Cada um dos gânglios (T1–L2) na cadeia emite um ramo comunicante:
    - O ramo comunicante está associado ao nervo espinal distal do local de junção das raízes anteriores e posteriores.
- Dermátomos torácicos:
  - Ramos cutâneos laterais e anteriores dos nervos intercostais inervam a pele do tórax.
  - Dermátomos importantes:
    - Dermátomo T4: mamilo (*observação*: o mamilo pode estar situado em posição inferior em mulheres).
    - Dermátomo T6: processo xifoide.
    - Dermátomo T10: umbigo.

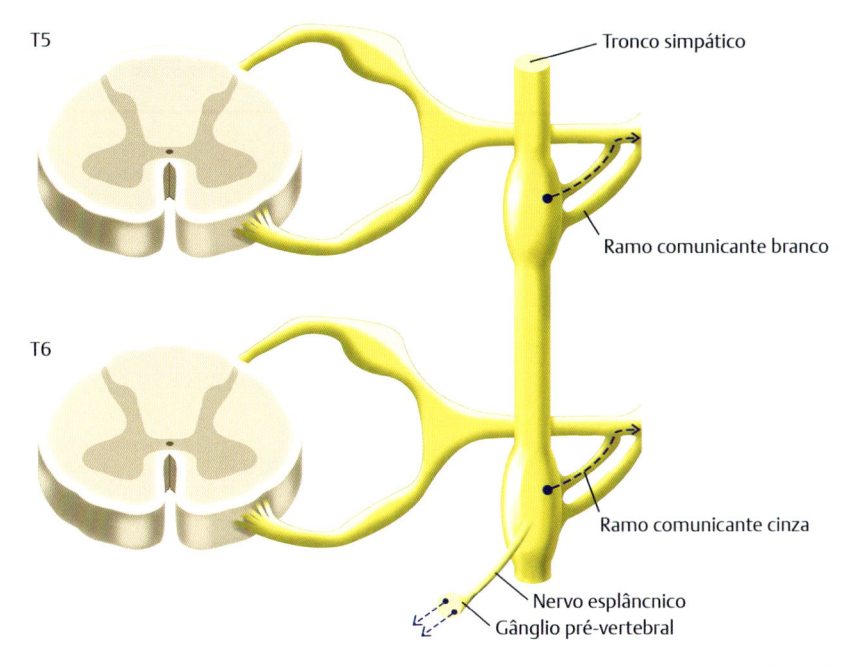

Fig. 5-3 Vértebras torácicas e tronco simpático. Notar a união da raiz simpática distal à união das raízes anteriores e posteriores.

5.6 Dicas Clínicas e Cirúrgicas

- A finalização da instrumentação da coluna no ápice da cifose torácica pode levar à falha precoce do procedimento cirúrgico.
- Fraturas acima da região torácica média não são comuns: suspeitar de tumor osteolítico em vez de fratura benigna.
- O fluxo sanguíneo colateral em relação à medula torácica provém das artérias torácicas internas e laterais:
  - Previne o infarto, se o suprimento sanguíneo da aorta for interrompido.

Leituras Sugeridas

1. Yoganandan N, Halliday AL, Dickman CA, Benzel E. Practical anatomy and fundamental biomechanics. In: Benzel EC, ed. Spine Surgery Techniques, Complication Avoidance, and Management. 2nd ed. Philadelphia, PA: Elsevier; 2005:109–135
2. Netter FH. Atlas of Human Anatomy. 6th ed. Philadelphia, PA: Saunders; 2014
3. An HS, Singh K. Synopsis of Spine Surgery. 3rd ed. New York, NY: Thieme; 2016

6 Anatomia da Coluna Lombar

Melissa G. Goczalk ▪ Ankur S. Narain ▪ Fady Y. Hijji ▪ Philip K. Louie ▪ Daniel D. Bohl ▪ Kern Singh

6.1 Informação Geral

- Anatomia e função:
  - Curvatura lordótica.
  - Processos transversos longos para inserção muscular.
  - Ausência de facetas para a articulação da costela.
  - Sustenta o peso do tronco.
  - Permite a flexão, extensão, flexão lateral e rotação da coluna.
- Pontos de referência:
  - L1: cone medular.
  - L3: umbigo.
  - L4: cristas ilíacas, bifurcação aórtica.

6.2 Anatomia Óssea (Fig. 6-1)

- Corpo vertebral:
  - Em forma cilíndrica e mais ampla transversalmente.
- Forame vertebral:
  - Canal espinal triangular.
- Pedículos:
  - Conectam o corpo vertebral à lâmina.
  - Direcionados posteriormente e localizados no terço médio do processo transverso.
- Processos transversos:
  - Finos e longos em L1 a L4.
  - Maiores e em forma de cone em L5, por causa da inserção do ligamento iliolombar aos ossos pélvicos.
- Articulações facetárias:
  - As facetas em L1–L4 apresentam orientação sagital para limitar a rotação axial.
  - A faceta em L5 é mais coronal e resiste ao movimento anteroposterior.
  - Parte interarticular proeminente.
- Lâmina:
  - Conecta o processo espinhoso aos pedículos.
- Processo espinhoso:
  - Orientação larga e espessa.

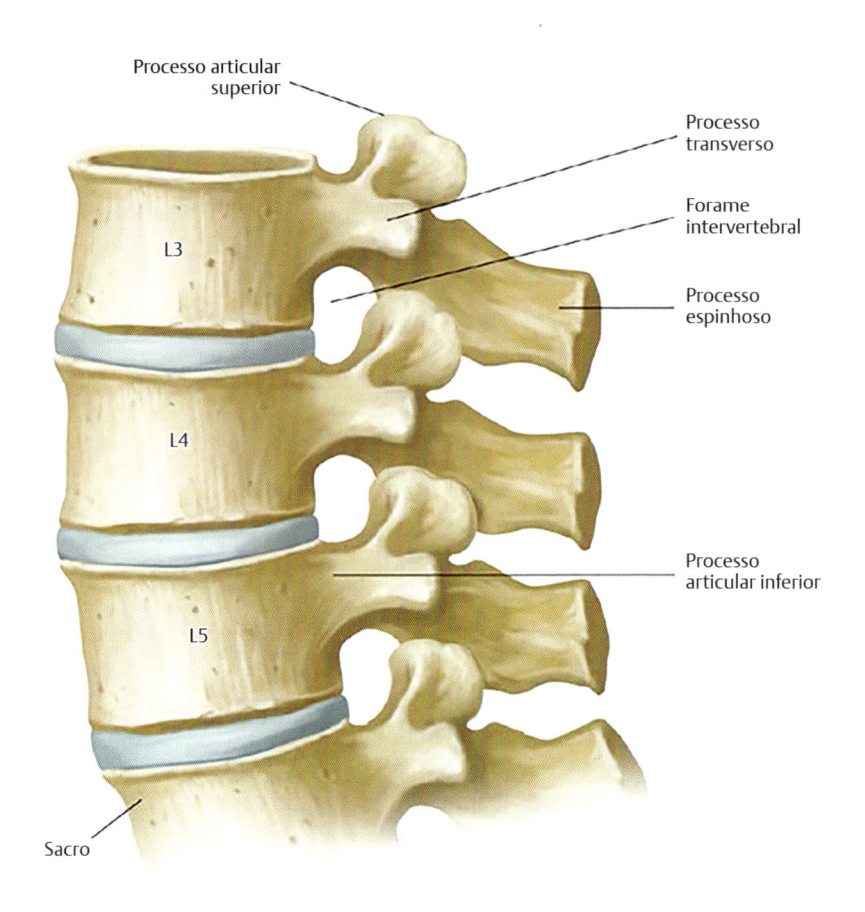

Fig. 6-1 Anatomia óssea das vértebras lombares.

6.3 Anatomia dos Ligamentos (Fig. 6-2)

- Ligamento longitudinal anterior:
  - Localizado na superfície anterior dos corpos vertebrais.
  - Funções incluem a limitação da extensão da coluna e proteção dos discos intervertebrais.
- Ligamento longitudinal posterior:
  - Localizado na superfície posterior dos corpos vertebrais.
  - Limita a flexão da coluna e protege os discos intervertebrais.

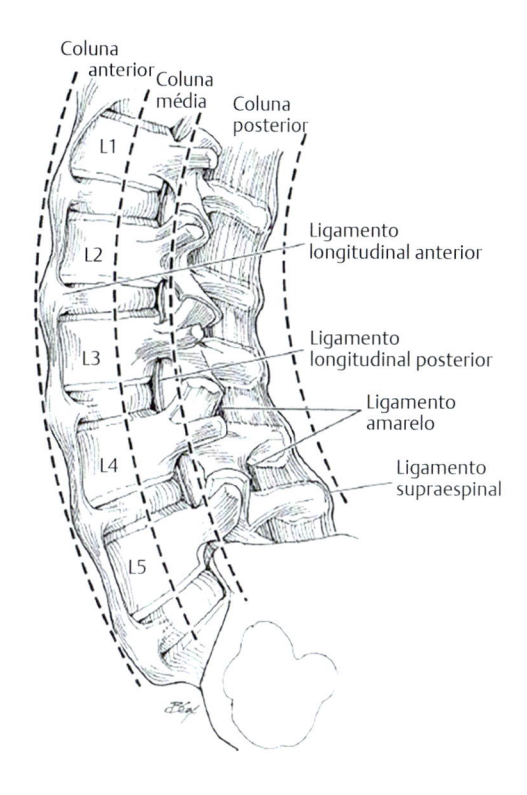

Fig. 6-2 Anatomia dos ligamentos da coluna lombar. (Reproduzida com permissão de Baaj AA, Mummaneni PV, Uribe JS, Vaccaro AR, Greenberg MS, eds. Handbook of Spine Surgery. 2nd ed. New York, NY: Thieme; 2016.)

- Ligamento flavo/amarelo:
  - Estende-se no aspecto posterior da lâmina inferior ao aspecto anterior da lâmina superior.
  - Limita a flexão e a separação laminares.
- Ligamento supraespinal:
  - Abrange as extremidades dos processos espinhosos; termina em L3.
- Ligamento interespinal:
  - Conecta os processos espinhosos adjacentes; orientado obliquamente.

6.4 Anatomia Muscular (Quadros 6-1 a 6-6, Figs. 6-3 a 6-5)

6.5 Anatomia Vascular (Quadro 6-7)

6.6 Anatomia Neural (Quadros 6-8 e 6-9, Figs. 6-6, 6-7)

- Cinco pares de nervos espinais lombares:
  - Saem abaixo do nível vertebral correspondente.

Quadro 6-1 Músculos superficiais extrínsecos do dorso

Músculo	Origem	Inserção	Ação	Inervação
Trapézio	Processos espinhosos de C7–T12	Clavícula, escápula	Rotação da escápula	XI nervo craniano
Latíssimo do dorso	Processos espinhosos de T6–T12, coluna lombar, sacro, cristas ilíacas, costelas 9–12	Sulco intertubercular do úmero	Extensão, adução e rotação medial do úmero	Nervo toracodorsal
Levantador da escápula	Processos transversos de C1–C4	Escapular medial	Elevação da escápula	Nervo escapular dorsal
Romboide menor	Processos espinhosos de C7–T1	Espinha escapular	Adução da escápula	Nervo escapular dorsal
Romboide maior	Processos espinhosos de T2–T5	Borda medial da escápula	Adução da escápula	Nervo escapular dorsal
Serrátil posterossuperior	Processos espinhosos de C7–T5	Borda superior das costelas 2–5	Elevação das costelas	Nervos intercostais T1–T4
Serrátil posteroinferior	Processos espinhosos de T11–L3	Borda inferior de costelas 9–12	Depressão das costelas	Nervos intercostais T9–T12

Quadro 6-2 Músculos intrínsecos profundos do dorso: grupo espinotransversal

Músculo	Origem	Inserção	Ação	Inervação
Esplênio da cabeça	Ligamento nucal	Mastoide e linha nucal	Flexão lateral e rotação do ipsolateral do pescoço	Ramos dorsais dos nervos cervicais inferiores
Esplênio cervical	Processos espinhosos de T1–T6	Processos transversos de C1–C4	Flexão lateral e rotação do ipsolateral do pescoço	Ramos dorsais dos nervos cervicais inferiores

Quadro 6-3 Músculos intrínsecos profundos do dorso: grupo sacroespinal

Músculo	Origem	Inserção	Ação	Inervação
Iliocostal lombar	Sacro, processos espinhosos de vértebras lombares e torácicas inferiores, ligamentos supraespinais e cristas ilíacas	6 a 7 costelas inferiores	Bilateral: coluna vertebral e extensão da cabeça Unilateral: flexão lateral da coluna vertebral	Ramos dorsais primários
Longuíssimo do tórax	Processos transversos das vértebras lombares	Processos transversos das vértebras torácicas	Bilateral: coluna vertebral e extensão da cabeça Unilateral: flexão lateral da coluna vertebral	Ramos dorsais primários
Espinal torácico	Processos espinhosos de T10–L2	Processos espinhosos de T1–T8	Bilateral: coluna vertebral e extensão da cabeça Unilateral: flexão lateral da coluna vertebral	Ramos dorsais primários

Anatomia da Coluna Lombar

Quadro 6-4 Músculos intrínsecos profundos do dorso: grupo transversoespinal

Músculo	Origem	Inserção	Ação	Inervação
Semiespinal cervical	Processos transversos	Processos espinhosos	Extensão, rotação do lado contralateral	Ramos dorsais primários
Semiespinal torácico	Processos transversos	Processos espinhosos	Extensão, rotação do lado contralateral	Ramos dorsais primários
Semiespinal da cabeça	Processos transversos de T1–T6	Crista nucal	Extensão, rotação do lado contralateral	Ramos dorsais primários
Multífido	Processos transversos de C2–S4	Processos espinhosos	Flexão e rotação contralateral lateral	Ramos dorsais primários
Rotadores	Processos transversos	Processos espinhosos em nível vertebral superior	Rotação das vértebras superiores contralaterais	Ramos dorsais primários
Interespinal	Processos espinhosos	Processos espinhosos em nível vertebral superior	Extensão da coluna vertebral	Ramos dorsais primários
Intertransversal	Processos transversos	Processos transversos em nível vertebral superior	Flexão lateral da coluna vertebral	Ramos dorsais primários

Quadro 6-5 Parede abdominal anterolateral

Músculo	Origem	Inserção	Ação	Inervação
Reto do abdome	Crista púbica, tubérculo púbico, sínfise púbica	Cartilagens costais das costelas 5-7 e processo xifoide	Compressão dos conteúdos abdominais, flexão da coluna vertebral, distensão da parede abdominal	Ramos anteriores de T7–T12
Oblíquo externo	Ângulos anteriores das costelas 5–12	Crista ilíaca e aponeurose na linha alba	Compressão dos conteúdos abdominais, flexão do tronco	Ramos anteriores de T7–T12
Oblíquo interno	Fáscia toracolombar, cristas ilíacas, ligamento inguinal	Borda inferior das costelas inferiores, aponeurose na linha alba, crista púbica, linha pectínea	Compressão dos conteúdos abdominais, flexão do tronco	Ramos anteriores de T7–T12 e L1
Transverso abdominal	Fáscia toracolombar, cristas ilíacas, ligamento inguinal, cartilagens costais de costelas 7–12	Aponeurose na linha alba, crista púbica, linha pectínea	Compressão dos conteúdos abdominais	Ramos anteriores de T7–T12 e L1

Quadro 6-6 Músculos da parede abdominal posterior

Músculo	Origem	Inserção	Ação	Inervação
Ilíaco	Fossa ilíaca, sacroilíaco anterior e ligamentos iliolombares e sacro	Trocânter menor do fêmur	Flexão da coxa no quadril	Nervo femoral
Psoas maior	Corpos vertebrais de T12 e L1–L5, processos transversos de vértebras lombares e discos intervertebrais de T12 e L1–L5	Trocânter menor do fêmur	Flexão da coxa no quadril	Ramos anteriores de L1–L3
Psoas menor	Corpos vertebrais e discos intervertebrais de T12 e L1	Linha pectínea da borda pélvica e eminência iliopúbica	Flexão da coluna vertebral lombar	Ramos anteriores de L1
Quadrado lombar	Processo transverso de L5, ligamento iliolombar, crista ilíaca	Processo transverso de L1–L4 e borda inferior da costela 12	Depressão e estabilização da costela 12 e inclinação lateral do tronco	Ramos anteriores de T12 e L1–L4

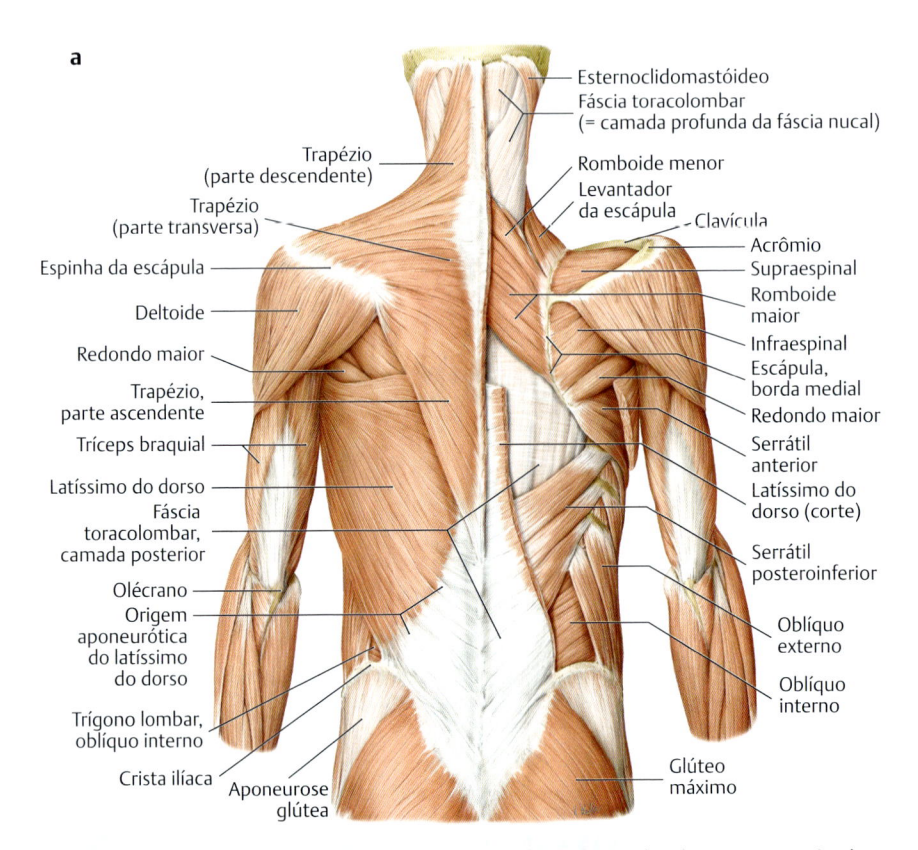

Fig. 6-3 (a) Músculos dorsais superficiais e intermediários. (Reproduzida com permissão de Gilroy A, MacPherson B, Schünke M *et al.*, eds. Atlas of Anatomy. 3rd Edition. New York, NY: Thieme; 2017.) (*Continua*)

Anatomia da Coluna Lombar

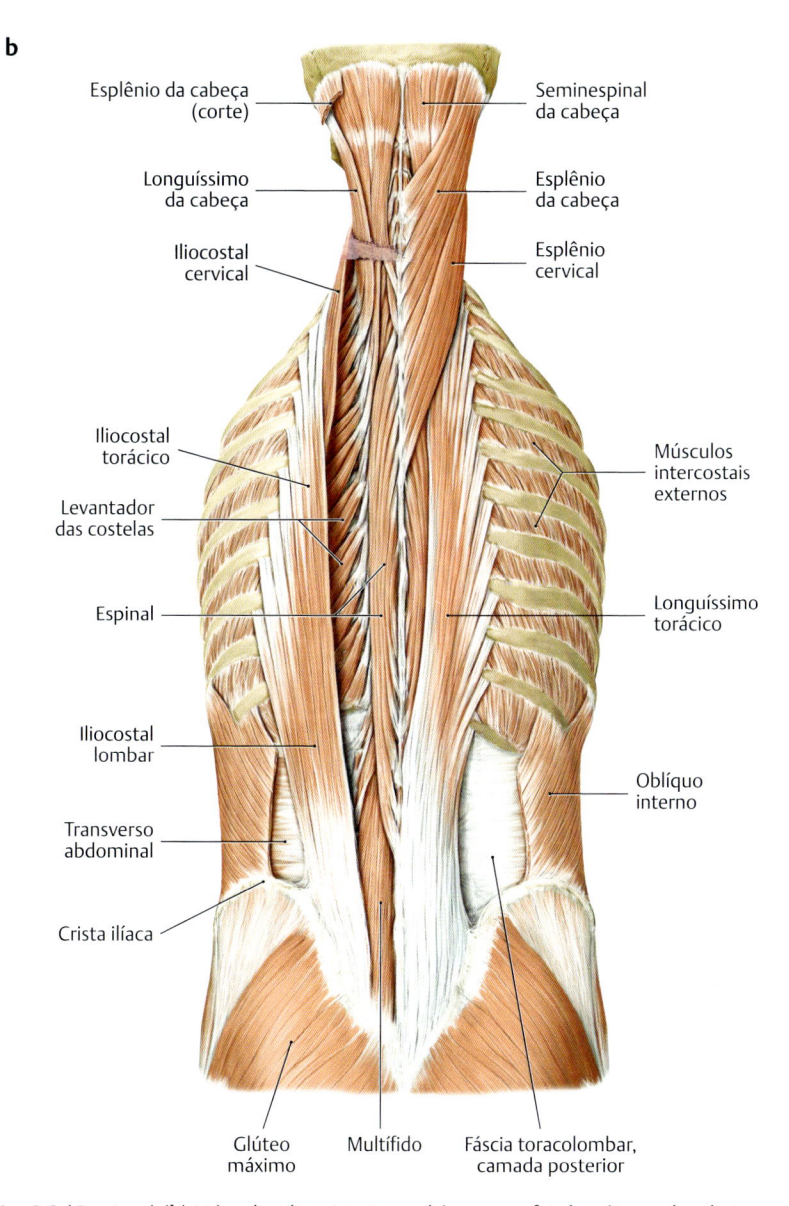

Fig. 6-3 (*Continua*) (**b**) Músculos dorsais intermediários e profundos. (Reproduzida com permissão de Gilroy A, MacPherson B, Schünke M *et al.*, eds. Atlas of Anatomy. 3rd Edition. New York, NY: Thieme; 2017.) (*Continua*)

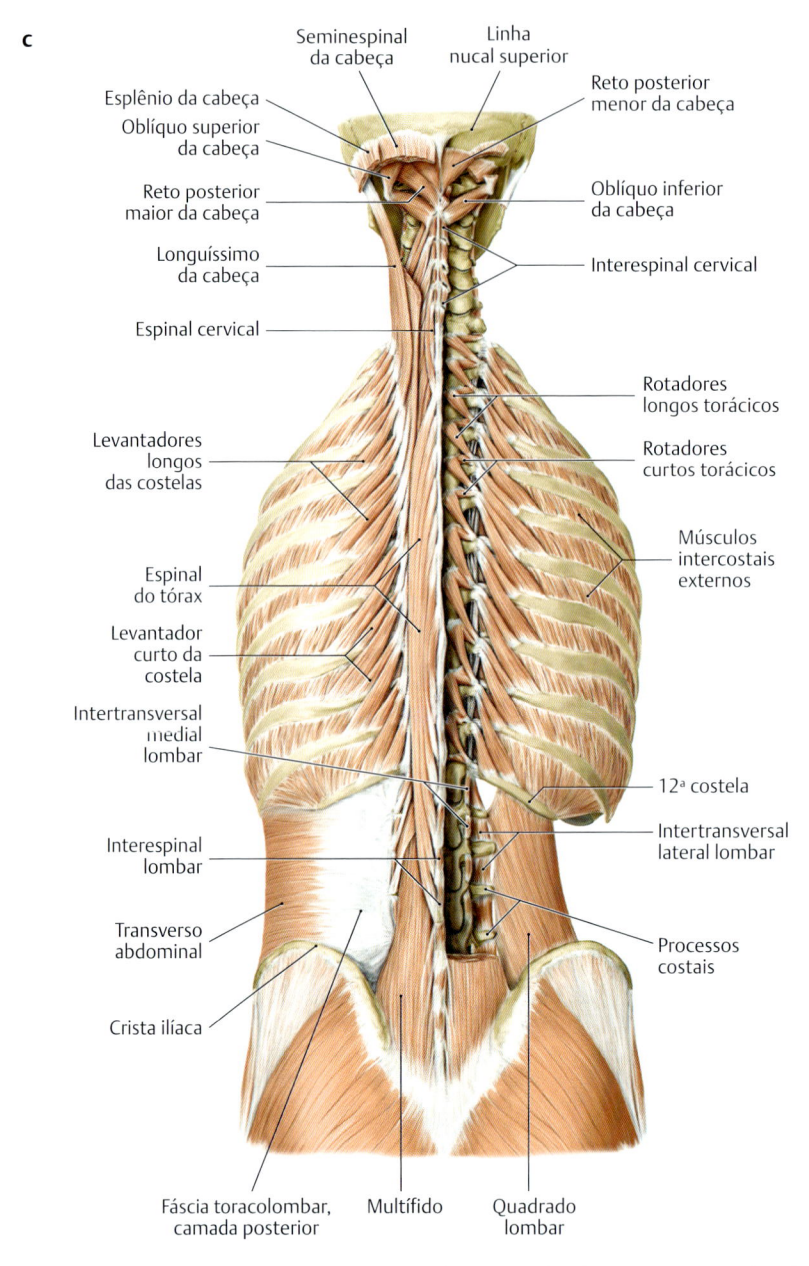

Fig. 6-3 *(Continua)* (**c**) Músculos dorsais profundos. (Reproduzida com permissão de Gilroy A, MacPherson B, Schünke M *et al.*, eds. Atlas of Anatomy. 3rd Edition. New York, NY: Thieme; 2017.)

Anatomia da Coluna Lombar

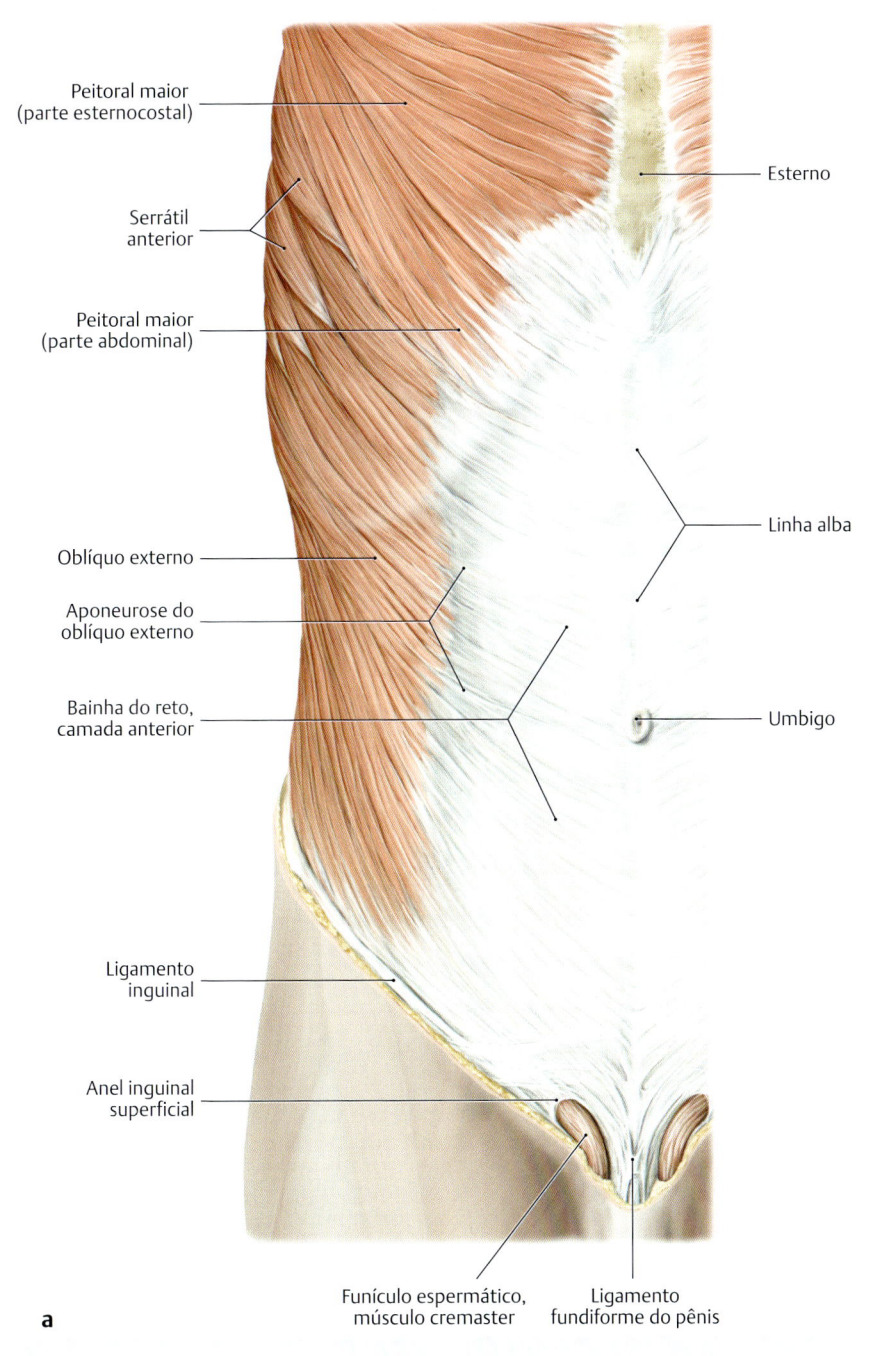

Fig. 6-4 (**a**) Músculos superficiais anterolaterais da parede abdominal. (Reproduzida com permissão de Gilroy A, MacPherson B, Schünke M *et al.*, ed. Atlas of Anatomy. 3rd Edition. New York, NY: Thieme; 2017.) (*Continua*)

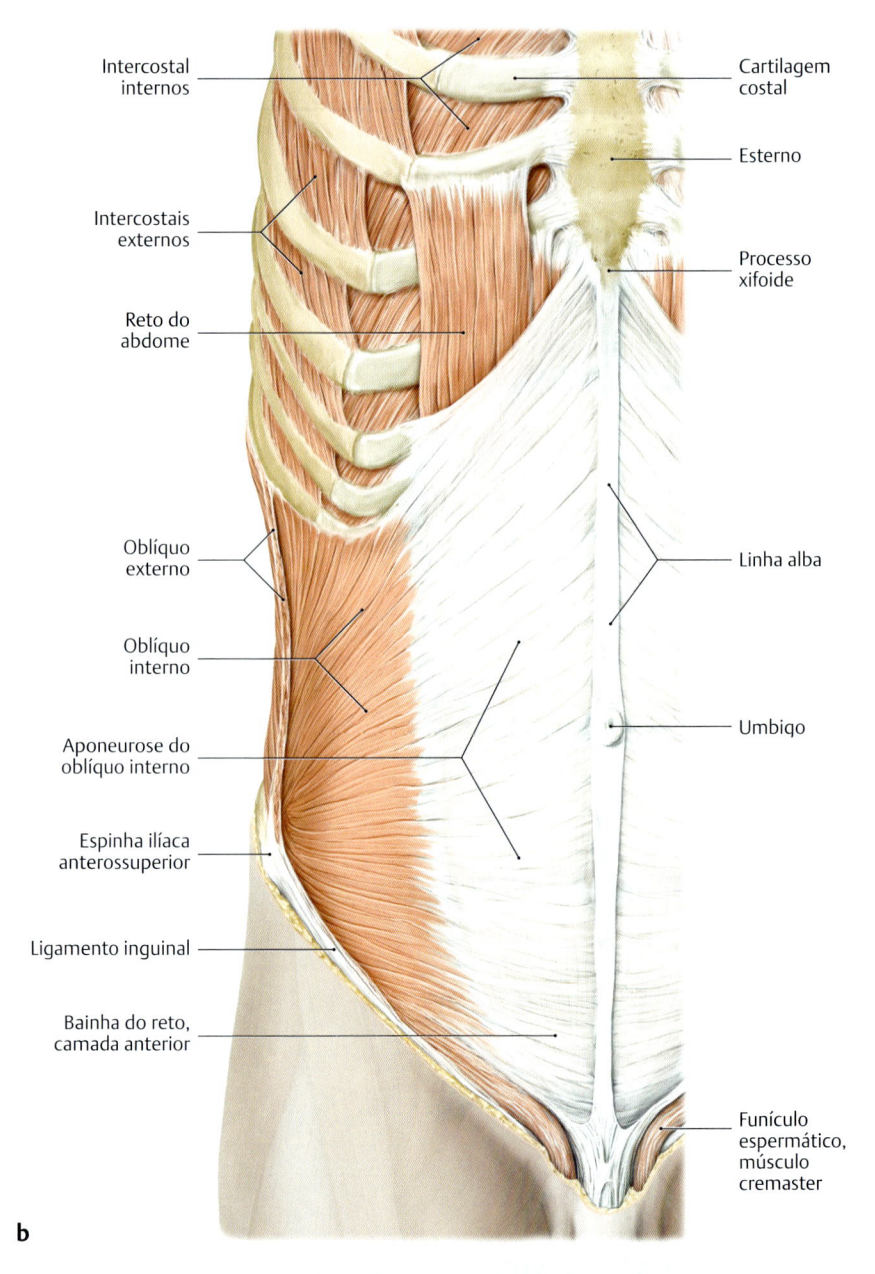

Fig. 6-4 (*Continua*) (**b**) Músculos intermediários anterolaterais da parede abdominal. (Reproduzida com permissão de Gilroy A, MacPherson B, Schünke M *et al.*, ed. Atlas of Anatomy. 3rd Edition. New York, NY: Thieme; 2017.) (*Continua*)

Anatomia da Coluna Lombar

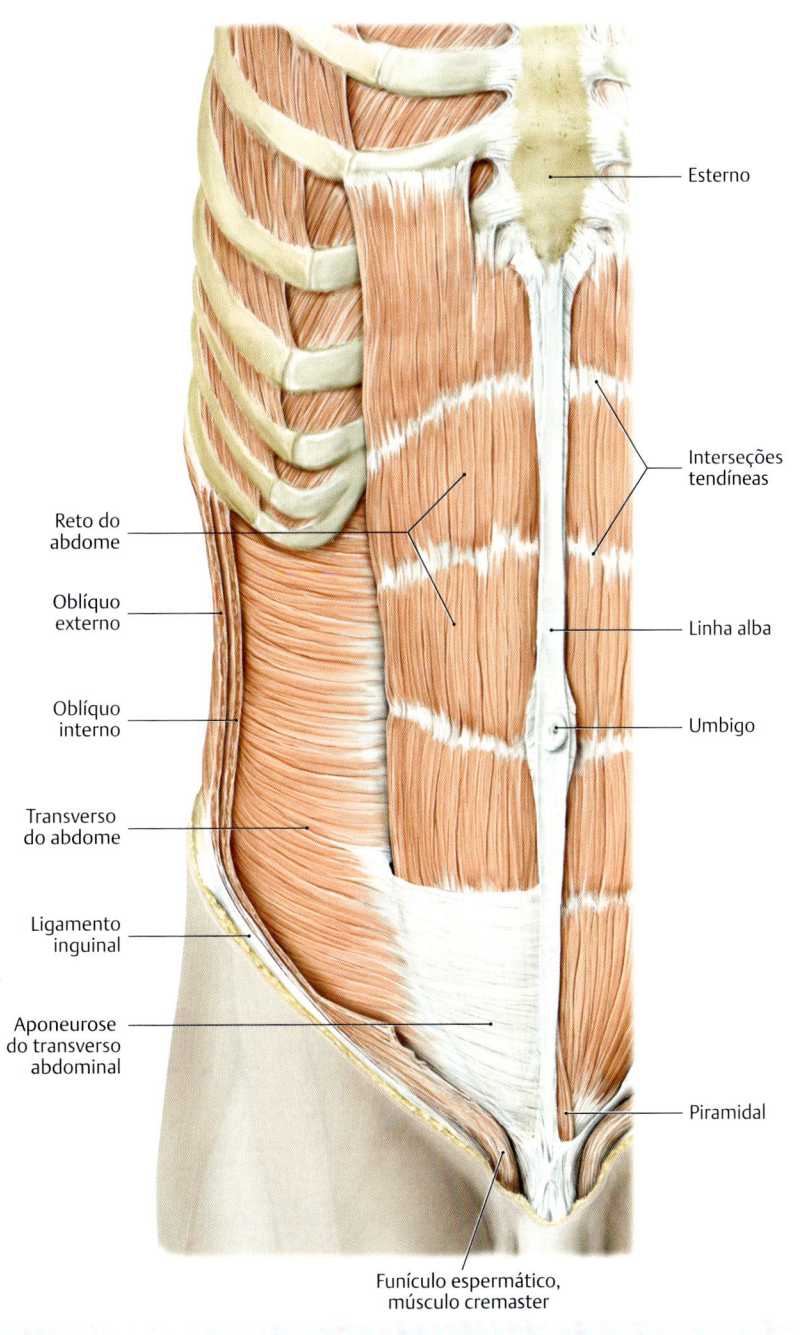

Fig. 6-4 (*Continua*) (**c**) Músculos profundos anterolaterais da parede abdominal. (Reproduzida com permissão de Gilroy A, MacPherson B, Schünke M *et al.*, ed. Atlas of Anatomy. 3rd Edition. New York, NY: Thieme; 2017.)

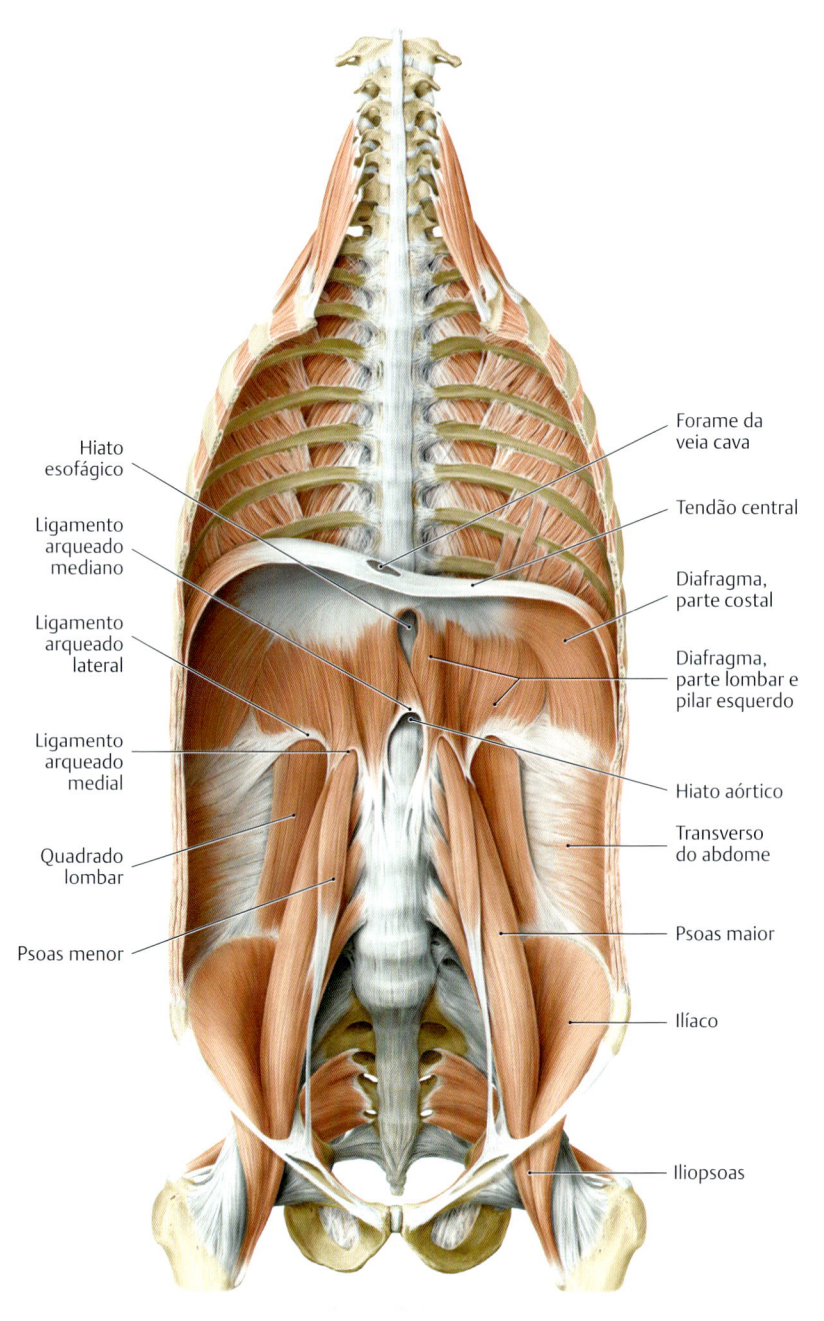

Fig. 6-5 Musculatura da parede abdominal posterior. (Reproduzida com permissão de Baker E, Schünke M, Schulte E *et al.*, ed. Anatomy for Dental Medicine. 2nd ed. New York, NY: Thieme; 2015.)

Quadro 6-7 Vascularização lombar

Artéria	Localização	Ramos	Irrigação
Aorta abdominal	Corre caudalmente ao longo do canal vertebral até a bifurcação em L4	Artérias intercostais segmentares Artérias lombares	Órgãos e tecidos do abdome, pelve e pernas
Intercostal segmentar	Anterior aos corpos vertebrais e processos transversos Bordas inferiores das costelas	Ramos dorsal Ramo espinal Ramo ventral Medular segmentar anterior	Dura Medula espinal Corpos vertebrais Artéria espinal anterior
Lombar	Artérias bilaterais Posterolateral ao longo dos corpos vertebrais	Medular segmentar posterior Artérias radiculares anteriores Artérias radiculares posteriores	Músculos dorsais das costas Artérias espinais posteriores
Medular segmentar anterior	Linha média ao longo das raízes nervosas	Artéria espinal anterior Artérias radiculares anteriores	Medula espinal lombar e sacral
Medular segmentar posterior	Artérias pareadas ao longo das raízes nervosas	Artéria espinal posterior Artérias radiculares posteriores	Medula espinal lombar e sacral
Espinal anterior	Fissura mediana ventral da medula espinal	Ramos sulcais Plexo arterial da pia	Dois terços anteriores da medula espinal
Espinal posterior	Artérias pareadas ao longo dos sulcos posterolaterais da medula espinal		Terço posterior da medula espinal

Quadro 6-8 Plexo lombar: divisão anterior

Nervo	Origem	Motor	Sensorial
Subcostal	T12		Região subxifoide
Ílio-hipogástrico	T12–L1	Transverso abdominal Oblíquo interno abdominal	Acima do púbis Nádegas posterolaterais
Ilioinguinal	L1		Região inguinal
Genitofemoral	L1–L2	Cremaster	Escroto (M) Monte (F)
Obturador	L2–L4	Oblíquo externo Adutor longo Adutor curto Adutor magno Grácil Obturador externo	Coxa inferomedial
Obturador acessório	L2–L4	Psoas	

Quadro 6-9 Plexo lombar: divisão posterior

Nervo	Origem	Motor	Sensorial
Cutâneo femoral lateral	L2–L3		Lateral da coxa
Femoral	L2–L4	Psoas Ilíaco Pectíneo Reto femoral Vasto lateral Vasto intermédio Vasto medial Sartório Articular do joelho	Coxa anteromedial Porção medial da perna e pé

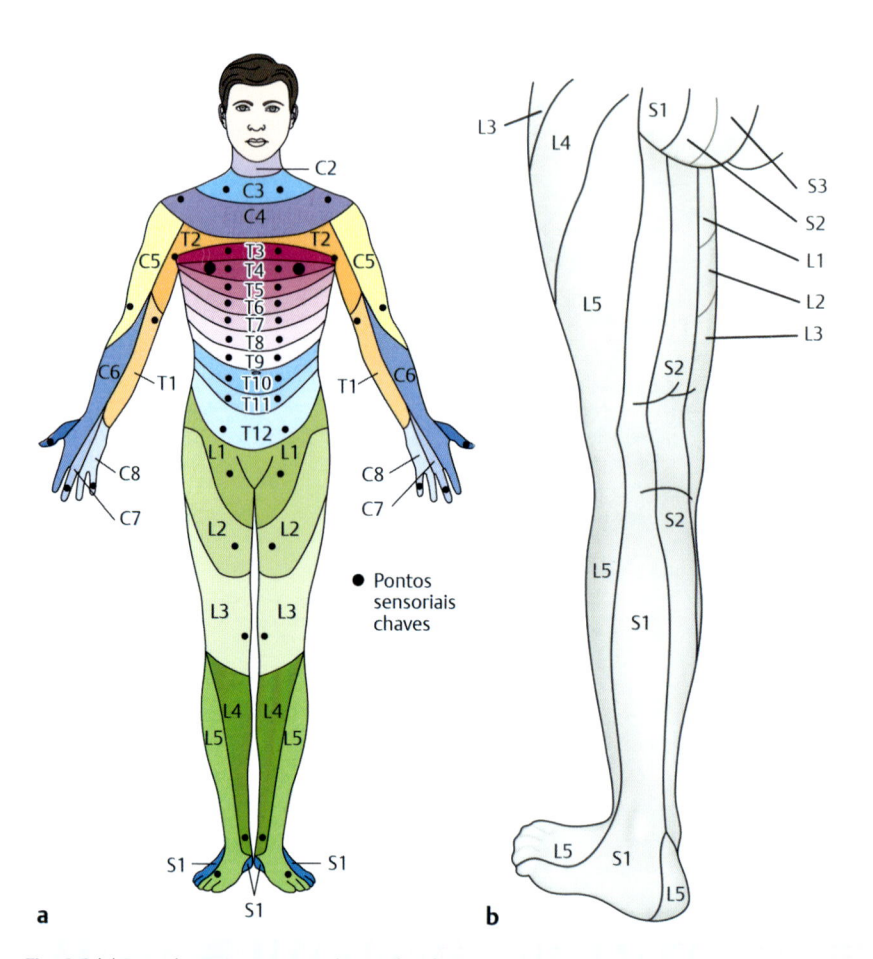

Fig. 6-6 (a) Dermátomos anteriores. (Reproduzida com permissão de An HS, Singh K, eds. Synopsis of Spine Surgery. 3rd ed. New York, NY: Thieme; 2016.). **(b)** Mapa dos dermátomos de raízes nervosas sacrais. (Reproduzida com permissão de from Baaj AA, Mummaneni PV, Uribe JS, Vaccaro AR, Greenberg MS, eds. Handbook of Spine Surgery. 2nd ed. New York, NY: Thieme; 2016.)

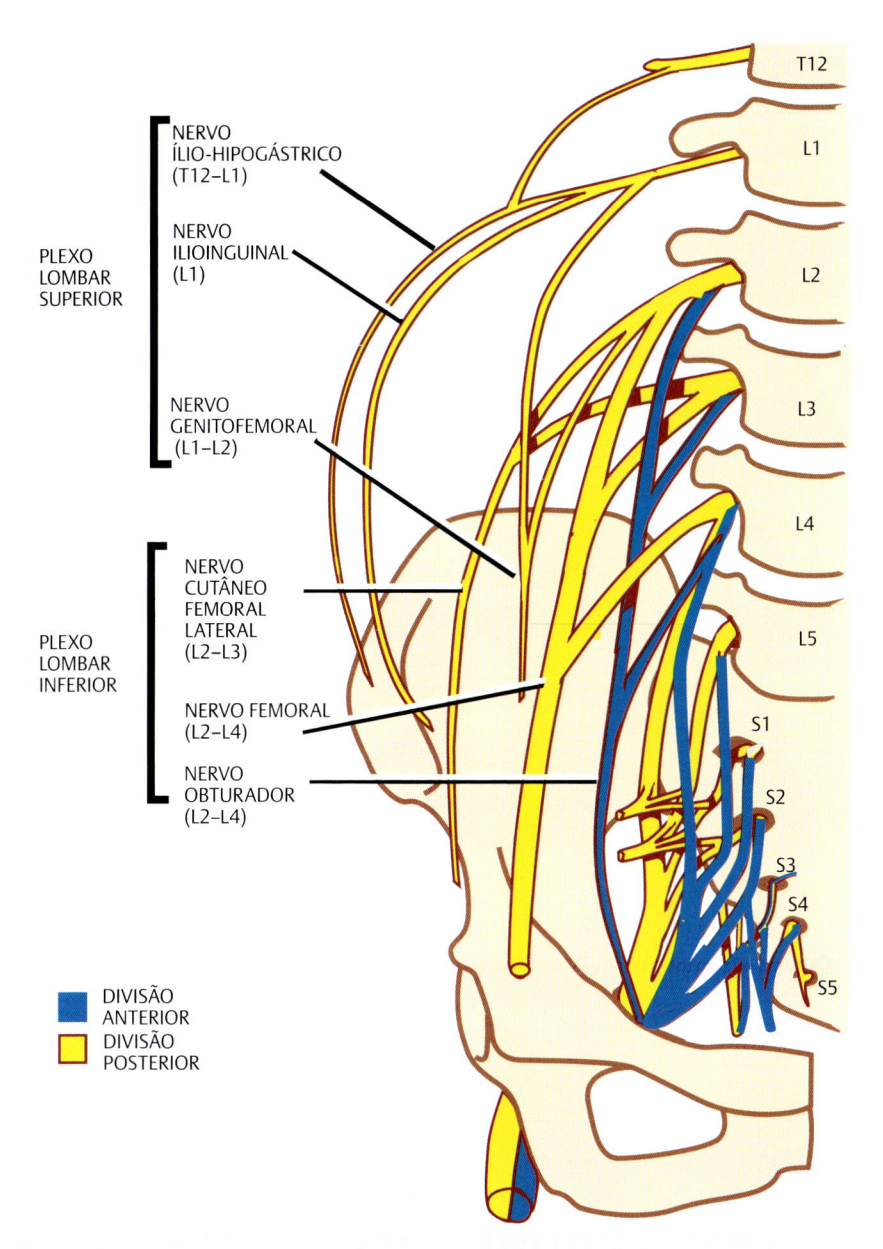

Fig. 6-7 Plexo lombar. (Reproduzida com permissão de Albertstone CD, Benzel EC, Najm IM, Steinmetz M, eds. Anatomic Basis of Neurologic Diagnosis. New York, NY: Thieme; 2009.)

- O cone medular está localizado no aspecto inferior das vértebras L1:
  - Terminação da medula espinal.
- Tronco simpático:
  - Bilateral à coluna vertebral.
  - Conecta-se aos ramos anteriores via ramos comunicantes.
- Plexo lombar:
  - Ramos anteriores de T12–L4.
  - Profundo em relação ao músculo psoas.
- Dermátomos lombares:
  - Região lombar e quadris.
  - Coxas anterior, medial e lateral.
  - Região inferior anterior e medial da perna.
  - Região dorsal, medial e plantar do pé.

Leituras Sugeridas

1. Gilroy AM, MacPherson BR, Ross LM, Schuenke M, Schulte E, Schumacher U. Atlas of Anatomy. 2nd ed. New York, NY: Thieme; 2012
2. Drake RL, Vogl W, Mitchell AWM. Gray's Anatomy for Students. Philadelphia, PA:Elsevier; 2005
3. Thompson JC. Netter's Concise Atlas of Orthopaedic Anatomy. 1st ed. Philadelphia, PA: Elsevier; 2001

7 Coluna Sacral

Antonios Varelas ▪ Fady Y. Hijji ▪ Ankur S. Narain ▪ Philip K. Louie ▪ Daniel D. Bohl ▪ Kern Singh

7.1 Informações Gerais
- No começo temos cinco vértebras inicialmente não fundidas:
  - A fusão começa por volta dos 18 anos e estará concluída por volta dos 30 anos.
- Formato côncavo, triangular invertido.
- Orientação estrutural:
  - Base: ampla, extremidade superior.
  - Ápice: estreito, extremidade inferior.
- Articulações:
  - Ílio: com a superfície articular superolateral.
  - L5 (vértebras lombares finais): com o processo articular superior.
  - Cóccix: com o ápice do sacro.

7.2 Anatomia Óssea (Fig. 7-1)
- Superfície dorsal (posterior):
  - Contém quatro pares de forames:
    - Permite a passagem dos ramos ventrais para os primeiros quatro nervos espinais sacrais e artérias sacrais.
  - Crista sacral mediana:
    - Fusão dos três ou quatro primeiros processos espinhosos sacrais.
    - Projeção óssea na linha média da superfície pélvica.
  - Crista sacral intermediária:
    - Fusão dos processos articulares sacrais de S2, S3, S4.
  - Crista sacral lateral:
    - Fusão de todos os cinco processos articulares vertebrais sacrais:
      - A fusão incompleta leva à formação dos forames sacrais posteriores.
- Superfície pélvica (anterior):
  - Quatro cristas transversas marcando os traçados dos quatro discos intervertebrais fundidos.
  - Promontório sacral:
    - Projeção anterior da superfície pélvica.
    - Forma a margem posterior da entrada pélvica.
    - Menos proeminente no sexo feminino que no masculino:
      - Leva à entrada pélvica oval nas mulheres e entrada em forma de coração nos homens.

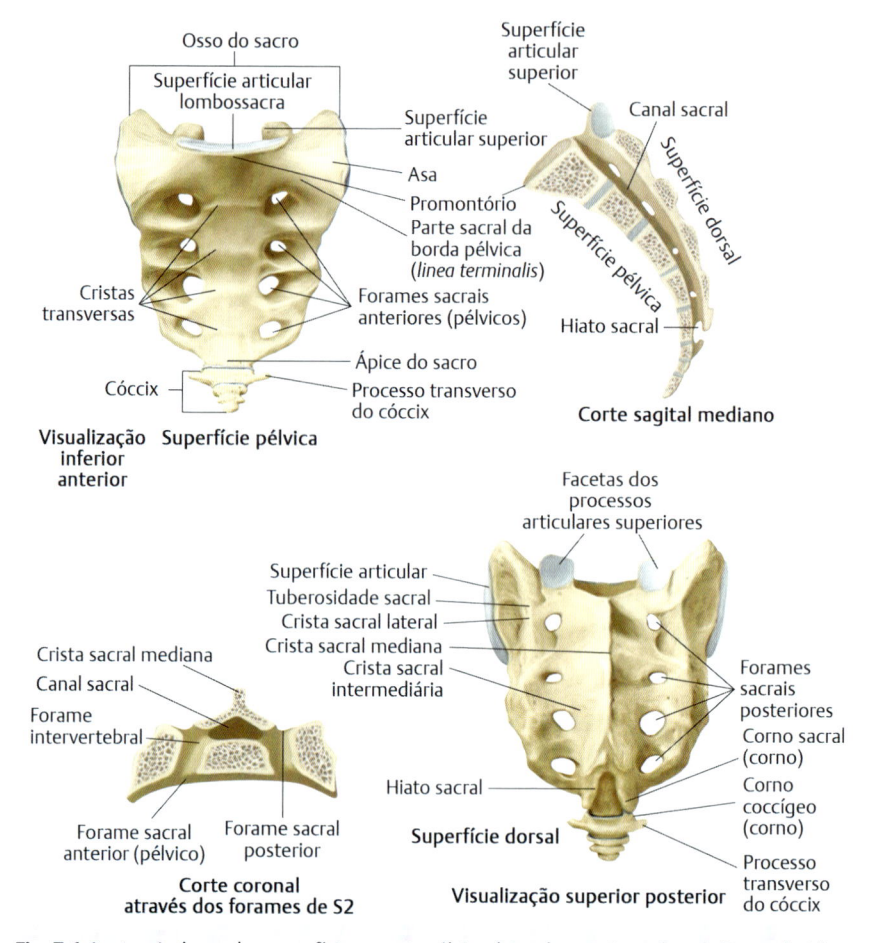

Fig. 7-1 Anatomia óssea das superfícies sacrais pélvica, lateral, superior e dorsal. (Reproduzida com autorização de An HS, Singh K, eds. Synopsis of Spine Surgery. 3rd ed. New York, NY: Thieme; 2016.)

- Asa do sacro:
  - Grandes projeções superolaterais de S1 em decorrência da fusão dos processos vertebrais transversos.
  - Raiz do nervo L5 corre sobre o topo da asa sacral.
- Canal sacral:
  - Extensão inferior do forame vertebral.
  - Contém o *filum terminale* e a cauda equina:
    - *Filum terminale* é um filamento de tecido conjuntivo não neural que fornece suporte longitudinal para a medula espinal:
      - Extensão fibrosa do *conus medullaris*.

- ◊ O *filum terminale internum* está incluído no saco dural, enquanto o *externum* (ligamento coccígeo) é extradural e se anexa ao primeiro segmento do cóccix.
- ♦ A cauda equina é uma coleção de nervos espinais e de raízes neurais dos pares de nervos L1-S5 e nervo coccígeo:
  - ◊ Emerge do *conus medullaris*.
- Hiato sacral:
  - Uma abertura na borda inferior do canal sacral:
    - ♦ Ocorre quando a lâmina da quinta vértebra sacral falha na fusão.

7.3 Anatomia Ligamentosa

- Ligamentos sacroilíacos:
  - Estabilizam a articulação sacroilíaca.
  - Compreendem três divisões:
    - ♦ Anterior (ligamentos sinfisários):
      - ◊ Fraca estabilização da articulação sacroilíaca.
      - ◊ Resiste à rotação externa.
    - ♦ Posterior (**Fig. 7-2**):
      - ◊ Forma a ligação primária entre o sacro e o ílio.
      - ◊ Considerados por muitos como os ligamentos mais fortes no corpo.
      - ◊ Importante para a estabilidade do anel pélvico.
    - ♦ Interósseo:
      - ◊ Resiste à abdução da articulação sacroilíaca.
- Ligamento sacrotuberoso (assoalho pélvico):
  - Estende-se sobre o sacro e a tuberosidade do ísquio:
    - ♦ Ajuda a criar uma fronteira para os forames ciáticos maior e menor.
  - Estabiliza o cinto pélvico.
  - Resiste a cisalhamento e flexão.
  - Passa posterior ao ligamento sacroespinhoso.
- Ligamento sacroespinhoso (assoalho pélvico):
  - Localizado dentro da incisura ciática maior:
    - ♦ Estende-se sobre o sacro e a espinha do ísquio.
    - ♦ Forma os forames ciáticos maior e menor.
  - Resiste à rotação externa do ílio além do sacro.
- Ligamentos sacrococcígeos:
  - Estende-se sobre o sacro e o cóccix.
  - Fecha o hiato sacral.
  - Compreende três divisões:
    - ♦ Anterior:
      - ◊ Continuação do ligamento longitudinal anterior.

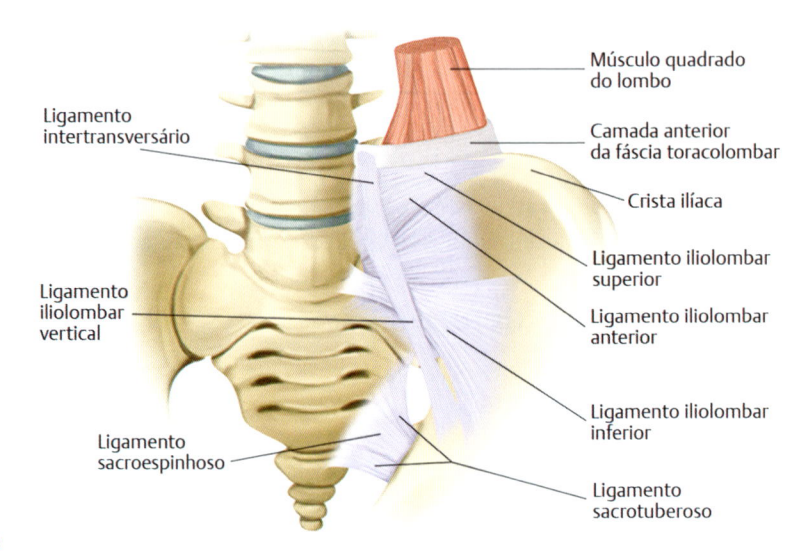

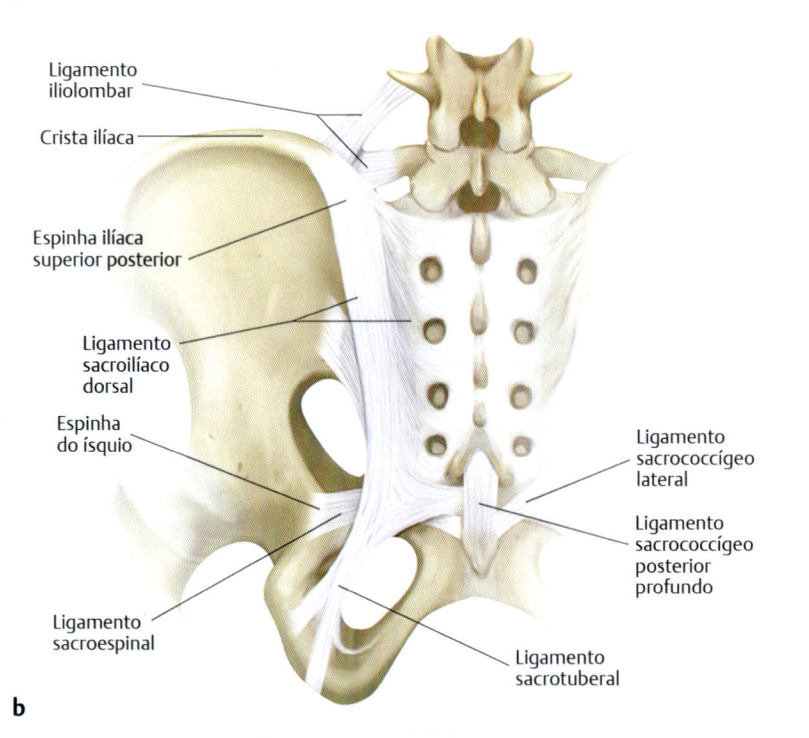

Fig. 7-2 (a, b) Projeções posteriores da anatomia ligamentosa do sacro. (Reproduzida com autorização de An HS, Singh K, eds. Synopsis of Spine Surgery. 3rd ed. New York, NY: Thieme; 2016.)

Coluna Sacral

- ♦ Posterior:
  - ◊ Consiste em dois componentes: profundo e superficial:
    - ❖ O ligamento profundo é uma continuação do ligamento longitudinal posterior.
    - ❖ O ligamento superficial completa a porção inferior do canal sacral.
  - ♦ Lateral:
    - ◊ Completa o forame final para o quinto nervo sacral.
- Ligamento coccígeo:
  - Ancora a terminação do saco dural em S2 para o primeiro segmento do cóccix.

7.4 Anatomia Muscular

- Músculos sacrais anteriores (**Quadro 7-1, Figs. 7-3, 7-4**):
  - Anexos musculares ocorrem ao longo da superfície pélvica (anterior) do sacro:
    - ♦ Piriforme.
    - ♦ Coccígeo.
    - ♦ Ilíaco.

Quadro 7-1 Superfície anterior

Músculo	Origem	Inserção	Ação	Inervação
Piriforme	Sacro (S2, S3, S4)	Trocânter maior do fêmur	Rotação externa, abdução, extensão da articulação do quadril	Nervo para o piriforme (L5, S1, S2)
Coccígeo	Espinha isquial, ligamento sacroespinhoso	Sacro inferior, cóccix	Elevação/suporte do assoalho pélvico, flexão do cóccix	Ramos primários anteriores de S4, S5.
Ilíaco	Asa do sacro, fossa ilíaca	Trocânter menor do fêmur	Flexão, rotação externa da articulação do quadril	Nervo femoral (L2, L3, L4)

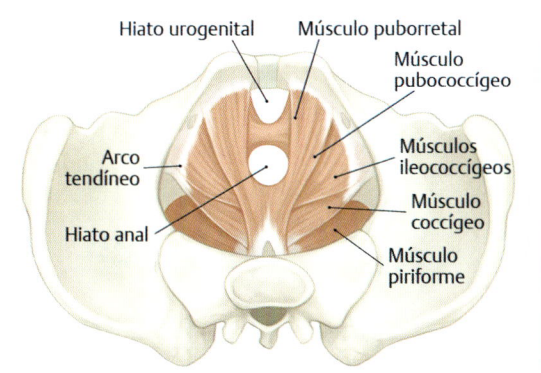

Fig. 7-3 Visualização do assoalho pélvico e dos anexos musculares do piriforme e do coccígeo para o sacro.

- Músculos sacrais posteriores (**Quadro 7-2, Figs. 7-5, 7-6**):
  - Anexos musculares ocorrem ao longo da superfície dorsal (posterior) do sacro:
    - Multífido lombar.
    - Eretor da espinha.

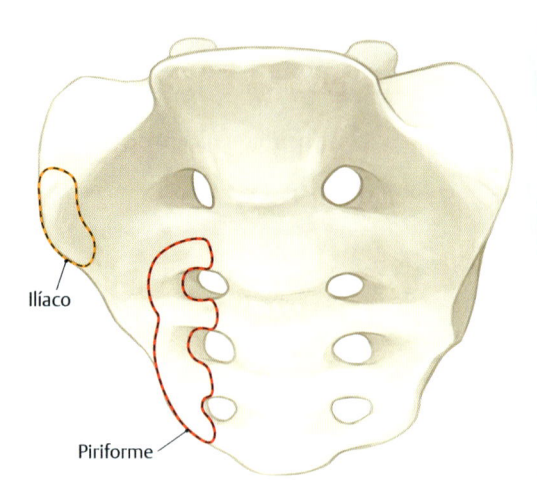

Fig. 7.4 Visualização anatômica dos sítios de anexos para os músculos sacrais anteriores.

Quadro 7-2 Superfície posterior

Músculo	Origem	Inserção	Ação	Inervação
Eretor da espinha	Sacro, crista ilíaca	Varia para cada músculo Eretor da espinha	Extensão, flexão lateral de coluna vertebral e pescoço	Ramos primários dorsais dos nervos espinal e torácico
Multífido lombar	Sacro, processo transverso de C2-L5	Processos espinhosos das vértebras	Extensão, flexão lateral ipsolateral, rotação contralateral da espinha	Ramos primários dorsais de C1-L5

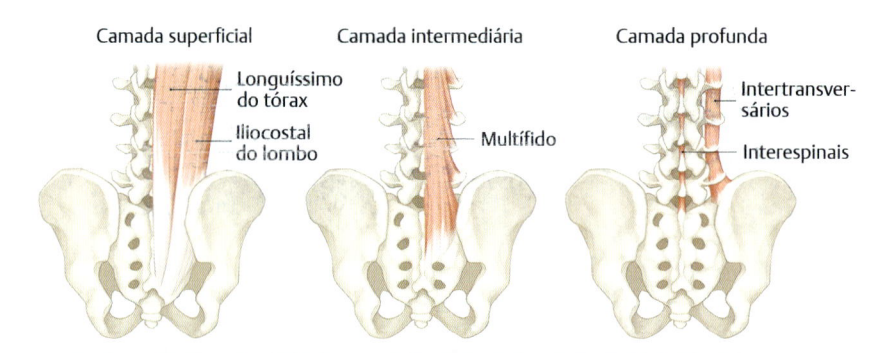

Fig. 7-6 Visualização anatômica dos sítios de anexos para os músculos sacrais posteriores e laterais.

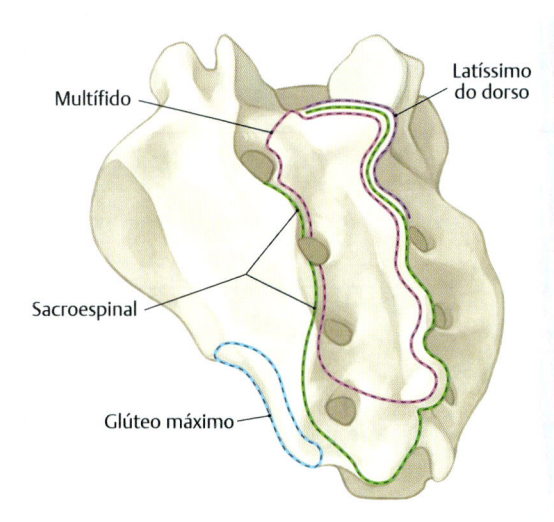

Fig. 7-5 Visualização posterior do anexo muscular do eretor da espinha e do multífido do lombo ao sacro.

Quadro 7-3 Borda lateral

Músculo	Origem	Inserção	Ação	Inervação
Glúteo máximo	Sacro, ílio, cóccix	Fibras superiores: trato iliotibial Fibras inferiores: tuberosidade glútea do fêmur	Extensão do quadril, rotação externa do fêmur	Nervo glúteo inferior (L5, S1, S2)

- Músculos sacrais laterais (**Quadro 7-3, Fig. 7-6**):
  - Anexos musculares ocorrem ao longo da borda lateral do sacro:
    - Glúteo máximo.

7.5 Anatomia Vascular
- Artéria sacral mediana (do meio):
  - Estrutura de vestígios.
  - Supre o cóccix, o sacro e as vértebras lombares.
  - Tem origem na superfície posterior da aorta abdominal, próximo à bifurcação aórtica (**Fig. 7-7**):
    - Desce verticalmente seguindo a superfície pélvica do sacro.
    - Termina no corpo coccígeo.
  - Anastomoses:
    - Artéria iliolombar:
      - Na região das vértebras lombares.

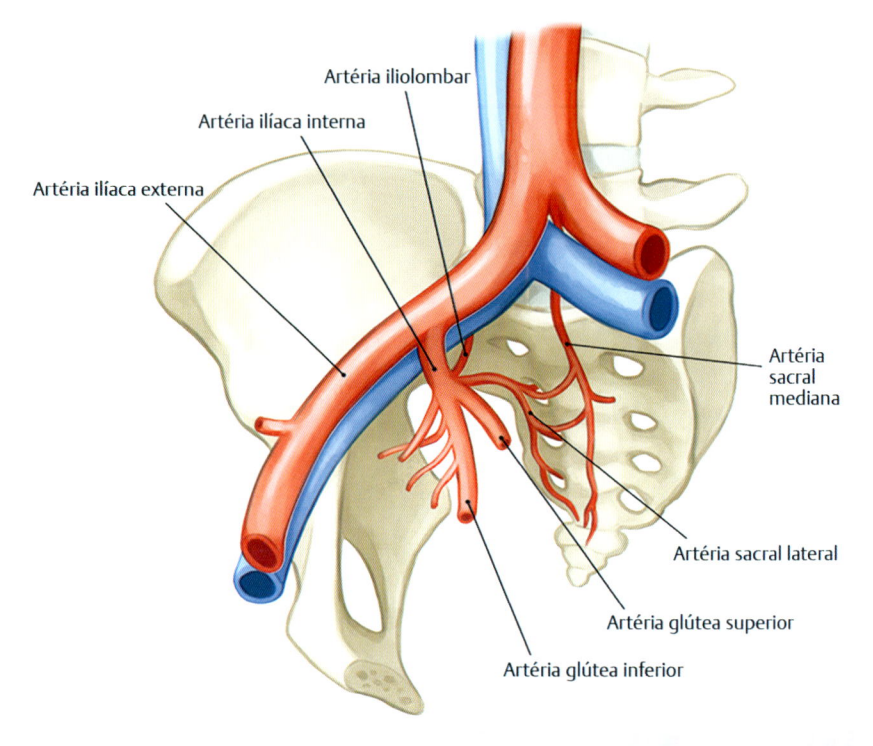

Fig. 7-7 Anatomia da aorta abdominal, ilíacas comuns e artérias sacrais.

- ♦ Artérias sacrais laterais:
  - ◊ Anteriores ao sacro.
  - ◊ Ramos resultantes viajam pelos forames sacrais anteriores.
- Artérias sacrais laterais:
  - Frequentemente observadas como vasos bilaterais:
    - ♦ Superior e inferior.
  - Suprem o canal sacral, o eretor da espinha e o piriforme.
  - Têm origem na divisão posterior da artéria ilíaca interna:
    - ♦ Manifestam-se, tipicamente, como o segundo ramo; entretanto, também podem surgir da artéria glútea superior.
  - Anastomoses:
    - ♦ Artérias glúteas:
      - ◊ Sobre a superfície dorsal do sacro.
    - ♦ Artéria mediana:
      - ◊ Anterior ao sacro e cóccix.
    - ♦ Artéria sacral lateral contralateral:
      - ◊ Anterior ao cóccix.

7.6 Anatomia Neural

- Raízes neurais:
    - A cauda equina contém as fibras sacrais (**Fig. 7-8**):
        - Viaja dentro do canal lombossacro.
        - Coleção de nervos periféricos L1–S5.
        - Saco dural termina em S2:
            - Porção extradural do *filum terminale* emerge do saco dural.
    - As quatro raízes sacrais superiores deixam o sacro por meio dos forames sacrais.
    - A quinta raiz sacral, o *filum terminale* e as raízes coccígeas saem pelo hiato sacral.
    - Os ramos ventrais (anteriores) de L4–S4 formam o plexo sacral.
- Plexo sacral (**Fig. 7-9**):
    - Ramos anteriores de L4–S3 e porção superior de S4.
    - Localizado profundo à fáscia pélvica (de Waldeyer) e superior à superfície do músculo piriforme.
    - Quase todos os ramos saem pelo forame ciático maior:
        - Aqueles que permanecem na pelve inervam o períneo, os músculos pélvicos e os órgãos pélvicos.
    - Dá origem a (**Quadro 7-4**):
        - Nervo ciático (L4–S3):
            - Componentes dos nervos tibial e fibular comum.

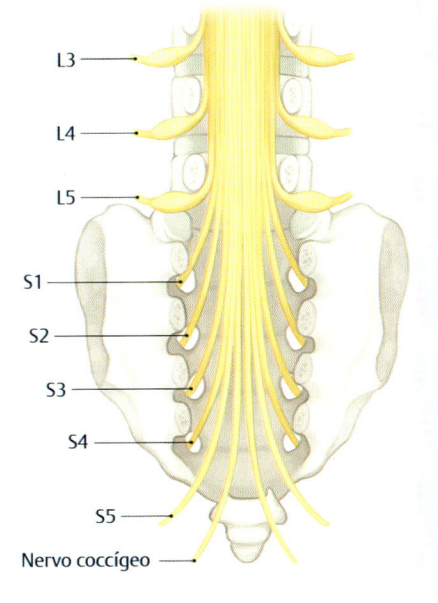

Fig. 7-8 Raízes neurais do sacro passando pelos forames sacrais.

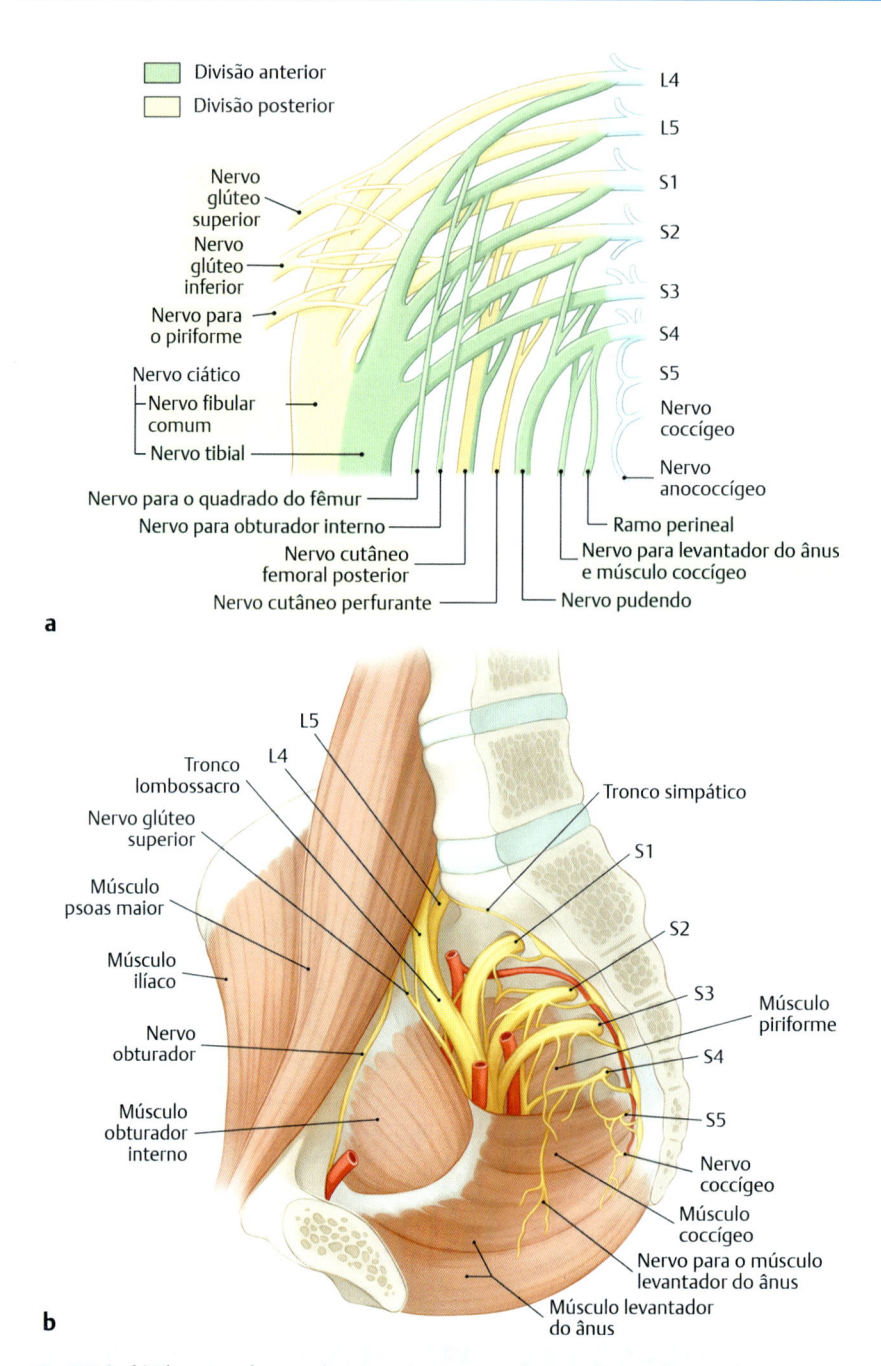

Fig. 7.9 (a, b) Plexo sacral com raízes neurais correspondentes e inervações terminais.

Coluna Sacral

Quadro 7-4 Plexo sacral

Nervo	Origem	Motor	Sensorial
Glúteo superior	L4, L5, S1	Glúteo médio, glúteo mínimo, tensor da fáscia lata	Nenhum
Glúteo inferior	L5, S1, S2	Glúteo máximo	Nenhum
Nervo para o piriforme	L5, S1, S2	Piriforme	Nenhum
Nervo para o obturador interno	L5, S1, S2	Obturador interno, gêmeo superior	Nenhum
Nervo para o quadrado do fêmur	L4, L5, S1	Quadrado do fêmur, gêmeo inferior	Nenhum
Nervo femoral cutâneo posterior	S1, S2, S3	Nenhum	Períneo, superfície posterior da coxa e da perna
Ciático	L4, S1, S2, S3	Porção tibial: semitendinoso, semimembranoso, cabeça longa do bíceps do fêmur, adutor magno (porção do tendão) Porção fibular comum: cabeça curta do bíceps do fêmur	Porção tibial: superfícies posterolateral e medial do pé, sola do pé Porção fibular comum: superfície anterolateral da perna, porção dorsal do pé
Pudendo	S2, S3, S4	Esfíncter uretral externo, esfíncter anal externo, levantador do ânus, músculos esqueléticos do períneo	Genitália externa, pele do períneo

- ♦ Glúteos superior (L4–S1) e inferior (L5-S2).
- ♦ Nervo pudendo (S2–S4).
- ♦ Femoral cutâneo posterior (S1–S3).
- ♦ Nervos para o piriforme, obturador interno e quadrado do fêmur.
- Dermátomos sacrais:
  - Raízes do nervo sacral fornecendo sensação para várias áreas ao redor do períneo, coxas e pernas.
  - Dermátomos importantes:
    - ♦ S1: coxa posterior e perna (lateral).
    - ♦ S2: coxa posterior e perna (medial).
    - ♦ S2-S4: períneo e genitais.

7.7 Pérolas Clínicas e Cirúrgicas

- A síndrome da cauda equina é considerada como uma emergência médica verdadeira e suas características principais são: alterações sensitivomotoras de extremidade inferior, dor/fraqueza bilateral das extremidades inferiores, alterações na bexiga/intestinos e/ou anestesia por bloqueio em sela.

- O ligamento sacrotuberoso é cirurgicamente cortado para aliviar a dor perineal resultante do aprisionamento do nervo pudendo entre os ligamentos sacrotuberoso e sacroespinhoso.
- O complexo ligamentoso sacroilíaco posterior é considerado como o ligamento mais forte do corpo; esse complexo é mais importante que os ligamentos anteriores para a estabilidade do anel pélvico.
- O hiato sacral oferece acesso ao espaço epidural sacral para a administração de anestésicos.

Leituras Sugeridas

1. An HS, Singh K. Synopsis of Spine Surgery. 3rd ed. New York, NY: Thieme; 2016.
2. Netter FH. Atlas of Human Anatomy. 6th ed. Philadelphia, PA: Saunders; 2014.
3. Herkowitz HN, Garfin SR, Eismont FJ, et al. The Spine. 5th ed. Philadelphia, PA: Saunders Elsevier; 2006:22.

8 História Espinal e Exame Físico

Fady Y. Hijji ▪ Ankur S. Narain ▪ Junyoung Ahn ▪ Philip K. Louie ▪ Daniel D. Bohl ▪ Kern Singh

8.1 História Espinal

8.1.1 Antecedentes
- Obter a história clínica precisa é o aspecto mais importante da avaliação:
  - Exame físico.
  - Investigação diagnóstica por imagens.
  - A urgência da doença espinal.
  - Modalidades terapêuticas.

8.1.2 História
- Idade:
  - Menos de 40 anos: espondilolistese ístmica, hérnia de disco, deformidades congênitas.
  - Mais de 40 anos: doença degenerativa de disco, estenose espinal, hérnia de disco.
- Dor:
  - Natureza:
    - Axial *versus* radicular:
      - Axial: mais difusa/generalizada.
      - Radicular (extremidades): dor associada a parestesias, dormência, fraqueza em distribuição dermatomal.
    - Mecânica *versus* não mecânica:
      - Mecânica: piora com a atividade, progride durante o dia, alívio em repouso.
      - Não mecânica: independentemente de atividade ou repouso, piora à noite.
  - Localização:
    - Determinar a localização anatômica (pescoço, costas, extremidade superior ou inferior) e a presença de radiação:
      - Deve distinguir dor por radiação *versus* dor referida:
        - Por radiação: padrão de dor não localizável a um dermátomo específico.
        - Dor referida:
          - Dor no ombro, forma referida da coluna cervical.
          - Dor nas nádegas/coxa posterior, forma referida da coluna lombar.
    - Determinar a natureza unilateral *versus* bilateral.
  - Manifestação:
    - Aguda: associada a estiramento de músculo lombar, hérnia de disco, espondilolistese.
    - Progressiva: espondilose, espondilolistese, tumor.
    - Dor noturna: associada a lesões que ocupam espaço (tumores) e infecções.

- Fatores de alívio e de exacerbação:
  - Podem distinguir estenose espinal (claudicação neurogênica), hérnia de disco:
    - Estenose espinal melhora com a posição sentada, inclinada para frente:
      - Claudicação vascular, pois a dor aumenta com atividade física, alivia com o repouso e a fraqueza não está tipicamente presente.
    - A dor da hérnia melhora com a extensão lombar, piora com flexão.
- Mecanismo de lesão:
  - Trauma: avaliar via aérea, respiração, circulação.
  - Atividade: frequentemente associada à prática de esportes.
  - Progressiva/sem trauma: comum em quadros degenerativos.
- Sintomas neurológicos:
  - Radiculopatia ou neuropatia: parestesias, dormência, fraqueza em padrão dermatomal.
  - Mielopatia: marcha em base alargada, falta de jeito, falta de habilidade para realizar atividades motoras finas, dor em padrão não dermatomal.
- Sintomas constitucionais:
  - Febres, calafrios, suores noturnos e perda de peso significativa podem ser coerentes com etiologias infecciosas ou oncológicas.
- Fatores do paciente que podem estar associados à doença espinal:
  - Histórico clínico anterior:
    - Infecções anteriores, tumores diagnosticados, doenças da infância, doenças neurológicas.
    - Transtornos mentais (depressão, ansiedade) podem estar associados à dor na região inferior das costas.
    - Doenças sistêmicas subjacentes.
  - História familiar:
    - História anterior de doença espinal, tumores espinais e outros cânceres.
  - História social:
    - Perguntar sobre a ocupação, satisfação no trabalho, lesões anteriores relacionadas à compensação dos trabalhadores.
    - Atividades de recreação.
    - Tabagismo, uso de drogas ilícitas.

8.2 Exame Físico

8.2.1 Antecedentes

- O exame físico é crucial para estreitar os diagnósticos diferenciais para identificar uma doença espinal:
  - Deve ser individualizado à apresentação do paciente:
    - História.
    - Região anatômica da doença suspeita.
    - Achados de investigação por imagens.

- O exame físico inclui cinco componentes principais:
  - Geral:
    - Inspeção.
    - Palpação.
    - Amplitude de movimento.
    - Marcha andando.
  - Sensorial.
  - Motor.
  - Reflexos.
  - Manobras especiais.

8.2.2 Exame Físico Geral

- Inspeção:
  - Pele:
    - Deve-se despir o paciente adequadamente para avaliação apropriada.
    - Inspecionar na busca de crescimentos ou lesões peculiares:
      - Manchas café com leite:
        - Neurofibromatose.
      - Tufos de cabelo na região lombar:
        - Espinha bífida.
  - Tônus/volume muscular:
    - Inspecionar em busca de tamanho de músculo ou contrações anormais:
      - Atrofia:
        - Neuropatia crônica reduzindo, consequentemente, a inervação e o uso das fibras musculares.
      - Fasciculações:
        - Neuropatia causando inervação limitada de fibras musculares:
          - Falta de habilidade em estimular a contração muscular total.
      - Contraturas:
        - Doença crônica de neurônios motores superiores causando imobilização e espasticidade duradouras:
          - Reorganização das fibras de colágeno leva aos músculos sendo mantidos em posição encurtada por longos períodos de tempo.
  - Postura e alinhamento:
    - Inspecionar alinhamento espinal, proeminências ósseas anormais e a posição do paciente em pé:
      - Desalinhamento:
        - Teste de inclinação para frente:
          - Costelas ou escápulas assimétricas é sempre indicativo de escoliose (congênita ou degenerativa).

- ❖ Pode estar associado a proeminências anormais de costelas e da crista ilíaca.
- ◊ Inclinação do pescoço ou da pelve:
  - ❖ Espasmos de músculos paraespinais:
    - ▶ Considerar torcicolo em inclinação intensa do pescoço com pacientes pediátricos ou pacientes recebendo medicamentos antagonistas de dopamina.
- Palpação:
  - Partes moles:
    - ♦ Palpação firme de músculos paraespinais para avaliar sensibilidade:
      - ◊ Sensibilidade de músculo paraespinal:
        - ❖ Pode indicar espasmo de músculo paraespinal, trauma ou nodos miofasciais.
  - Estruturas ósseas:
    - ♦ Palpação firme de processos espinhosos, sacro e cóccix:
      - ◊ Sensibilidade de processo espinhoso:
        - ❖ Pode indicar fratura de processo espinhoso.
      - ◊ Sensibilidade coccígea:
        - ❖ Possível fratura ou contusão.
- Amplitude de movimento:
  - Cervical:
    - ♦ Flexão/extensão:
      - ◊ Queixo no tórax e occipício para trás.
      - ◊ Flexão normal: 45 graus ou dentro de 3 a 4 cm de tocar o tórax.
      - ◊ Extensão normal: 70 graus.
    - ♦ Flexão lateral:
      - ◊ Inclinar a orelha até o ombro.
      - ◊ Normal: 30 a 40 graus em cada direção.
    - ♦ Rotação:
      - ◊ Girar a cabeça em qualquer direção com os ombros parados.
      - ◊ Normal: 70 graus em cada direção.
  - Lombar:
    - ♦ Flexão/extensão:
      - ◊ Tocar os dedos com pernas retas e curvando-se para trás.
      - ◊ Flexão normal: 45 a 60 graus.
      - ◊ Extensão normal: 20 a 30 graus.
    - ♦ Flexão lateral:
      - ◊ Inclinar-se até na cintura de qualquer lado.
      - ◊ Normal: 10 a 20 graus em cada direção.
    - ♦ Rotação:
      - ◊ Rotação na cintura com quadris estacionários.
      - ◊ Normal: 5 a 15 graus.
- Marcha caminhando:
  - O paciente caminha pela sala de exames.
  - Inspecionar quanto a movimentos ou posturas anormais:

- Marcha com base alargada:
  - Achado tardio em mielopatia, geralmente envolvendo as colunas posteriores da medula espinal.
- Inclinação para frente:
  - Indica, geralmente, estenose espinal.
  - A flexão espinal aumenta o espaço no canal espinal.
- Marcha de Trendelenburg (**Fig. 8-1**):
  - Inclinação/queda pélvica do lado contralateral à perna que suporta o peso.
  - Indica fraqueza do abdutor do quadril do lado que suporta peso.
- Dor antálgica:
  - Fase de postura encurtada da marcha para o lado que sofre a dor no quadril.
  - Indica dor no quadril/dor com suporte de peso.

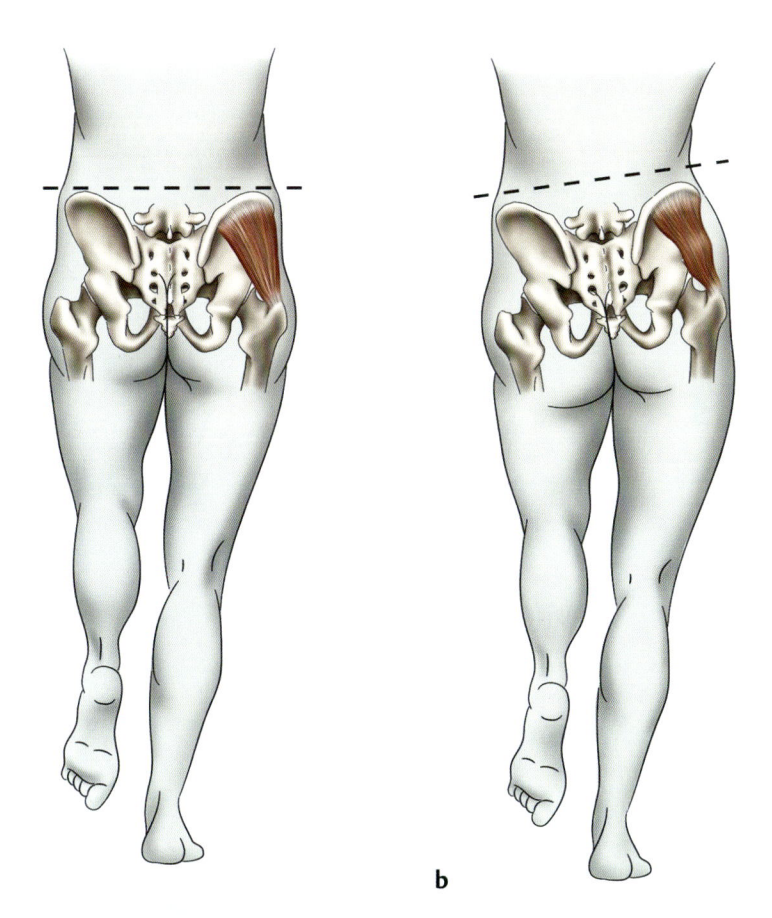

Fig. 8.1 (a, b) Marcha de Trendelenburg. Observar a glúteo médio fraco resultando em falta de habilidade de abdução do quadril do lado ipsolateral.

- Marcha em circundução (espástica):
  - Abdução excessiva da perna em decorrência de espasticidade dos extensores da perna.
  - Indica doença de neurônio motor superior.
- Marcha de alta etapa:
  - Flexão excessiva do quadril para compensar a queda do pé por causa da dorsiflexão fraca.
  - Indica neuropatia da raiz neural de L4 ou L5 ou paralisia do nervo peroneal profundo.

8.3 Exame Sensorial (Fig. 8-2)
- Quatro modalidades sensoriais distintas:
  - Dor/picada:
    - Picar levemente o paciente com um objeto pontudo, tal como um alfinete ou palito.

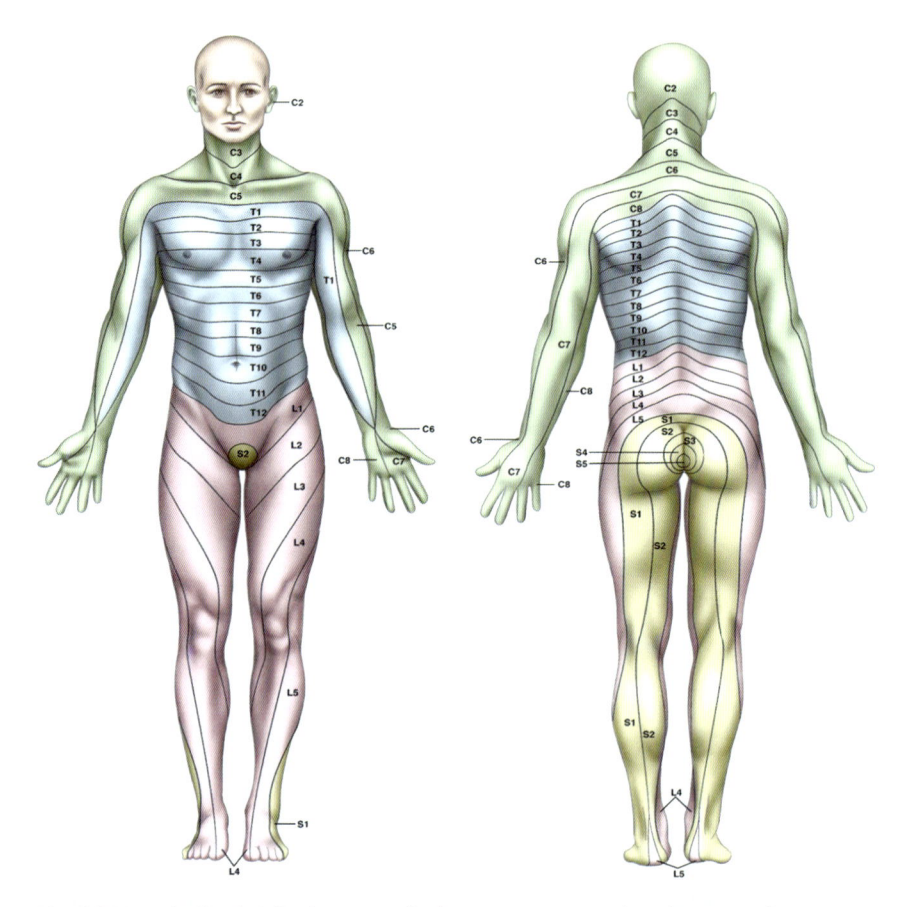

Fig. 8.2 Mapa de distribuição dermatomal. Observar que muitos dermátomos podem apresentar sobreposição com outros.

História Espinal e Exame Físico

- - Avaliar os dermátomos da raiz do nervo e o trato espinotalâmico.
  - Leve toque:
    - Tocar suavemente o dermátomo com haste de algodão ou monofilamento.
    - Avaliar dermátomos da raiz do nervo.
  - Temperatura:
    - Testada grosseiramente com um tubo de teste contendo solução quente ou fria.
    - Avaliar trato espinotalâmico e situação da comissura branca anterior.
  - Propriocepção e vibração:
    - Propriocepção: colocar o hálux do paciente na posição de dorsiflexão ou flexão plantar e pedir a ele para identificar sua posição com os olhos fechados:
      - Se o paciente não conseguir identificar corretamente, mover progressivamente para articulações mais proximais.
    - Senso de vibração: colocar a base de um diapasão em vibração na articulação falângica do metatarso do hálux e pedir ao paciente para identificar a sensação com os olhos fechados:
      - Se ele não for capaz de sentir a vibração, mover para as áreas mais proximais de osso coberto de pele (maléolo lateral/medial).
    - Avaliar a medula espinal da coluna dorsal.
- A sensação reduzida pode indicar doença envolvendo a via anatômica daquela sensação.

8.4 Exame Motor

- Avaliação de tônus e potência muscular.
- Tônus muscular:
  - Resistência à amplitude de movimento passiva:
    - Mover o braço do paciente sem qualquer resistência oferecida por ele.
    - A avaliação deve ser feita sequencialmente em todas as principais articulações:
      - Ou seja: cintura → cotovelo → ombro.
  - Hipertonia:
    - Contração excessiva e rigidez a movimento passivo.
    - Doença envolvendo neurônios motores superiores.
  - Hipotonia:
    - Sem contrações ou resistência musculares durante movimento passivo.
    - Doença envolvendo neurônios motores inferiores.
- Potência muscular:
  - Fornecer resistência ao músculo que está sendo avaliado.
  - Escala de graduação de cinco pontos:
    - Grau 5: potência total.
    - Grau 4: fraqueza contra resistência.
    - Grau 3: capaz de se mover contra a gravidade, mas não à resistência.
    - Grau 2: capaz de se mover perpendicular à gravidade, mas não contra a gravidade.
    - Grau 1: evidência de contratilidade (fasciculação do músculo).
    - Grau 0: sem contratilidade.

- Potência motora reduzida indicará doença dos neurônios ou superiores (medula espinal) ou motores inferiores (raízes neurais):
  - Tonicidade e reflexos musculares úteis em delineamento complementar do tipo de lesão.

8.5 Reflexos (Quadros 8-1, 8-2)

- Avaliação da integridade de toda a via neural (sensorial, central e motora):
  - Alguns reflexos são fisiológicos e alguns patológicos:
    - O reflexo do tendão profundo, cutâneo e reflexos sacrais são fisiológicos.
    - O reflexo de Babinski e, ocasionalmente, o de Hoffman são patológicos.
- Escala de graduação de cinco pontos para reflexos de tendão profundo:
  - 5+: clono sustentado.
  - 4+: hiper-reflexo com clono.
  - 3+: levemente hiper-reflexivo.

Quadro 8-1 Raízes dos nervos cervicais e suas funções sensorial, motora e reflexa predominantes

	Sensorial	Motora	Reflexo de tendão profundo
C5	Ombro e braço laterais	Deltoide (abdução do ombro)	Tendão do bíceps
C6	Braço lateral, antebraço e polegar	Bíceps (flexão do cotovelo)	Braquiorradial
C7	Indicador e dedo do meio	Tríceps (extensão do cotovelo)	Tendão do tríceps
C8	Quarto e quinto dedos	Intrínsecos da mão (abdução dos dedos)	-
T1	Antebraço medial e braço	Intrínsecos da mão (abdução dos dedos)	-

Quadro 8-2 Raízes dos nervos lombossacros e suas funções sensorial, motora e reflexa predominantes

	Sensorial	Motora	Reflexo de tendão profundo
L1	Crista inguinal	Abdominal transverso e oblíquo interno (flexão do tronco)	-
L2	Coxa superior	Psoas (flexão do quadril)	-
L3	Coxa anterior para medial	Quadríceps (extensão da perna)	Tendão patelar
L4	Coxa anterior inferior e perna medial	Quadríceps e tibial anterior (dorsiflexão do tornozelo)	Tendão patelar
L5	Coxa posterolateral e perna lateral, plantar do pé, espaço da primeira comissura	Extensor longo do hálux	Tendões mediais (raramente usados)
S1	Pé lateral, coxa posterior lateral e perna	Gastrocnêmio (flexão plantar do tornozelo)	Tendão do calcâneo (de Aquiles)
S2–S4	Perna e coxa mediais posteriores e região perianal	Externo e esfíncter	Reflexo anal e reflexo bulbocavernoso

História Espinal e Exame Físico   101

- 2+: reflexo normal.
- 1+: normal fraco.
- 0: sem contração/reflexo.
• Hiper-reflexia, espasticidade e clono indicativos de doença de neurônio motor superior causando inibição insatisfatória de neurônio motor inferior:
  - Hiper-reflexia definida como reflexo rápido aumentado e contração dos músculos não diretamente sendo avaliados:
    ◆ Exemplo: contração dos adutores da coxa durante reflexo do tendão patelar.
  - Clono é a contração e o relaxamento musculares rítmicos involuntários, geralmente acompanhados de espasticidade.

8.6 Manobras Especiais (Quadros 8-3 e 8-4)

Quadro 8-3 Testes cervicais

	Execução	Indicação	Resposta patológica
Manobra de Spurling	Girar e flexionar a cabeça lateralmente para um lado e, então, aplicar carga axial	Compressão de raiz de nervo cervical do lado ipsilateral	Reprodução de dor radicular de um paciente
Fenômeno de Lhermitte	Flexionar o pescoço em direção ao queixo	Compressão da medula espinal cervical	Sensação elétrica irradiando para as costas e extremidades
Teste de agarrar e soltar	Pedir ao paciente para fechar os punhos rapidamente e soltar com ambas as mãos	Mielopatia cervical	Paciente não consegue realizar pelo menos 20 ciclos de agarrar/soltar em 10 segundos
Sinal de Hoffman	Pinçamento/sacudidela da falange distal do dedo médio do paciente	Mielopatia cervical (pode ser normal em jovens atletas ou em pacientes naturalmente hiper-reflexivos)	Flexão da falange distal do polegar e, possivelmente, de outros dedos durante a manobra
Sinal de escape do dedo	Pedir ao paciente para estender completamente os dedos e manter essa posição	Mielopatia cervical	Quarto e quinto dedos começam a se flexionar e abduzir

Quadro 8-4 Testes lombares

	Execução	Indicação	Resposta patológica
Teste de elevação da perna reta (SLR)	Com o paciente supino, flexionar quadril e dorsiflexão do tornozelo do lado da dor radicular	Compressão de raiz de nervo lombar	Reprodução da dor radicular do paciente > 60 graus de flexão do quadril
SLR contralateral	Flexionar quadril e tornozelo contralaterais ao lado da radiculopatia do paciente	Hérnia de disco extrudada sequestrada ou grande	Reprodução da dor radicular do paciente
Sinal de sacudidela (teste de raiz sentado)	Com o paciente sentado, distraí-lo e estender passivamente o joelho (ajudar a vestir os sapatos)	SLR verdadeiro positivo	Dor recriada com extensão do joelho (o paciente vai empurrar para trás)
Sinal de Romberg	Manter o paciente em pé, com os pés juntos e olhos fechados por 10 segundos	Lesão da coluna posterior	Paciente incapaz de manter o equilíbrio
Sinal de Babinski	Golpear a superfície plantar do pé do paciente com um objeto sólido e levemente pontiagudo	Lesão de neurônio motor superior ou mielopatia (cervical ou lombar)	Hálux e dedos se deslocam para cima (fisiológico em bebês)
Clono do tornozelo	Dorsiflexão e flexão plantar rápidas do tornozelo	Lesão de neurônio motor superior ou mielopatia	Batimentos repetitivos do clono
Reflexo anal	Golpear a pele ao redor do ânus para provocar contração do esfíncter anal externo	Lesão às raízes do nervo sacral	Contração ausente do esfíncter anal
Reflexo bulbocavernoso	Apertar a glande, pênis ou clitóris ou puxar o cateter de demora de Foley, monitorando a contração do esfíncter anal externo	Lesão ao *conus medullaris* ou raízes S2–S4 do nervo sacral	Contração ausente do esfíncter
Sinal de Waddell	História completa e exame físico	Patologia não orgânica	Quatro achados: (1) respostas exageradas; (2) dor ao leve toque; (3) dor em padrão não anatômico e (4) teste de raiz sentado negativo com SLR positivo

Leituras Sugeridas

1. Greenberg MS. Handbook of Neurosurgery. 7th ed. New York, NY: Thieme; 2010
2. Netter FH. Atlas of Human Anatomy. 6th ed. Philadelphia, PA: Saunders; 2014
3. An HS, Singh K. Synopsis of Spine Surgery. 3rd ed. New York, NY: Thieme; 2016

9 Medições Radiográficas Comuns

Dustin H. Massel ▪ Benjamin C. Mayo ▪ William W. Long ▪ Krishna D. Modi ▪ Kern Singh

9.1 Medições Radiográficas

9.1.1 Medições Cervicais (Fig. 9-1, Quadro 9-1)

Lordose Cervical
- Medida por meio de radiografia lateral.
- Pode ser referida como ângulo de Cobb de C2-C7.

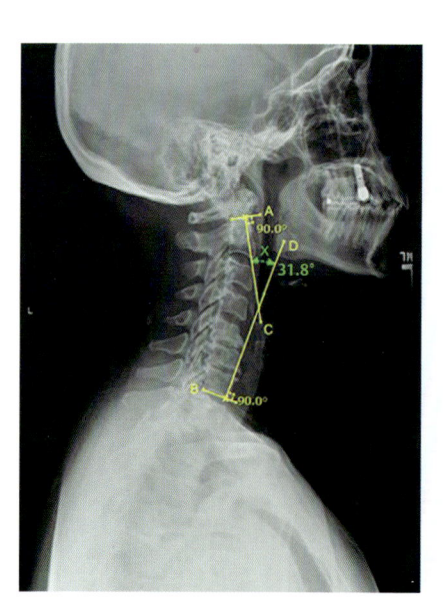

Fig. 9-1 Lordose cervical normal.
Linha A: desenhada em direção anteroposterior (AP) na placa terminal superior de C2.
Linha B: desenhada em direção AP na placa terminal inferior de C7. Linha C: desenhada em direção inferior, perpendicular à linha A. Linha D: desenhada em direção superior, perpendicular à linha B. O ângulo X, medido entre as linhas C e D, representa lordose cervical.

Quadro 9-1 Medições de curvatura de coluna cervical normal (**Fig. 9-1**)

Região da coluna	Curvatura	Medições
Cervical	Hipolordose	< 20 graus
	Lordose	20–40 graus
	Hiperlordose	> 40 graus

9.1.2 Medições Torácicas (Fig. 9-2, Quadro 9-2)

Cifose Torácica
- Medida por meio de radiografia lateral.

9.1.3 Medições Lombares (Fig. 9-3, Quadro 9-3)

Lordose Lombar
- Medida por meio de radiografia lateral.
- Pode ser referida como ângulo de Cobb de L1-L5.

9.1.4 Ângulo de Cobb (Fig. 9-4)
- Quantifica a magnitude das deformidades espinais (p. ex., escoliose).
  - Ângulo de Cobb ≥ 10 graus = escoliose.

Para mais informações sobre escoliose, consultar Capítulo 12.

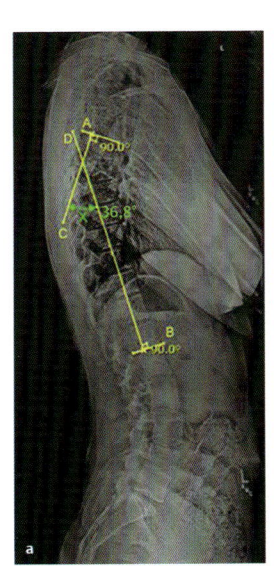

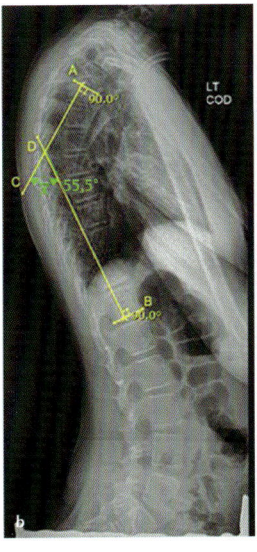

Fig. 9-2 Cifose torácica. (**a**) Cifose torácica normal. (**b**) Hipercifose torácica. Linha A: desenhada em direção anteroposterior (AP) na placa terminal superior de T4. Linha B: desenhada em direção AP na placa terminal inferior de T12. Linha C: desenhada em direção inferior, perpendicular à linha A. Linha D: desenhada em direção superior, perpendicular à linha B. O ângulo X, medido entre as linhas C e D, representa cifose torácica.

Quadro 9-2 Medições de curvatura de coluna torácica normal (**Fig. 9-2**)

Região da coluna	Curvatura	Medições
Torácica	Hipocifose	< 20 graus
	Cifose (**Fig. 9-2a**)	20-45 graus (média 35 graus)
	Hipercifose (**Fig. 9-2b**)	> 45 graus

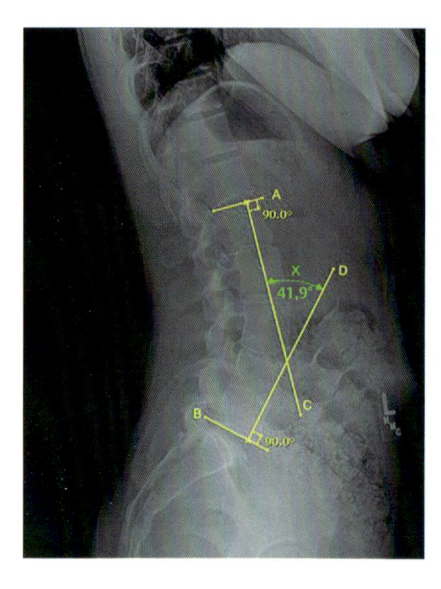

Fig. 9-3 Lordose lombar normal.
Linha A: desenhada em direção anteroposterior (AP) na placa terminal superior de L1.
Linha B: desenhada em direção AP na placa terminal inferior de L5. Linha C: desenhada em direção inferior, perpendicular à linha A.
Linha D: desenhada em direção superior, perpendicular à linha B. O ângulo X, medido entre as linhas C e D, representa lordose lombar.

Quadro 9-3 Medições de curvatura de coluna lombar normal (**Fig. 9-3**)

Região da coluna	Curvatura	Medições
Lombar	Hipolordose	< 40 graus
	Lordose	40-60 graus
	Hiperlordose	> 60 graus

9.1.5 Equilíbrio Coronal (Fig. 9-5, Quadro 9-4)

- Radiografia examinada como se o paciente estivesse em pé, de costas para o examinador (direito sobre direito, esquerdo sobre esquerdo).
- **Linha de prumo de C7 (C7PL)** = usada como referência para medir deslocamento dos corpos vertebrais um do outro e da linha média (com base na distância a partir da **linha vertical central do sacro [CSVL]**).
- **Compensação coronal** = corpo vertebral de C7 diretamente superior ao corpo vertebral de S1 (apesar da curvatura espinal anormal).
- Descompensação coronal = corpo vertebral de C7 deslocado lateralmente da área superior ao corpo vertebral de S1.

9.1.6 Eixo Vertical Sagital (Fig. 9-6, Quadro 9-5)

- Medido por meio de radiografia lateral.
- Usado para medições de eixo vertical sagital cervical (CSVA) ou da coluna global (SVA).
- **Linha de prumo de C2 (C2PL)** = usada como referência para medir deslocamento dos corpos vertebrais cervicais um do outro e da linha média em plano sagital:
  - Medida primária de alinhamento sagital cervical.

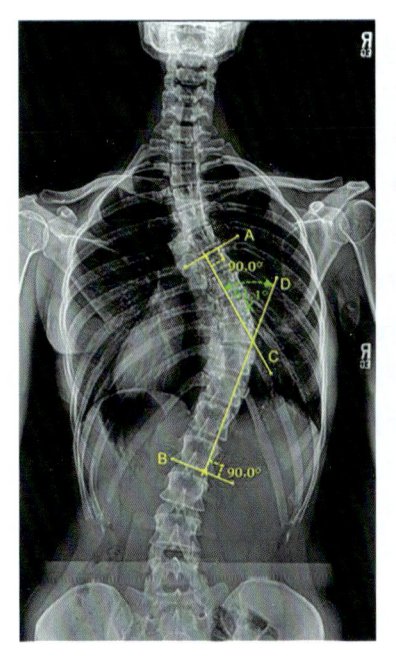

Fig. 9-4 Ângulo de Cobb. Define os níveis vertebrais superior e inferior associados à curvatura/deformidade. Linha A: desenhada em direção anteroposterior (AP) na placa terminal superior do nível vertebral superior associado à curvatura/deformidade. Linha B: desenhada em direção AP na placa terminal inferior do nível vertebral inferior associada à curvatura/deformidade. Linha C: desenhada em direção inferior, perpendicular à linha A. Linha D: desenhada em direção superior, perpendicular à linha B. O ângulo X, medido entre as linhas C e D, representa o ângulo de Cobb.

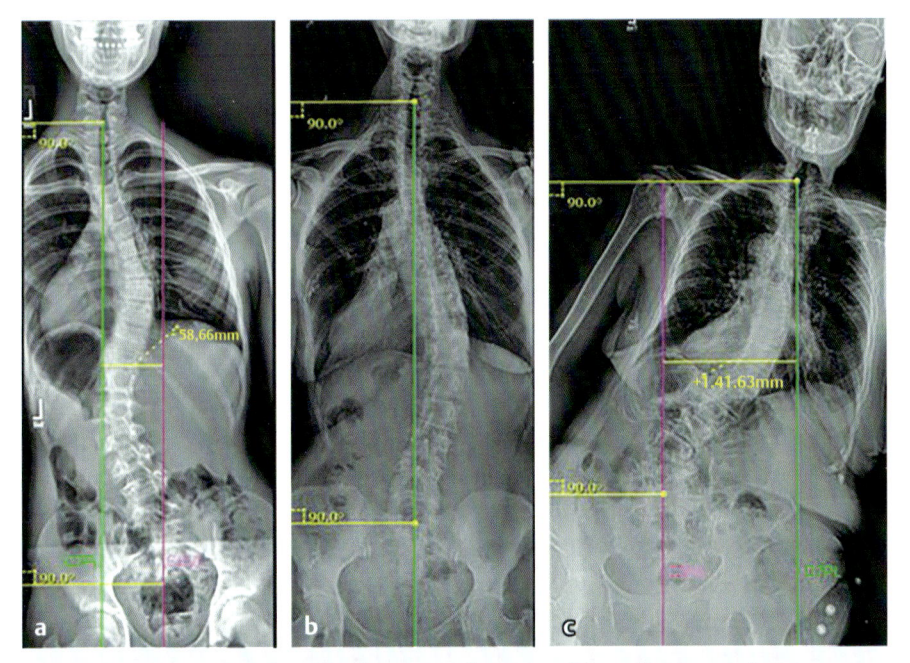

Fig. 9-5 Equilíbrio coronal. (**a**) Equilíbrio coronal negativo. (**b**) Equilíbrio coronal neutro. (**c**) Equilíbrio coronal positivo. Linha de prumo de C7 (C7PL): linha vertical desenhada desde o centro do corpo vertebral de C7. Linha vertical central do sacro (CSVL): linha vertical desenhada desde o centro do corpo vertebral de S1.

Quadro 9-4 Equilíbrio coronal (**Fig. 9-5**)

Figura	Compensação	Equilíbrio coronal	Equação
Fig. 9-5a	Descompensado	Negativo	C7PL CSVL = - X cm (sacro à direita da C7PL)
Fig. 9-5b	Compensado	Neutro	C7PL CSVL = 0 cm
Fig. 9-5c	Descompensado	Positivo	C7PL CSVL = +X cm (sacro à esquerda da C7PL)

Abreviações: C7PL, Linha de prumo de C7; CSVL, Linha vertical central do sacro.

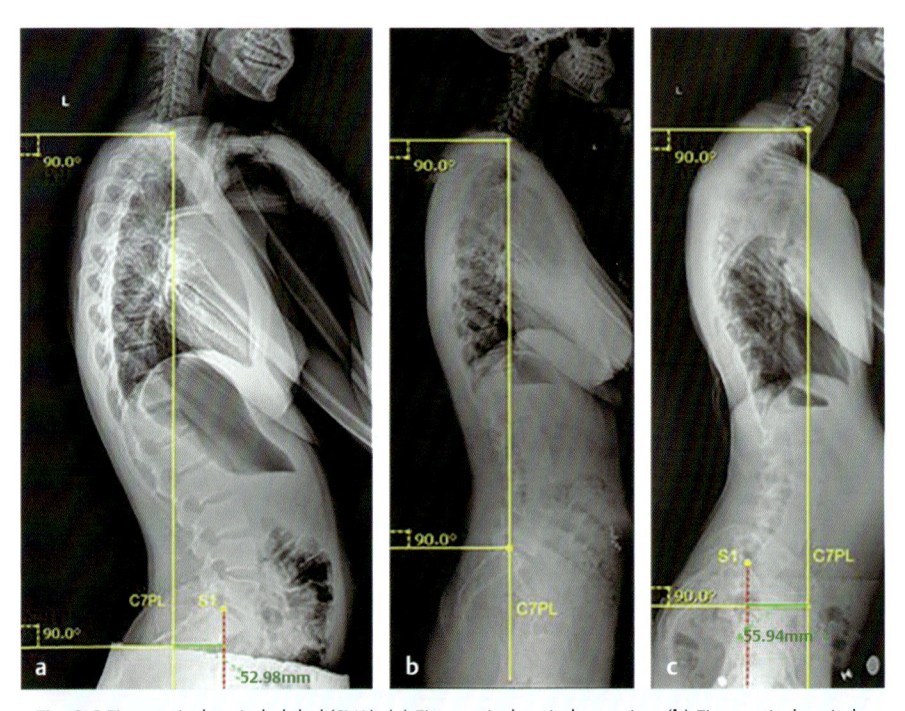

Fig. 9-6 Eixo vertical sagital global (SVA). (**a**) Eixo vertical sagital negativo. (**b**) Eixo vertical sagital normal. (**c**) Eixo vertical sagital positivo. Linha de prumo de C7 (C7PL): linha vertical desenhada desde o centro do corpo vertebral de C7. Medir distância desde o aspecto posterossuperior de S1.

Quadro 9-5 Eixo vertebral sagital (**Fig. 9-6**)

Figura	Região da coluna	Equilíbrio sagital	Evolução
–	Cervical	Negativo	C2PL posterior ao aspecto PS de C7
–	Cervical	Normal	C2PL corre pelo aspecto PS de C7
–	Cervical	Positivo	C2PL anterior ao aspecto PS de C7 (> 40 mm)
Fig. 9-6a	Global	Negativo	C7PL posterior ao aspecto PS de S1
Fig. 9-6b	Global	Normal	C7PL corre pelo aspecto PS de S1
Fig. 9-6.c	Global	Positivo	C7PL anterior ao aspecto PS de S1 (> 50 mm)

Abreviações: C2PL, linha de PLUMB de C2; C7PL, linha de prumo de C7; PS, posterossuperior.

Medições Radiográficas Comuns

- **Linha de prumo de C7 (C7PL)** = usada como referência para medir deslocamento dos corpos vertebrais torácicos e lombares um do outro e da linha média em plano sagital (em contraste com C7PL para equilíbrio coronal).

9.1.7 Parâmetros Pélvicos (Fig. 9-7, Quadro 9-6)
- Avaliados usando radiografia lateral de 91 cm em pé.

Rotação pélvica	Declive sacral	Inclinação pélvica
Anteversão	Alta	Baixa
Retroversão	Baixa	Alta

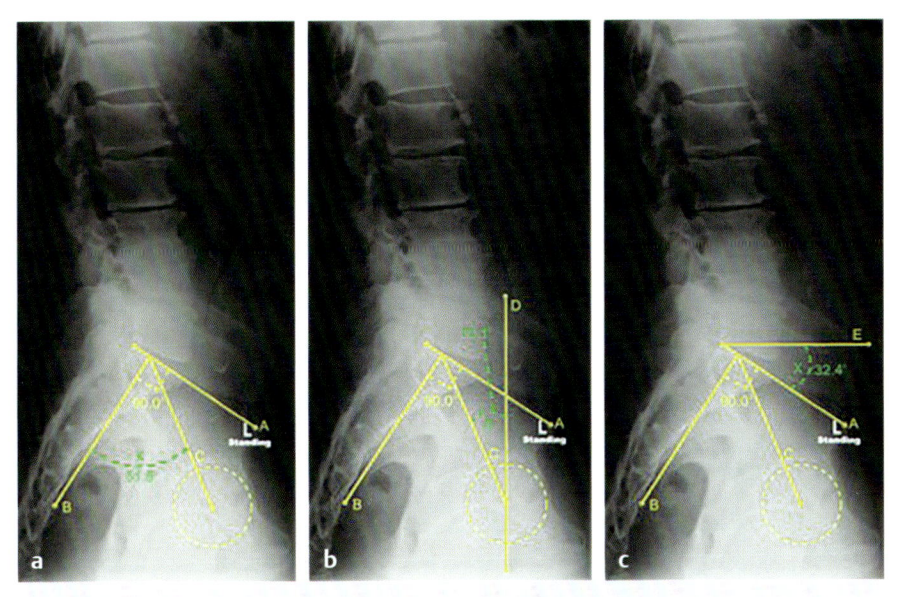

Fig. 9-7 Parâmetros pélvicos. (**a**) Incidência pélvica (PI). Linha A: desenhada em direção anteroposterior (AP) pela placa terminal sacral. Linha B: desenhada inferiormente, perpendicular à linha A desde o ponto médio da placa sacral. Linha C: desenhada desde o ponto médio da placa sacral até o centro da cabeça do fêmur. Ângulo X: mede o ângulo entre as linhas B e C.
(**b**) Inclinação pélvica (PT). Linha A: desenhada em direção AP pela placa terminal sacral. Linha C: desenhada desde o ponto médio da placa sacral até o centro da cabeça do fêmur. Linha D: linha vertical desenhada desde o centro da cabeça femoral. Ângulo X: mede o ângulo entre as linhas C e D. (**c**) Declive sacral (SS). Linha A: desenhada em direção AP pela placa terminal do sacro.
Linha E: linha horizontal desenhada desde o aspecto posterossuperior da placa do sacro. O ângulo X mede o ângulo entre as linhas A e E.

Quadro 9-6 Parâmetros pélvicos (**Fig. 9-7**)

Figura	Parâmetro	Equação	Medição normal
Fig. 9-7a	Incidência pélvica (PI)	PI = PT + SS	40–65 graus; média = 51 graus
Fig. 9-7b	Inclinação pélvica (PT)	PT = PI – SS	10–25 graus; média = 12 graus
Fig. 9-7c	Declive sacral (SS)	SS = PI – PT	30–50 graus; média = 39 graus

Obs.: PT e SS têm correlação inversa.

9.2 Achados Radiográficos

9.2.1 Espondilite Ancilosante (Fig. 9-8)

- Doença inflamatória crônica da coluna que causa fusão dos corpos vertebrais. Causa, classicamente, a chamada "coluna de bambu".

9.2.2 Artrodese (Fig. 9-9)

- Fusão de dois ou mais corpos vertebrais.
- A varredura por CT para artrodese é o padrão ouro:
  - Definida pela presença de ponte óssea nos três cortes sequenciais nos planos sagital e coronal.
  - A presença de cistos subcondrais, esclerose de placa terminal, ou halo ao redor da(s) caixa(s) interóssea(s) ou parafusos pediculares é avaliada por possível pseudoartrose.

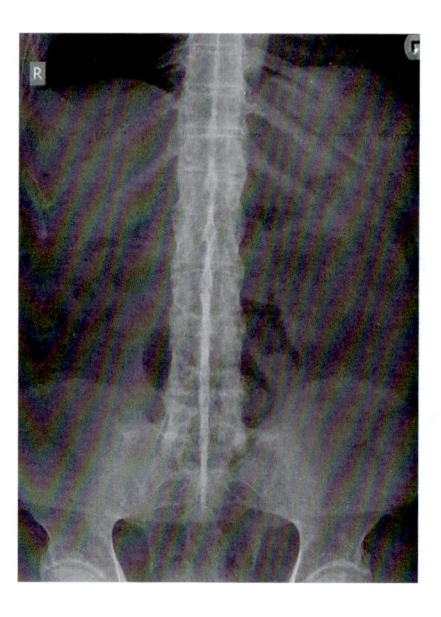

Fig. 9-8 Radiografia anteroposterior (AP) demonstrando a clássica aparência de "coluna de bambu" da espondilite ancilosante.

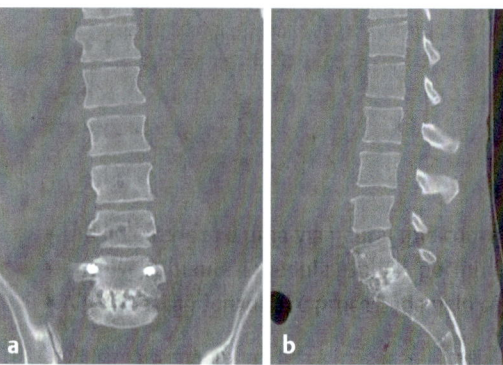

Fig. 9-9 Artrodese por varredura de CT. (**a**) CT coronal demonstrando ponte óssea em L5-S1. (**b**) CT sagital demonstrando ponte óssea em L5–S1.

9.2.3 Pseudoartrose (Fig. 9-10)

- Não união ou fusão espinal falha em decorrência da formação óssea/cicatrização óssea inadequadas após cirurgia.

9.2.4 Síndrome da Cauda Equina

- Compressão intensa de raízes neurais da coluna no final da medula espinal exigindo tratamento urgente.

9.2.5 Hérnia de Disco Intervertebral/Núcleo Pulposo Herniado (Fig. 9-11)

- Quadro no qual o núcleo pulposo é forçado através de um anel fibroso enfraquecido.

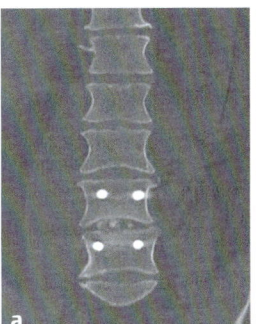

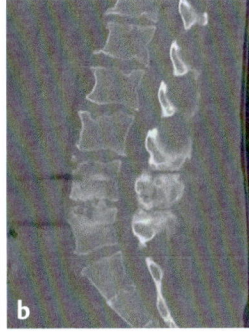

Fig. 9-10 Pseudoartrose. (**a**) CT coronal demonstrando ausência de ponte óssea em L4–L5. (**b**) CT sagital demonstrando ausência de ponte óssea em L4–L5.

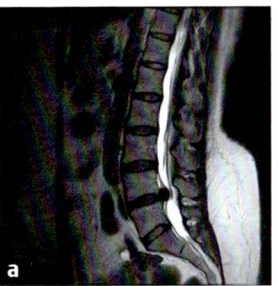

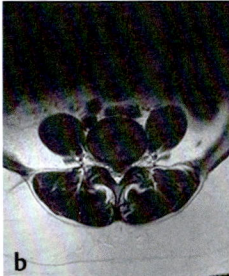

Fig. 9-11 Hérnia de disco intervertebral/núcleo pulposo herniado (HNP). (**a**) MRI sagital ponderada em T2 demonstrando HNP em L4–L5. (**b**) MRI axial ponderada em T2 demonstrando HNP em L4–L5.

9.2.6 Neoplasias da Medula Espinal

- Tumores localizados na medula espinal (extradurais e/ou intradurais).

9.2.7 Osteoporose (Fig. 9-12)

- Quadro de massa óssea reduzida e microarquitetura enfraquecida aumentando a suscetibilidade a fraturas.

9.2.8 Doença de Scheuermann

- Alinhamento vertebral do tórax anormalmente cifótico.
- Classificação de Sorenson:
  - Cifose torácica superior a 40 graus *ou* cifose toracolombar superior a 30 graus (normal: 0 graus).
  - $E \geq 3$ vértebras adjacentes com encravamento superior a 5 graus.

9.2.9 Estenose Espinal (Fig. 9-13)

- Estreitamento anormal do canal espinal resultando em compressão da medula espinal (estenose central) ou das raízes neurais de saída (estenose lateral).

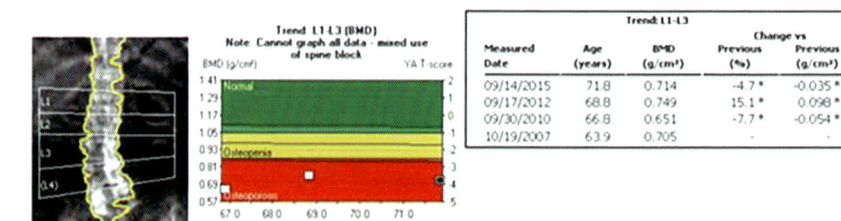

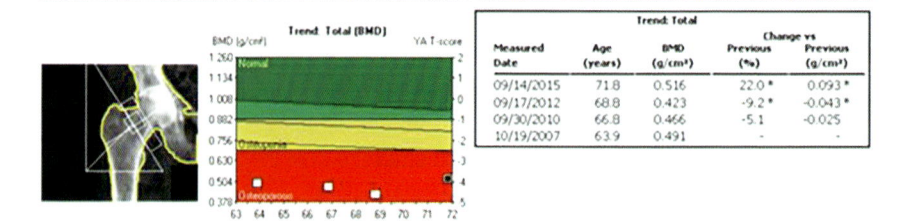

Fig. 9-12 Imagem de varredura de absorciometria com dupla emissão de raios X (DEXA) de uma coluna lombar osteoporótica e quadril direito. O estudo inclui os corpos vertebrais de L1–L4.

Medições Radiográficas Comuns

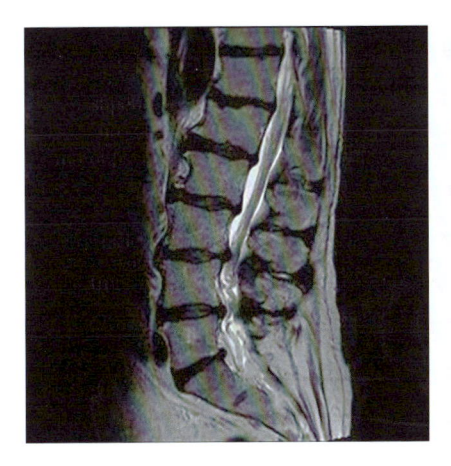

Fig. 9-13 MRI sagital ponderada em T2 demonstrando estenose espinal significativa como resultado de HNP em L2–L3, L3–L4, L4–L5 e L5–S1.

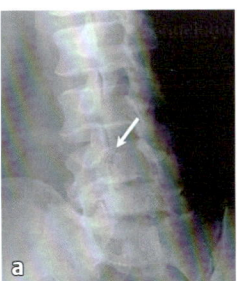

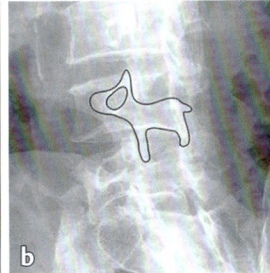

Fig. 9-14 Espondilólise. (**a**) Sinal do "dog Scottie com coleira" na radiografia oblíqua. (**b**) Desenho do "dog Scottie" na radiografia oblíqua. O processo transverso representa o nariz do cachorro. O pedículo representa o olho e o processo articular inferior representa a perna da frente do animal. O processo articular superior representa a orelha. A *pars interarticularis* representa o pescoço e o processo articular inferior contralateral representa a perna escondida do cão.

9.2.10 Espondilólise (Fig. 9-14)

- Defeito na *pars interarticularis*:
  - Associada à espondilolistese ístmica.

9.2.11 Espondilolistese (Fig. 9-15, Quadro 9-7)

- Anterolistese = deslocamento anterior de corpo vertebral.
- Retrolistese = deslocamento posterior de corpo vertebral.
- Sistemas de classificação:
  - Wiltse = com base na etiologia.
  - Meyerding = com base na porcentagem de deslizamento (a mais usada; **Quadro 9-8**).
  - Marchetti- Bartolozzi = com base na etiologia (**Quadro 9-9**).
- Ângulo de deslizamento = quantifica o grau de cifose lombossacral:
  - Ângulo de deslizamento superior a 50 graus se correlaciona com risco aumentado de progressão da espondilolistese.

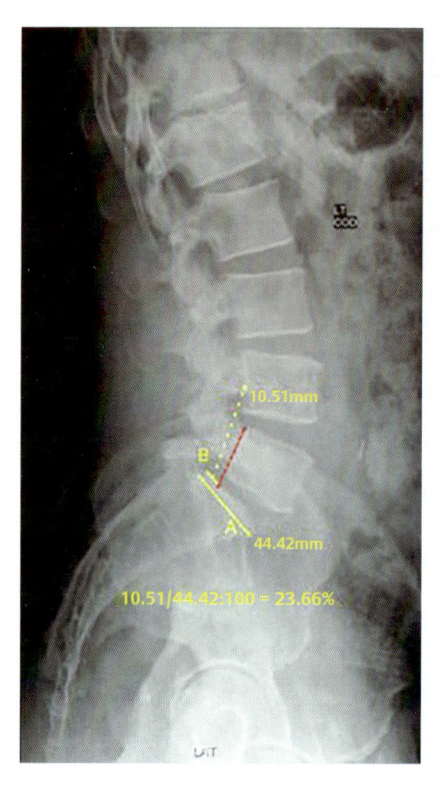

Fig. 9-15 Medição da porcentagem de deslizamento da espondilolistese. Linha A: desenhada desde o aspecto posterossuperior das vértebras não deslocadas até o aspecto anterossuperior dessas vértebras. Linha B: desenhada desde o aspecto posterossuperior das vértebras não deslocadas até a borda posterior das vértebras deslocadas em sentido anterolistético. Dividir linha B/linha A x 100 para determinar a porcentagem de deslizamento.

Quadro 9-7 Classificação de Wiltse

Tipo I	Displásica (congênita)
Tipo II	Ístmica (adquirida)
IIA	Lítica
IIB	Alongada, mas sem fratura da *pars*
IIC	Fratura aguda
Tipo III	Degenerativa
Tipo IV	Pós-traumática
Tipo V	Patológica
Tipo VI	Iatrogênica/pós-cirúrgica

Quadro 9-8 Classificação de Meyerding

Designação	Grau	Porcentagem de deslizamento
Baixo grau	I	< 25
	II	25–49
	III	50–74
Alto grau	IV	75–99
	V	Espondiloptose > 100

Quadro 9-9 Classificação de Marchetti-Bartolozzi

De desenvolvimento	Displásica alta	Com lise
		Com alongamento
	Displásica baixa	Com lise
		Com alongamento
Adquirida	Traumática	Fratura aguda
		Fratura de esforço
	Pós-cirúrgica	Cirurgia direta
		Cirurgia indireta
	Patológica	Doença local
		Doença sistêmica
	Degenerativa	Primária
		Secundária

9.2.12 Inclinação Sacral (Fig. 9-16)

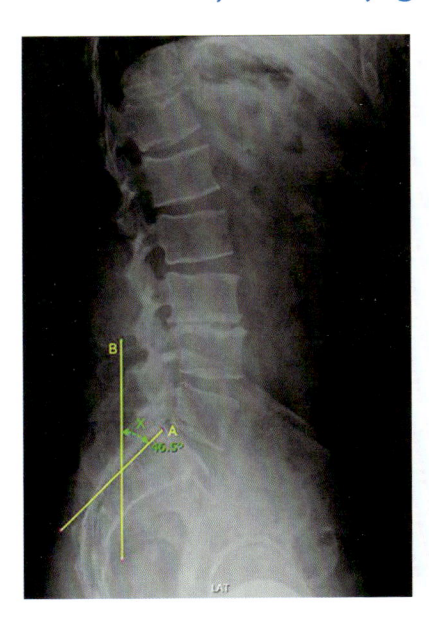

Fig. 9-16 Medição da inclinação sacral. Linha A: desenhada paralela ao aspecto posterior do sacro. Linha B: linha vertical desenhada cortando a linha A. Ângulo X: medir o ângulo entre o aspecto posterior da linha A e o aspecto superior da linha B. Inclinação sacral normal = 40 a 50 graus.

10 Doença de Disco Cervical

Fady Y. Hijji ▪ Ankur S. Narain ▪ Philip K. Louie ▪ Daniel D. Bohl ▪ Kern Singh

10.1 Antecedentes

- A doença de disco é quase sempre descrita como resultado de dois quadros:
    - Hérnia de disco caracterizada por núcleo pulposo herniado (HNP).
    - Doença degenerativa de disco (DDD).
- Esses quadros são comuns e usualmente assintomáticos:
    - 10% dos indivíduos assintomáticos com menos de 40 anos manifestam HNP na investigação por ressonância magnética (MRI).
    - 25% dos indivíduos assintomáticos com menos de 40 anos apresentam DDD na MRI.
- A progressão de um disco intervertebral doente pode resultar na compressão de estruturas neurais adjacentes incluindo a medula espinal e as raízes neurais.

10.2 Etiologia e Fisiopatologia

- HNP:
    - Secundária ao desgaste sobre o anel do disco:
        - Mais frequentemente posterolateral, pois o ligamento longitudinal posterior de suporte (PLL) é mais fraco nesse sítio.
    - Risco aumentado de hérnia causado por envelhecimento e degeneração do disco:
        - Teor reduzido de água e de proteoglicanos no núcleo pulposo.
    - Características de hérnia:
        - Protrusão:
            - Base (colo) mais ampla que a cabeça da hérnia.
            - A hérnia do núcleo pulposo penetra pelas fibras anulares, mas permanece dentro da margem anular.
        - Extrusão:
            - Base mais estreita que a cabeça da hérnia.
            - Laceração da hérnia pela margem anular.
            - Deslocamento (migração) em sentido cefálico ou caudal.
        - Sequestro:
            - Fragmento livre de disco separado da hérnia original.
- DDD (espondilose):
    - O envelhecimento do disco resulta em alterações dos componentes bioquímicos (**Fig. 10-1**):
        - Ligação cruzada de colágeno reduzida, teor de água reduzido.
        - Suprimento sanguíneo reduzido para anel externo:
            - Aumento de lactato resultando em alterações dos níveis dos ácidos, aumentando ainda mais a degeneração do disco.

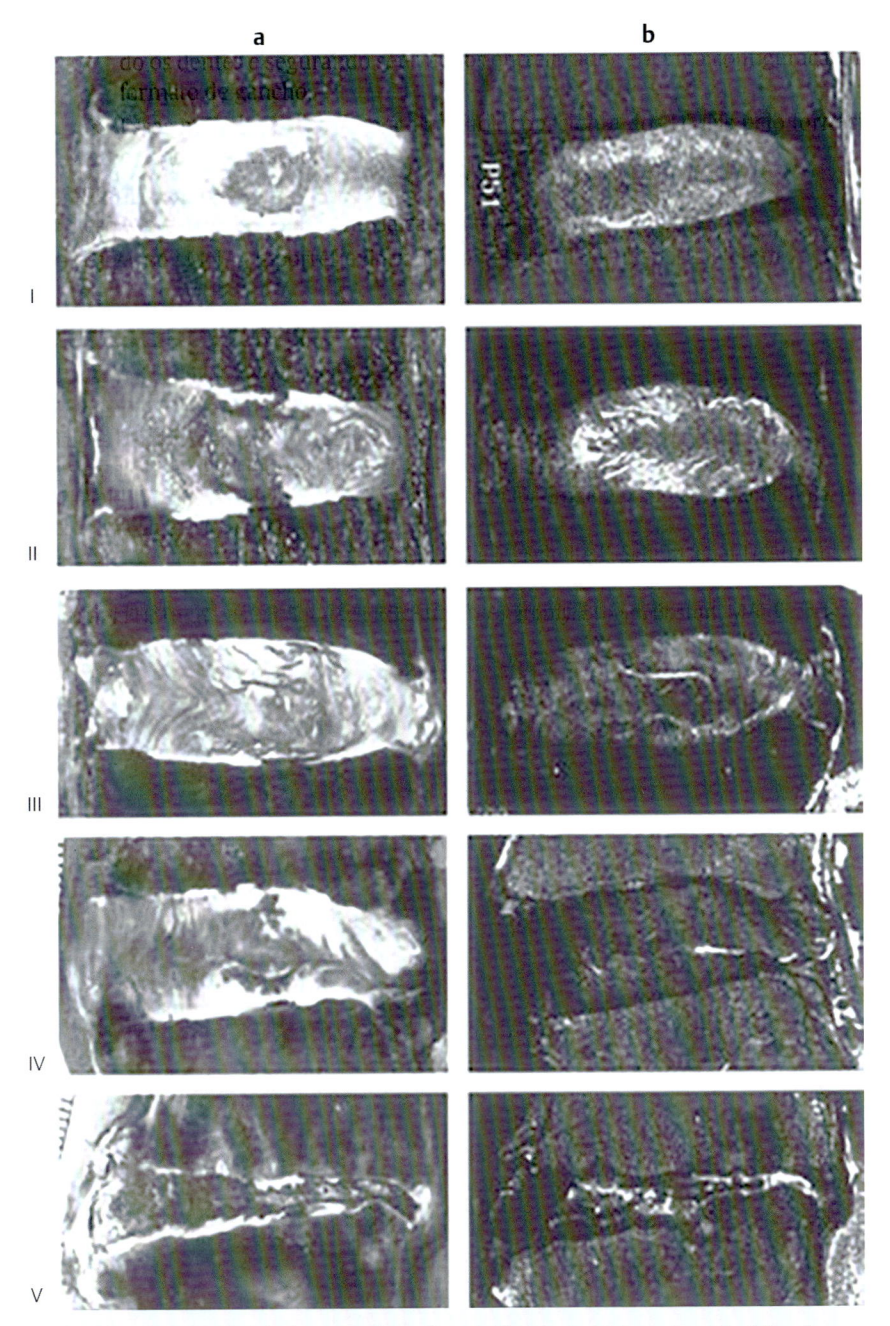

Fig. 10-1 Estadiamento (I-V) de degeneração de disco de Thompson. (**a**) Exemplos cadavéricos de degeneração de disco com (**b**) investigação associada por imagens de ressonância magnética para cada estádio. Observar que o grau I exemplifica características de um disco sadio com altura discal apropriada e elevado teor de água. O grau V ilustrado por perda significativa de altura discal, perda de teor de água, esclerose óssea e osteófitos.

- A força reduzida das alterações degenerativas leva a lacerações crônicas por todo o anel.
- O ciclo degenerativo inclui:
  - Degeneração do disco (abaulamento, espaço discal reduzido).
  - Degeneração articular (artrose de facetas e uncinado espigado).
  - Alterações ligamentosas (espessamento do ligamento amarelo em decorrência da perda de altura do disco).
  - Deformidade espinal (cifose, secundária à perda de altura do disco e transferência de carga para as articulações uncovertebral e de facetas).

10.3 Sintomas e Achados Clínicos (Quadro 10-1)

- Tanto DDD quanto HNP resultam em laceração de discos com colisão final contra os elementos neurais vizinhos, incluindo a medula espinal.
- Dor axial no pescoço:
  - Etiologia obscura.
  - Disco periférico contém nociceptores e PLL:
    - Lacerações anulares e hérnia ativam potencialmente esses receptores.
- Radiculopatia:
  - Dor irradiante em padrão coerente com a raiz neural envolvida:
    - Com ou sem sintomas neurológicos (sintomas de neurônios motores inferiores).

Quadro 10-1 Classificação de sintomas resultantes de doença de disco cervical

	Etiologia	Sintomas	Exame físico
Dor axial	Inflamação e lacerações ao redor do disco intervertebral	- Dor central no pescoço - Com ou sem dor referida	- Não contributivo - Possível sensibilidade ao redor dos músculos paraespinais
Radiculopatia	Compressão e inflamação de raiz neural no canal espinal ou forame neural	- Dor irradiada em distribuição dermatomal ± dor no pescoço axial - Dormência/formigamento nas extremidades superiores - Fraqueza subjetiva nas extremidades superiores	- ± Manobra de Spurling - ± Alívio da abdução do ombro - ± Sensação reduzida em padrão dermatomal - ± Déficit motor associado à raiz neural associada - ± Hiporreflexia
Mielopatia	Compressão e inflamação da medula espinal dentro do canal espinal	- ± Dor (dor obtusa à aguda) - Dificuldade de executar tarefas motoras finas (abotoar uma blusa, escrever, agarrar) - Dificuldade de caminhar	- Fraqueza de extremidades superiores - Perda sensorial em distribuição de luva - Marcha atáxica de base alargada - Hiper-reflexia - ± Sinal de Hoffman - ± Sinal de Lhermitte - ± Sinal de Babinski - Síndrome da mão mielopática (atrofia tenar, destreza manual reduzida, + teste de agarrar-soltar)

Doença de Disco Cervical

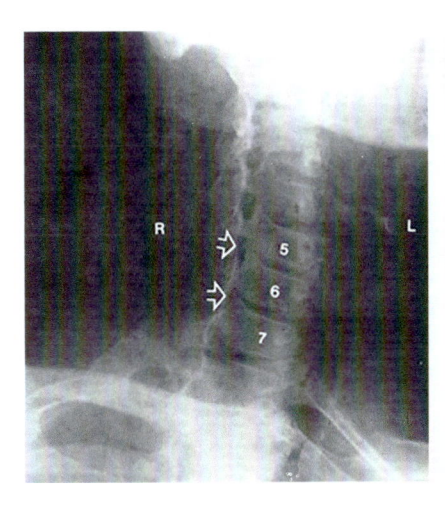

Fig. 10-2 Projeções sagital e axial de MRI da coluna cervical ponderadas em T1. Observar altura de disco reduzida, migração do disco para o canal cervical com estreitamento do canal e alterações de sinal na medula.

- Ocorre em decorrência da colisão direta de raízes neurais que saem da medula espinal e da coluna vertebral (**Fig. 10-2**):
    - HNP lateral ou osteófitos podem comprimir a raiz neural de saída próximo ao forame neural:
        ◊ Conhecida como estenose neuroforaminal.
    - A raiz neural cervical corre superior ao pedículo do mesmo nome (ou seja, a raiz do nervo C5 corre superior ao pedículo de C5).
    - Osteófitos de DDD ou estreitamento de forame neural comprimindo a raiz neural.
- A inflamação das lacerações resulta em radiculite química, reforçando os sintomas radiculares.
- Mielopatia:
    - Sintomas de neurônios motores superiores:
        - Os pacientes podem-se apresentar com achados clássicos:
            ◊ Instabilidade da marcha.
            ◊ Fraqueza e falta de jeito em destreza manual.
            ◊ Dor e rigidez axiais no pescoço.
            ◊ Dormência/formigamento difusos não isolados a um único dermátomo.
    - Resulta da compressão central da medula espinal:
        - Hérnia ou espigões osteofíticos causando estreitamento do canal da medula espinal cervical (**Fig. 10-2**):
            ◊ Conhecida como estenose central.
            ◊ Índice de Torg-Pavlov: proporção entre largura do canal cervical e diâmetro do corpo cervical:
                ❖ < 0,8 = estenose central.
                ❖ Normal: 1.
    - Microtrauma da flexão/extensão do pescoço junto com lesão vascular aumentam a lesão à medula espinal.

10.4 Investigações por Imagens

- Radiografia plana (projeções: anteroposterior [AP], lateral e em flexão e extensão):
  - Escolha inicial da investigação por imagens em razão de custo, facilidade de acesso e habilidade de avaliar quanto a doenças gerais em bruto.
  - Os achados radiográficos incluem:
    - Estreitamento de espaço de disco intervertebral.
    - Estreitamento neuroforaminal.
    - Alterações degenerativas (osteófitos em placas terminais ou articulações zigapofisárias).
  - Visualização de alinhamento em projeções AP e laterais.
  - Visualização de instabilidade/subluxação em projeções em flexão e extensão.
- MRI:
  - Processo preferido de investigação por imagens para doença de disco.
  - Visualiza estruturas de partes moles e neurológicas.
  - Mede espaço de canal cervical.
  - Pode ser difícil para distinguir disco de osso.
  - **Correlaciona-se com sintomas clínicos:**
    - Muitos pacientes assintomáticos exibem alterações degenerativas.
- Tomografia computadorizada (CT):
  - Boa para avaliar detalhes ósseos, ruim para visualização de partes moles.
  - Exige mielograma para avaliar adequadamente a doença neural:
    - Usada quando a MRI é contraindicada (implantes de metal, marca-passo) ou quando o tempo é limitado.

10.5 Tratamento

- Terapia conservadora:
  - Melhora na radiculopatia em 70-80% dos pacientes.
  - Tratamento conservador imediato (2 semanas iniciais):
    - Medicamentos anti-inflamatórios não esteroidais.
    - Analgésicos de curta duração.
    - Modificação de atividade.
  - Tratamento intermediário (3-4 semanas):
    - Fisioterapia.
    - Esteroides epidurais para dor radicular persistente.
  - Reabilitação (> 4 semanas):
    - Condicionamento físico.
- Terapia cirúrgica:
  - Indicações:
    - Sintomas continuados ou piora coerentes com lesão de medula ou de raiz neural.
    - Falha da terapia conservadora (tipicamente 3-4 meses).
    - Cirurgia tipicamente evitada para dor isolada axial no pescoço.

- Intervenções cirúrgicas anteriores:
  - Indicações:
    - Hérnias de disco centrais.
    - Estenose foraminal.
    - Osteófitos anteriores.
    - Mielopatia espondilótica.
- Intervenções cirúrgicas posteriores:
  - Indicações:
    - Hérnia de disco causando radiculopatia.
    - Ossificação do PLL.

Leituras Sugeridas

1. Miyazaki M, Hong SW, Yoon SH, Morishita Y, Wang JC. Reliability of a magnetic resonance imaging-based grading system for cervical intervertebral disk degeneration. J Spinal Disord Tech 2008;21(4):288–292
2. Carette S, Fehlings MG. Clinical practice. Cervical radiculopathy. N Engl J Med 2005;353(4):392–399
3. Baptiste DC, Fehlings MG. Pathophysiology of cervical myelopathy. Spine J 2006;6(6, Suppl):190S–197S
4. Radhakrishnan K, Litchy WJ, O'Fallon WM, Kurland LT. Epidemiology of cervical radiculopathy. A population-based study from Rochester, Minnesota, 1976 through 1990. Brain 1994;117(Pt 2):325–335

11 Doença de Disco Lombar

Fady Y. Hijji ▪ *Ankur S. Narain* ▪ *Philip K. Louie* ▪ *Daniel D. Bohl* ▪ *Kern Singh*

11.1 Antecedentes
- A dor axial nas costas é extremamente comum:
  - A causa mais comum é a tensão muscular, seguida da doença degenerativa da coluna vertebral.
- O envelhecimento natural e a predisposição genética levam à degeneração de disco lombar:
  - O teor reduzido de água e de suprimento sanguíneo ao anel do disco:
    - Resultam em alterações dos ácidos e degeneração de disco intervertebral.
    - Após o nascimento, o núcleo pulposo diminui em tamanho e em celularidade em proporção ao disco intervertebral.
- A degeneração de disco lombar pode resultar em uma mistura de doenças:
  - Hérnia de disco caracterizada por núcleo pulposo herniado (HNP).
  - Espondilose caracterizada por degeneração de disco intervertebral e formação de osteófitos.
  - Espondilolistese caracterizada por deslizamento de corpo vertebral.
- A idade média de início do problema é aos 35 anos:
  - Mais de 50% dos indivíduos com mais de 60 anos de idade exibem alterações degenerativas na investigação por imagens.

11.2 Hérnias de Disco Lombar
- Antecedentes e etiologia
  - 90% dos discos herniados ocorrem em L4/L5:
    - Risco aumentado de hérnia em razão do envelhecimento e da degeneração de disco.
  - O estresse crônico ou significativamente agudo sobre o anel do disco intervertebral:
    - Leva a lacerações anulares e HNP.
    - Resulta em compressão direta de elementos neurais.
- Características de hérnia *(consultar Capítulo 10: Doença de Disco Cervical).*
  - Protrusão:
    - A hérnia permanece dentro da margem do anel.
  - Extrusão:
    - A hérnia sofre lacerações através da margem do anel, mas fica contida pelo ligamento longitudinal posterior:
      ◊ Estende-se para o canal espinal.
      ◊ Pode-se deslocar em sentido cefálico ou caudal.
  - Sequestro:
    - Separação do fragmento de disco herniado do disco intervertebral.
- Sintomas e achados clínicos:
  - Dor axial nas costas:
    - Etiologia controversa.

- Acredita-se que os nociceptores junto com o anel e o ligamento longitudinal posterior contribuam para a dor axial com lacerações do anel.
- Tensão de torção recorrente também pode levar a lacerações externas do anel.
- A dor piora com a flexão lombar na ausência de estenose da coluna lombar.
• Radiculopatia:
  - Dor irradiada em distribuição do dermátomo da raiz neural afetada:
    ◊ Pode ser associada a déficits sensoriais ou motores de raiz neural comprimida.
    ◊ Reflexos reduzidos da raiz neural envolvida.
  - Contato da hérnia com raízes neurais de saída:
    ◊ Em neuroforame (estenose neuroforaminal):
      ❖ Hérnia extremo lateral.
      ❖ Afeta raiz neural de saída.
      ❖ Raízes neurais saem inferiores ao pedículo (L4 sai no disco L4-L5).
  - Hérnia de raízes neurais atravessadas (**Fig. 11-1**):
    ◊ Em canal espinal (estenose espinal):
    ◊ Hérnia paracentral/posterolateral.
    ◊ Afeta raiz neural atravessada para sair na região próxima ao disco (a hérnia paracentral em L4-L5 afeta L5):
      ❖ Melhora da dor na perna com inclinação para frente em decorrência do aumento do espaço no canal espinal:
        ▸ Conhecida como claudicação neurogênica causada por sintomatologia intermitente.
        ▸ Diferenciar de claudicação vascular: a dor não é aliviada em posição parada em pé.
• Síndromes da cauda equina e de cone (**Quadro 11-1**):
  - Emergências ortopédicas.

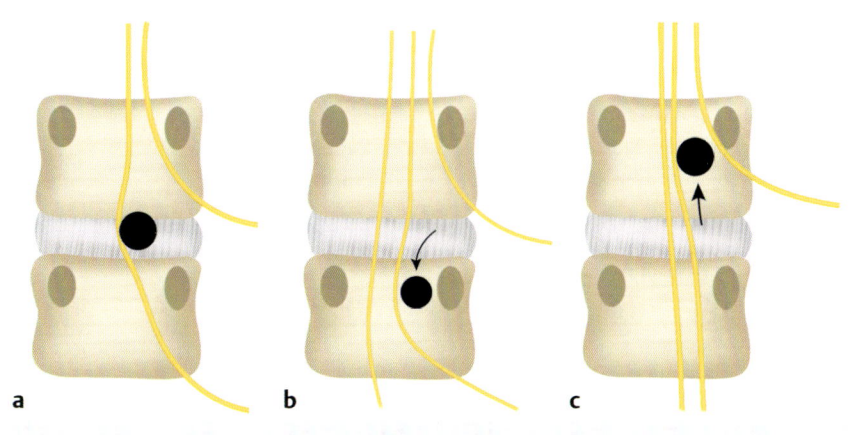

Fig. 11-1 (**a**) Hérnia de disco de L5-S1 paracentral esquerda afetando a raiz neural transversa de S1. (**b**) Hérnia de disco L5-S1 extrudada migrando em sentido inferior e comprimindo a raiz neural de S1. (**c**) Hérnia de disco sequestrada migrando em sentido superior e colidindo com ambas as raízes neurais de L5 e S1.

Quadro 11-1 Síndrome do cone medular *versus* da cauda equina

	Síndrome de cone medular	Síndrome de cauda equina
Nível vertebral	L1-L2	Sacro L2
Nível espinal	Segmento e raízes de medula sacral	Raízes neurais lombossacrais
Apresentação	Súbita e bilateral	Gradual e unilateral
Dor radicular	Menos intensa	Mais intensa
Dor na região inferior das costas	Mais	Menos
Potência motora	Paresia distal hiper-reflexa da fasciculação de LL, simétrica e **menos acentuada**	Paraplegia arreflexa assimétrica mais acentuada, atrofia mais comum
Reflexos	Tornozelos afetados	Joelho e tornozelo afetados
Sensorial	Dormência localizada para a área perianal, simétrica e bilateral	Dormência localizada na área de sela, assimétrica e unilateral
Disfunção de esfíncter	Incontinência urinária e fecal precoce	Tendência de apresentação tardia
Impotência	Frequente	Menos frequente

- ♦ Hérnia comprimindo múltiplas raízes neurais lombares e sacrais na bolsa tecal ou no cone medular (T12-L1):
  - ◊ Hérnia central de grande porte.
- Investigação por imagens:
  - Raios X:
    - ♦ Avaliação inicial para deformidades ósseas.
    - ♦ Com frequência, avaliação de primeira linha para doença lombar geral degenerativa:
      - ◊ Avaliação de estreitamento de espaço discal.
      - ◊ Não é possível determinar doença de disco a partir de radiografias planas.
    - ♦ Projeções AP e lateral para exame de alinhamento.
    - ♦ Projeções em flexão/extensão para examinar instabilidade.
  - MRI:
    - ♦ Modalidade de escolha para avaliar raiz neural ou compressão de medula espinal junto com doença de disco e de ligamento:
      - ◊ Perda de sinal de T2 dentro do núcleo do disco (**Fig. 11-2**).
    - ♦ Alterações de Modic:
      - ◊ Descrevem a degeneração vertebral observada na MRI:
        - ❖ Alterações associadas em MRIs ponderadas em T1 e T2 com degeneração progressiva (**Quadro 11-2**).
  - Varredura de tomografia computadorizada (CT):
    - ♦ Uso limitado:
      - ◊ Se MRI contraindicada.

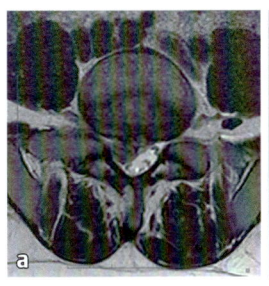

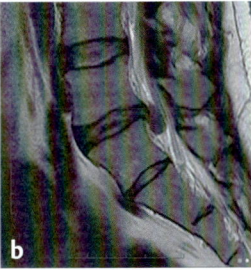

Fig. 11-2 Investigação por ressonância magnética (MRI) lombar ponderada em T2 axial (**a**) e sagital (**b**). Extrusão posterolateral do disco de L5-S1. Observar o estreitamento significativo do canal espinal e a perda de sinal do disco posterior.

Quadro 11-2 Classificação de Modic para investigação por ressonância magnética (MRI)

Tipo	Observação	Ponderada em T1	Ponderada em T2	Significância
IU	Altura normal de disco sem desidratação	Hipointensidade	Hiperintensidade	Edema e inflamação de medula óssea
II	Altura normal de disco com desidratação	Hiperintensidade	Hiperintensidade	Isquemia de medula óssea
III	Altura de disco reduzida	Hipointensidade	Hiperintensidade	Esclerose subcondral

- Tratamento:
  - Terapia conservadora:
    - A maioria dos pacientes deve melhorar com o tratamento não cirúrgico.
    - Reduzir a tensão mecânica, manter o peso corporal ideal e parar de fumar, tudo associado a resultados melhorados.
    - O tratamento não cirúrgico inclui repouso, fisioterapia (PT), medicamentos anti-inflamatórios (NSAIDs), relaxantes musculares e esteroides orais. A melhora sem cirurgia ocorre em 90% dos pacientes:
      - As injeções de corticosteroides são terapia de segunda linha.
  - Tratamento cirúrgico:
    - Indicações:
      - Falha da terapia conservadora por pelo menos 12 semanas.
      - Piora ou nova manifestação de déficits neurológicos.
      - Remoção da hérnia (microdiscectomia), substituição do disco (artroplastia) ou fusão lombar.

11.3 Espondilose

- Antecedentes e etiologia:
  - Degeneração de disco intervertebral e de facetas articulares:
    - Termo amplo para descrever degeneração osteoartrítica da coluna:
      - Resultado de alterações bioquímicas degenerativas e de tensão e pressão crônicas.
      - Semelhante a processo degenerativo de coluna cervical.
  - Pode ocorrer formação de osteófitos, que podem comprimir elementos neurais:
    - Usualmente, os osteófitos envolvem placas vertebrais terminais e facetas articulares.
- Sintomas e achados clínicos:
  - Dor axial nas costas:
    - Acredita-se que a artropatia de facetas seja, provavelmente, a causa da dor.

- ♦ A dor piora com a extensão lombar.
- Radiculopatia:
  - ♦ Compressão osteofítica de raízes neurais:
    - ◊ Em neuroforame (estenose neuroforaminal; **Fig. 11-3**):
      - ❖ Hipertrofia de faceta comprimindo raízes neurais de saída.
    - ◊ Em canal espinal (estenose espinal):
      - ❖ Osteófitos em placa terminal posterior estreitando o canal espinal.
- Síndromes de cauda equina e de cone:
  - ♦ Alterações osteofíticas resultando em compressão de raízes neurais lombares e sacrais semelhantes a hérnias lombares.
- Investigação por imagens:
  - Raios X:
    - ♦ Escolha inicial de investigação por imagens para avaliar doenças em bruto e alterações degenerativas em geral.
    - ♦ Os achados radiográficos incluem (**Fig. 11-4**):
      - ◊ Estreitamento de espaço de disco intervertebral.
      - ◊ Estreitamento neuroforaminal.
      - ◊ Osteófitos em placas terminais.
      - ◊ Hipertrofia de faceta.
    - ♦ Classificação radiográfica (**Quadro 11-2**).
  - MRI:
    - ♦ Identificar compressão de estruturas neurais:
      - ◊ Margens ósseas mais bem avaliadas na CT.

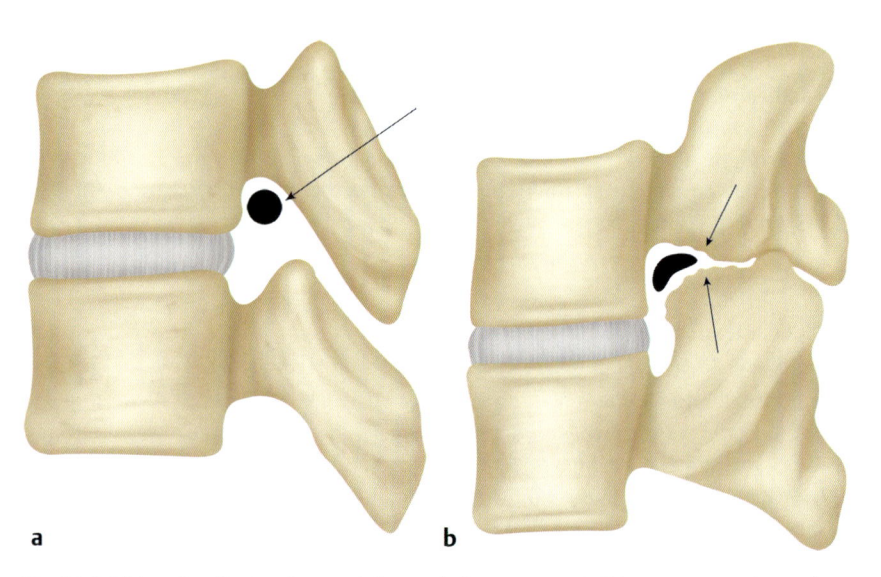

Fig. 11-3 (**a**) Localização de raiz neural dentro de forame neural. (**b**) Compressão da raiz neural em decorrência de espondilose e osteófitos no processo articular superior.

Doença de Disco Lombar

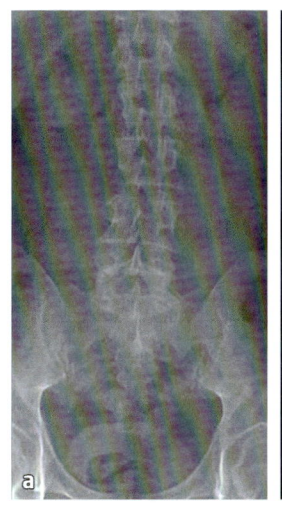

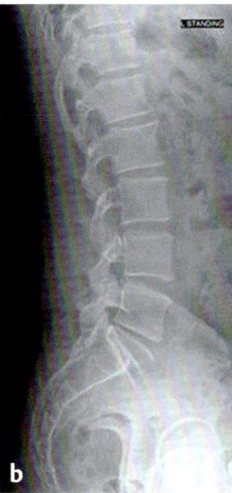

Fig. 11-4 Radiografias anteroposterior (**a**) e lateral (**b**). Senhora de 50 anos com espondilose do espaço discal de L5-S1. Observar o estreitamento neuroforaminal e a perda de altura do disco.

- Tratamento:
  - Terapia conservadora:
    - Similar ao tratamento conservador para outras doenças lombares.
  - Tratamento cirúrgico:
    - Indicações:
      - Progresso ou nova manifestação de sintomas neurológicos.
      - Falha do tratamento conservador durante o mínimo de 6 semanas.
    - Descompressão:
      - Laminectomia, foraminotomia, facetectomia.

11.4 Espondilolistese

- Antecedentes/etiologia:
  - Deslizamento anterior ou retrógrado de uma vértebra sobre o segmento inferior:
    - Frequentemente assintomático e descoberto por acaso na investigação por imagens.
  - 90% dos casos ocorrem em L5, 5% em L4 e 3% em L3.
  - Prevalência de espondilolistese degenerativa: 5% nos homens e 9% nas mulheres.
  - Tipos:
    - Degenerativo:
      - Desenvolve-se tipicamente após os 40 anos.
      - Degeneração de facetas e de disco intervertebral:
        - ❖ Alteração de rigidez na junção lombossacral e instabilidade do segmento de movimento.
      - A ausência de defeito da *pars* diferencia esses pacientes da espondilolistese ístmica do adulto.
    - Ístmico (espondilólise):
      - Mais comum entre os 7 e 20 anos de idade.

◊ Defeito/fratura da *pars interarticularis:*
  ❖ *Pars interarticularis* (entre os processos articulares superior e inferior) suscetível de fraturas por fadiga e de esforço:
    ▶ Carregamento cíclico da coluna lombar imatura com sintomas ocorrendo mais tarde durante a adolescência.
  ♦ Ocorrem, também, espondilolisteses congênita/displásica, traumática e iatrogênica.
- Classificação:
  - Classificação de Meyerding (**Fig. 11-5**):
    ♦ Grau I: deslocamento de 25% para frente.
    ♦ Grau II: deslocamento de 25 a 50% para frente.
    ♦ Grau III: deslocamento de 50 a 75% para frente.
    ♦ Grau IV: deslocamento superior a 75% para frente.
    ♦ Grau V: deslocamento 100% para frente (espondiloptose).
  - Modificada de Wiltse:
    ♦ Com base na etiologia da espondilolistese (**Quadro 11-3**).
  - Classificação de L5-S1 de grupo de estudo de deformidade espinal (**Fig. 11-6**).
  - Com base em parâmetros e orientação pélvicos.

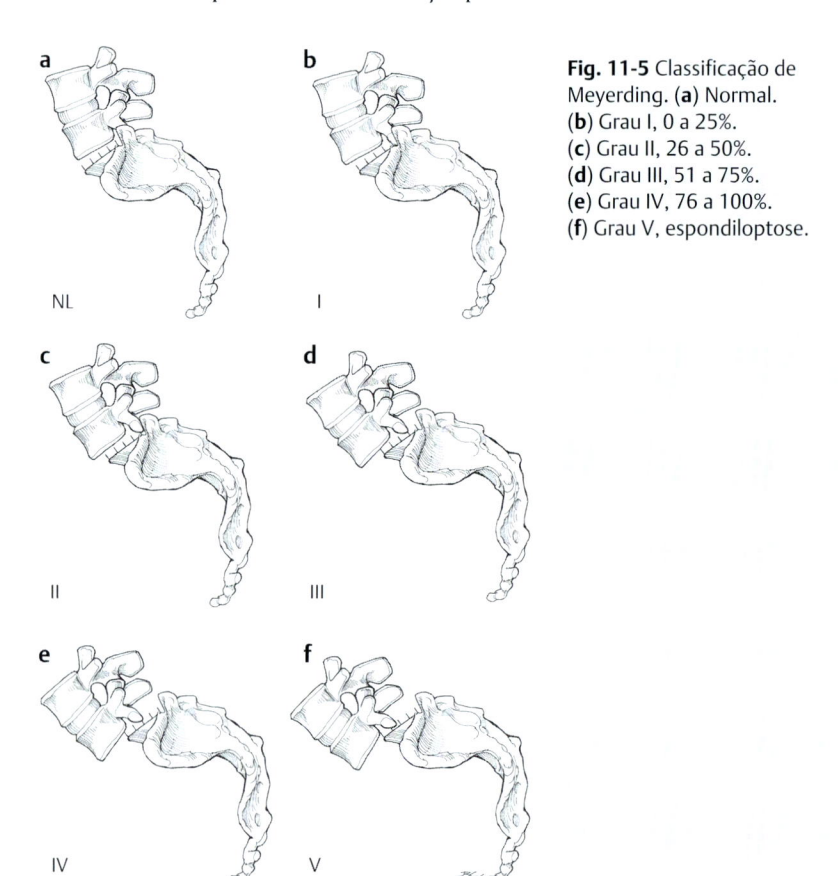

Fig. 11-5 Classificação de Meyerding. (**a**) Normal. (**b**) Grau I, 0 a 25%. (**c**) Grau II, 26 a 50%. (**d**) Grau III, 51 a 75%. (**e**) Grau IV, 76 a 100%. (**f**) Grau V, espondiloptose.

Quadro 11-3 Classificação de espondilose

Grau 0	Grau 1	Grau 2	Grau 3	Grau 4
Coluna sadia normal	Formação mínima de osteófito anterior	Formação de osteófito anterior	Formação de osteófito anterior	Formação de osteófito de grande porte
	Sem redução em altura de disco intervertebral (IV), sem esclerose de placa vertebral terminal	Redução sutil em altura de disco IV	Estreitamento moderado de espaço discal	Estreitamento intenso de placa discal
		Esclerose sutil de placas terminais	Define esclerose de placas terminais e esclerose de osteófitos	Esclerose de placa terminal com irregularidades

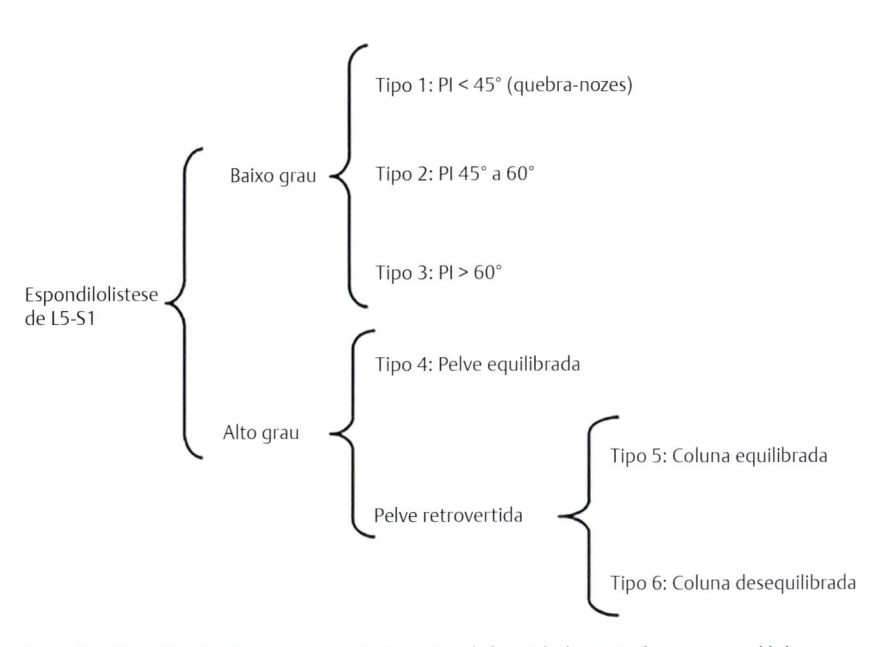

Fig. 11-6 Classificação de grupo de estudo sobre deformidade espinal para espondilolistese de L5-S1. PI, incidência pélvica.

Espondilolistese de L5-S1:
- Baixo grau
  - Tipo 1: PI < 45° (quebra-nozes)
  - Tipo 2: PI 45° a 60°
  - Tipo 3: PI > 60°
- Alto grau
  - Tipo 4: Pelve equilibrada
  - Pelve retrovertida
    - Tipo 5: Coluna equilibrada
    - Tipo 6: Coluna desequilibrada

- Tipos 1 e 2 exibem risco mais baixo de progressão da doença.
  - Tipos mais altos (tipos 5 e 6) indicativos de redução cirúrgica.
- Sintomas e achados clínicos:
  - Dor axial nas costas:
    - Pouca ou nenhuma dor por causa só da espondilolistese:
      - Processos degenerativos associados (HNP, espondilose) podem causar dor concomitante.

- Radiculopatia:
  - Afeta 50% dos pacientes.
  - Estreitamento de canal espinal e de neuroforame em decorrência do deslizamento de corpo vertebral:
    - Compressão de raízes neurais transversas.
- Claudicação neurogênica:
  - Pode ser uni ou bilateral.
  - Dor/desconforto nas nádegas e pernas causada por caminhar ereto; aliviada ao sentar.
  - Não aliviada em posição em pé em um local (*vs.* claudicação vascular).
- Síndromes de cauda equina e do cone:
  - Similar a outras doenças resultando em compressão de raízes neurais lombares e sacrais.
- Investigação por imagens:
  - Raios X:
    - Avaliação do grau de espondilolistese assim como de outros processos degenerativos.
    - Identificar espondilolistese ístmica:
      - Defeito na *pars interarticularis* (projeção do "*Scottie dog*"); mais bem avaliado em projeções oblíquas.
    - Ângulo de deslizamento (**Fig. 11-7**):
      - Ângulo entre a placa terminal superior de L5 e uma linha perpendicular pela borda posterior do sacro.
      - Fornece indicação de estabilidade potencial:
        - A redução cirúrgica envolve a correção do ângulo de deslizamento e a cifose lombossacral resultante:
          - Redução completa não crucial para sucesso clínico e, na verdade, envolve riscos significativos.
          - Melhora o índice de fusão cirúrgica.
    - Projeções em flexão-extensão (**Fig. 11-8**):
      - Identifica a instabilidade lombar.
      - Movimento vertebral superior a 4 mm ou 10 é indicativo de instabilidade dinâmica.

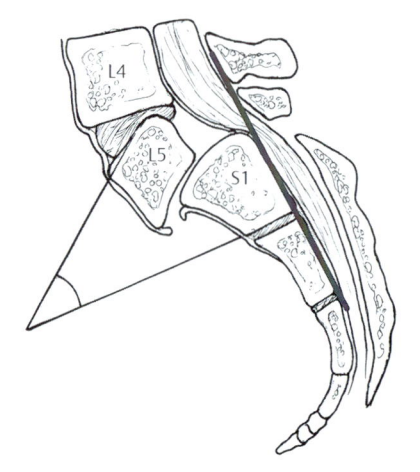

Fig. 11-7 Ângulo de deslizamento em espondilolistese. O ângulo é formado entre a linha paralela à placa terminal superior de L5 e a linha perpendicular à borda posterior do sacro. (Reproduzida com autorização de Anderson D, Vaccaro A, eds. Decision Making in Spinal Care. 2nd. ed. New York, NY: Thieme; 2012.)

Doença de Disco Lombar

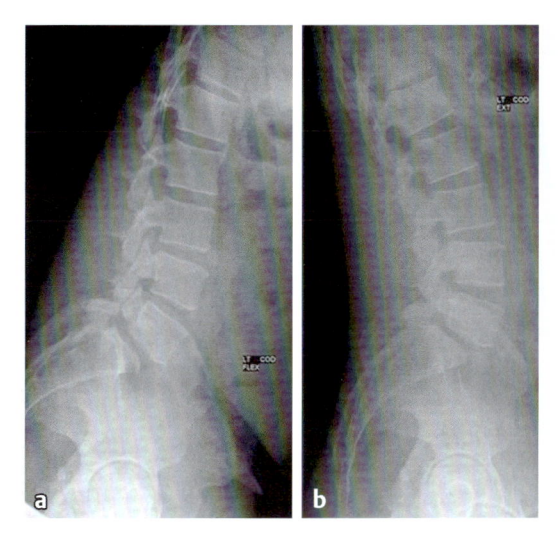

Fig. 11-8 (a, b) Projeções radiográficas em flexão-extensão. Espondilolistese ístmica de L5-S1 em Grau 1. Observar a anterolistese das vértebras de L5 sobre o sacro com um defeito na *pars interarticularis* de L5.

- MRI:
  - Avaliação de compressão de estruturas neurais causada por deslizamento do disco vertebral.
- Tratamento:
  - Terapia conservadora:
    - Semelhante à de outras doenças que causam compressão de estruturas neurais.
  - Cirúrgica:
    - Indicações:
      - Sintomas neurológicos persistentes ou mostrando piora.
      - Deslizamento de alto grau envolvendo dor ou sintomas radiculares.
    - Descompressão lombar e fusão instrumentada:
      - A abordagem posterior é a mais comum.
      - Descompressão via laminectomia.
    - Descompressão lombar isolada: recomendada somente para pacientes que não possam tolerar instrumentação:
      - 31% dos pacientes apresenta instabilidade progressiva.

Leituras Sugeridas

1. Baaj AA, Mummaneni PV, Uribe JS, Vaccaro AR, Greenburg MS. Handbook of Spine Surgery. 2nd ed. New York, NY: Thieme; 2016
2. Boden SD. The Aging Spine: Essentials of Pathophysiology, Diagnosis, and Treatment. Philadelphia, PA: WB Saunders; 1991
3. Brier SR. Primary Care Orthopedics. St. Louis, MO: Mosby; 1999
4. Derek M. Degenerative spondylolisthesis. Orthobullets. N.p., June 25, 2016. Web. July 31, 2016

5. Derek M. Lumbar disc herniation. Orthobullets. N.p., June 11, 2016. Web. July 31, 2016
6. Ofiram E, Garvey TA, Schwender JD, et al. Cervical degenerative index: a new quantitative radiographic scoring system for cervical spondylosis with interobserver and intraobserver reliability testing. J Orthop Traumatol 2009;10(1):21–26
7. Winkel D, Vleeming A. eds. Diagnosis and Treatment of the Spine: Nonoperative Orthopaedic Medicine and Manual Therapy. Austin, TX: Pro-ed; 2003

12 Escoliose

Lauren M. Sadowsky ▪ Ankur S. Narain ▪ Fady Y. Hijji ▪ Philip K. Louie ▪ Daniel D. Bohl ▪ Kern Singh

12.1 Introdução

As deformidades da coluna vertebral, como a escoliose, representam alguns dos casos mais desafiadores para os cirurgiões especializados em coluna vertebral. A escoliose tem várias etiologias em potencial e progride em intensidade desde a infância até a vida adulta. Déficits funcionais e cosméticos significativos podem ocorrer sem a triagem apropriada, diagnóstico e tratamento desse transtorno. Como tal, é importante compreender a história clínica peculiar, as técnicas e medições radiográficas e as estratégias cirúrgicas que se apresentam ou são usadas em casos de escoliose.

12.2 Antecedentes e Etiologia

- Define-se escoliose como uma curvatura lateral da coluna vertebral em ≥ 10 graus, tipicamente acompanhada por graus variáveis de rotação vertebral.
- As etiologias incluem: idiopáticas (80-85%), congênitas, neuromusculares e sindrômicas:
  - Idiopáticas:
    - Classificadas com base na idade à época da apresentação:
      - Infantil: 0 a 3 anos.
      - Juvenil: 4 a 10 anos.
      - Adolescente: 11 a 17 anos.
      - Adulta: ≥ 18 anos (após a maturidade do esqueleto).
  - Congênitas:
    - Presentes ao nascimento.
    - Podem incluir falha de formação (p. ex., hemivértebra) ou falha de segmentação (p. ex., fusão congênita):
      - Associadas, com frequência, a deformidades geniturinárias.
  - Neuromusculares:
    - Provocadas por anormalidades do tônus muscular (desequilíbrio e falta de controle do tronco):
      - As etiologias incluem paralisia cerebral, mielomeningocele, miopatias, trauma espinal e distrofias musculares.
  - Sindrômicas:
    - Incluem qualquer síndrome que se apresente com escoliose e que não seja nem neuromuscular nem congênita:
      - As síndromes associadas incluem: síndrome de Marfan, osteogênese imperfeita, displasias esqueléticas, síndrome de Prader-Willi, síndrome de Ehlers-Danlos e neurofibromatose.
- Fatores de risco para escoliose adquirida:
  - 2-4% de todos os adolescentes apresentam escoliose idiopática do adolescente (AIS):
    - Meninas e meninos são igualmente afetados.

- O risco de progressão da curva afeta 10 vezes mais as meninas que os meninos:
    ◊ Ângulos de Cobb maiores em meninas que em meninos.
  - Genética: 97% de pacientes com AIS têm história familiar de escoliose.
  - Idade: até 68% dos adultos com mais de 60 anos apresentam escoliose por causa da progressão de alterações degenerativas da coluna.
- Progressão da deformidade:
  - Alterações fisiológicas causadas por forças de compressão sobre discos intervertebrais e vértebras no lado côncavo → crescimento reduzido e assimetria continuada.

12.3 História e Achados Clínicos

- História:
  - Idade na manifestação:
    - O crescimento do pico ocorre nos meninos aos 13,5 anos e nas meninas aos 11,5 anos.
    - A escoliose pode progredir durante o surto de crescimento de pico.
  - Presença de dor e rigidez nas costas:
    - 23% de pacientes com AIS manifestam dor.
  - Fadiga muscular de tensão do músculo e de postura compensada.
  - Falta de ar/dificuldade para respirar em decorrência de escoliose torácica intensa.
  - História familiar:
    - A incidência aumenta sete vezes com um parente de primeiro grau apresentando escoliose.
- Inspeção:
  - Qualquer desequilíbrio do tronco em altura/simetria dos ombros, escápulas, coluna e linha da cintura.
  - Cabeça desalinhada sobre o sacro (desvio de tronco).
  - Achados sugestivos de outros diagnósticos: manchas café com leite (neurofibromatose tipo 1), sardas axilares (neurofibromatose tipo 1) e tufos de cabelo (espinha bífida).
  - Maturidade sexual medida por estádios de graduação de Tanner.
- Medição de altura:
  - Monitorar a progressão e o crescimento do esqueleto.
- Teste de inclinação para frente de Adams (**Fig. 12-1**):
  - O paciente se inclina para frente até que a cintura esteja em 90 graus.
  - Os achados positivos incluem proeminência unilateral (torácica ou lombar), deformidade rotacional, ombros/quadris desalinhados e assimetria.
  - Específico para componente rotacional de escoliose.
- Medições por escoliômetro:
  - Obtidas sucessivamente durante o teste de inclinação para frente de Adams nas três áreas de interesse tanto em pé quanto sentado:
    - Torácica superior (T3-T4).
    - Torácica principal (T5-T12).
    - Toracolombar (T12-L1 ou L2-L3).
  - Medições ≠ 0 são anormais e definem assimetria.
- Inclinação pélvica:
  - A inclinação pélvica lateral está associada à compensação para escoliose ou discrepância na extensão da perna.

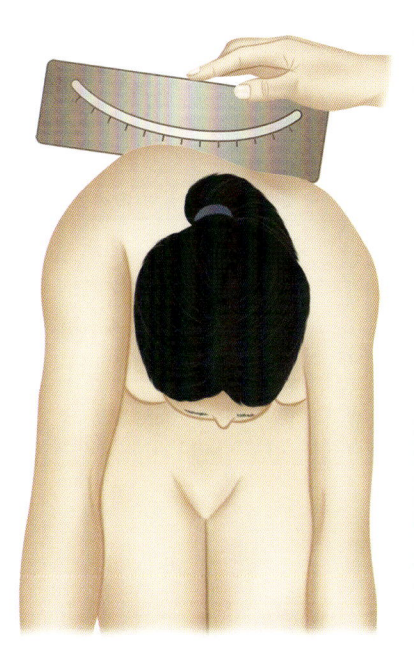

Fig. 12-1 Teste de inclinação para frente de Adams com medições por escoliômetro. (Reproduzida com autorização de Albert TJ, Vaccaro AR, eds. Physical Examination of the Spine. 2nd ed. New York, NY: Thieme: 2016.)

- A inclinação pélvica sagital está associada à compensação para deformidades da curva.
- Exame neurológico:
  - Os déficits podem incluir anormalidades de marcha e de coordenação, alterações sensoriais, fraqueza ou incontinência.
  - A presença de sintomas neurológicos pode sugerir etiologias diferentes das idiopáticas.

12.4 Investigação por Imagens

- Radiografia plana:
  - Avaliação inicial com projeções posteroanterior (PA) e lateral em pé das regiões cervical a sacral:
    - Determinação de padrões de curva:
      - A direção da curva é determinada por convexidade:
        - Curva principal: maior.
        - Curva menor: menor.
    - Identificação de vértebra apical:
      - Vértebra desviada do eixo vertical mais lateralmente.
    - Determinação da linha vertical central do sacro (CSVL):
      - Linha vertical desenhada a partir do centro do sacro.
- Ângulo de Cobb:
  - Medido a partir das vértebras terminais proximal e distal de cada curva.
  - Protocolo de medição:
    - Identificar as placas terminais das vértebras terminais associadas.
    - Desenhar uma linha paralela estendendo-se a partir de cada placa terminal.
    - Desenhar uma linha em 90 graus para cada linha paralela.

- ♦ O ângulo de intersecção dessas linhas = ângulo de Cobb.
- Sinal de Risser:
  - Mede a maturidade do esqueleto com base no grau de ossificação da apófise ilíaca nas radiografias PA:
    - ♦ Grau 0: sem ossificação.
    - ♦ Grau 1: menos de 25% de ossificação.
    - ♦ Grau 2: 25 a 50% de ossificação.
    - ♦ Grau 3: 50 a 75% de ossificação.
    - ♦ Grau 4: 75 a 100% de ossificação.
    - ♦ Grau 5: fusão óssea total de apófise ao íleo.
  - Grau mais baixo de Risser = risco maior para progressão da curva.
- Vértebras neutras e estáveis:
  - Vértebras neutras = vértebras sem rotação axial (não dentro de uma curva).
  - Vértebras estáveis = vértebras bissectadas mais proximamente por CSVL (dentro de uma curva).
- Linha de prumo:
  - Linha vertical desenhada inferiormente a partir do ponto médio de C7.
  - Mede equilíbrio coronal (com radiografias AP):
    - ♦ Determina a distância entre CSVL e a linha de prumo.
  - Mede equilíbrio sagital (com radiografias laterais):
    - ♦ Determina distância entre S1 posterossuperior e linha de prumo.
  - Achado anormal (para ambas as medições de equilíbrio coronal e sagital) é uma distância superior a 2 cm.
- Sistema de classificação de Lenke (**Fig. 12-2**):
  - Necessárias radiografias em pé anteroposterior (AP), em pé lateral e PA com inclinação para direita e esquerda.
  - A classificação inclui três componentes: (1) tipo de curva, (2) modificador de coluna lombar e (3) modificador sagital torácico:
    - ♦ Tipo de curva:
      - ◊ Com base na localização dos ápices da curva e do tipo de curva:
      - ◊ Curva principal: o maior ângulo de Cobb, estrutural:
        - ❖ As curvas estruturais possuem ângulo de Cobb com mais de 25 graus em projeções AP com inclinação lateral.
      - ◊ Curvas menores: todos os outros ângulos, estruturais ou não.
    - ♦ Modificador de coluna lombar:
      - ◊ Com base na localização de CSVL em relação ao ápice da curva lombar.
    - ♦ Modificador sagital torácico:
      - ◊ Com base no ângulo de cifose torácica (T5-T12).
  - A classificação de Lenke ajuda a guiar o tratamento, denotando, especificamente, níveis de fusão com tratamento cirúrgico.

12.5 Tratamento

- Fatores a considerar para tomada de decisão cirúrgica:
  - Grau e tipo de deformidade:
    - ♦ Ângulo de Cobb.

Tipo de Curva

Tipo	Torácica Proximal	Torácica Principal	Toracolombar/ Lombar	Tipo de Curva
1	Não estrutural	Estrutural (maior)	Não estrutural	Torácica principal (MT)
2	Não estrutural	Estrutural (maior)	Não estrutural	Torácica dupla (DT)
3	Não estrutural	Estrutural (maior)	Estrutural	Dupla maior (DM)
4	Estrutural	Estrutural (maior)	Estrutural	Tripla maior (TM)
5	Não estrutural	Não estrutural	Estrutural (maior)	Toracolombar/lombar (TL/L)
6	Não estrutural	Estrutural	Estrutural (maior)	Toracolombar/lombar estrutural (MT)

Critérios Estruturais

Torácico proximal: - Cobb de inclinação lateral ≥ 25°
 - Cifose T2 – T5 ≥ + 20°

Torácico principal: Cobb de inclinação lateral ≥25°

Toracolombar/lombar: - Cobb de inclinação lateral ≥ 25°
 - Cifose T10 – L2 ≥ + 20°

Localização de Ápice (Definição de SRS)

Curva	Ápice
Torácica	T2 – DISCO T11-12
Toracolombar	T2 – L1
Lombar	L1-2 DISCO – L4

Modificadores

Modificador Espino-lombar	CSVL para Ápice Lombar
A	CSVL entre pedículos
B	CSVL toca o(s) corpo(s) apical (ais)
C	CSVL completamente clínico

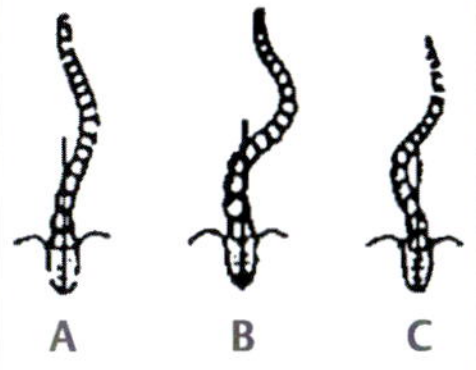

	Perfil Sagital Torácico T5-T12	
–	(hipo)	< 10°
N	(normal)	10° - 40°
+	(hiper)	> 40°

Tipo de curva (1-6) + Modificador de espinha lombar (A, B ou C) + Modificador sagital torácico (–, N ou +)
Classificação (p. ex., 1B+): _____

Fig. 12-2 Sistema de Classificação de Lenke. (Reproduzida com autorização de Lenke LG, Betz RR, Harms J *et al.* Adolescent idiopatic scoliosis: a new classification to determine extent of spinal arthrodesis. J Bone Joint Surg Am 2001;83-A:1169-1181.)

- ♦ Medições radiográficas: lordose cervical, cifose torácica, lordose lombar, equilíbrio coronal, eixo vertical sagital, incidência pélvica, inclinação pélvica e declive sacral (consultar Capítulo 9).
- Risco para progressão da curva (sinal de Risser).
- Maturidade do paciente e preocupações quanto à cosmese.
- Tratamento não cirúrgico:
  - Observação:
    - ♦ Ângulo de Cobb inferior a 20 graus.
    - ♦ Demanda monitoramento radiográfico cada 6 a 12 meses.
  - Órtese:
    - ♦ Ângulo de Cobb entre 20° a 40º.
    - ♦ Monitoramento da progressão:
      - ◊ Inicialmente 20 a 30 graus – iniciar órtese quando a progressão for superior a 5 graus entre consultas consecutivas.
      - ◊ Inicialmente 30 a 45 graus com grau ≤ 2 de Risser → iniciar órtese na primeira consulta.

- Coletes de órtese toracolombossacral (TLSO):
  - Colete para uso em tempo integral.
  - Colete de Wilmington (TLSO de contato total):
    - Jaqueta de plástico de ajuste personalizado.
    - Corrige curvas com ápices em ou inferiores a T7.
  - Colete de Boston (colete "sob o braço"):
    - Tamanhos pré-fabricados e modificados para pacientes individualmente.
    - Indicado para curvas cervicotorácicas, torácicas, toracolombares e lombares.
- Coletes noturnos:
  - Indicados para curvas toracolombares e lombares flexíveis, de estrutura única.
  - Colete de Charleston (órtese "de inclinação lateral"):
    - Individualizada para fornecer posição "supercorrigida".
  - Colete Providence:
    - Desenho computadorizado que traz os ápices em direção ao eixo vertical.
- Coletes flexíveis:
  - Colete SpineCor:
    - Ângulo de Cobb ≥ 15 graus, uso contínuo.
    - Indicado para curvas lombares e toracolombares de estrutura única.
    - Base pélvica de plástico com faixas corretivas de algodão/elásticas.
- Tratamento cirúrgico (**Fig. 12-3**):
  - Ângulo Cobb de ≥ 45 a 50 graus.
  - As indicações incluem falha da terapia conservadora, dor incapacitante ou desequilíbrio.
  - Fusão espinal com instrumentação:
    - Visa prevenir ou controlar a progressão da curva.
    - Abordagens cirúrgicas anterior e posterior:
      - Todas as curvas principais e as de estrutura menor deverão ser incluídas na fusão.
      - As vértebras neurais/estáveis marcam os limites da fusão.

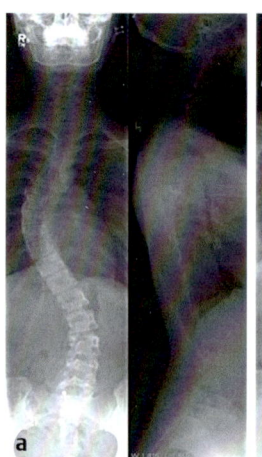

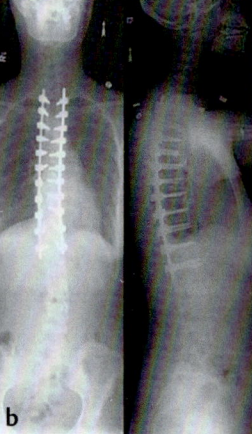

Fig. 12-3 (a) Radiografias anteroposterior e lateral pré-operatórias demonstrando escoliose torácica direita e lombar esquerda significativas. **(b)** Radiografias anteroposterior e lateral pós-operatórias demonstrando correção via fusão com instrumentação posterior.

Escoliose

- ◊ A fusão posterior com instrumentação (combinação de hastes, ganchos e parafusos pediculares) é o padrão-ouro de correção.
- ◊ A fusão anterior pode permitir resultados melhores com segmentos de fusão mais curtos.
- Opções favoráveis ao crescimento:
  - As indicações incluem potencial para crescimento axial, deformidade de um ângulo de Cobb com mais de 50 graus e coluna espinal flexível.
  - Imobilização em série (cada 8-16 semanas).
  - Implantes com base em distração:
    - Hastes de crescimento.
    - Prótese vertical de costela de titânio expansível (VEPTR).
    - Implantes de crescimento orientado.
    - Implantes baseados em compressão.

Leituras Sugeridas

1. Abbassi V. Growth and normal puberty. Pediatrics 1998;102(2, Pt 3):507–511
2. Cassar-Pullicino VN, Eisenstein SM. Imaging in scoliosis: what, why and how? Clin Radiol 2002;57(7):543–562
3. Fayssoux RS, Cho RH, Herman MJ. A history of bracing for idiopathic scoliosis in North America. Clin Orthop Relat Res 2010;468(3):654–664
4. Gomez JA, Lee JK, Kim PD, Roye DP, Vitale MG. "Growth friendly" spine surgery: management options for the young child with scoliosis. J Am Acad Orthop Surg 2011;19(12):722–727
5. Horne JP, Flannery R, Usman S. Adolescent idiopathic scoliosis: diagnosis and management. Am Fam Physician 2014;89(3):193–198
6. Janicki JA, Alman B. Scoliosis: review of diagnosis and treatment. Paediatr Child Health 2007;12(9):771–776
7. Kim H, Kim HS, Moon ES, et al. Scoliosis imaging: what radiologists should know. Radiographics 2010;30(7):1823–1842
8. Konieczny MR, Senyurt H, Krauspe R. Epidemiology of adolescent idiopathic scoliosis. J Child Orthop 2013;7(1):3–9
9. Lonstein JE, Carlson JM. The prediction of curve progression in untreated idiopathic scoliosis during growth. J Bone Joint Surg Am 1984;66(7):1061–1071
10. Lonstein JE. Adolescent idiopathic scoliosis. Lancet 1994;344(8934):1407–1412
11. Miller NH. Cause and natural history of adolescent idiopathic scoliosis. Orthop Clin North Am 1999;30(3):343–352, vii
12. Panchmatia JR, Isaac A, Muthukumar T, Gibson AJ, Lehovsky J. The 10 key steps for radiographic analysis of adolescent idiopathic scoliosis. Clin Radiol 2015;70(3):235–242
13. Patias P, Grivas TB, Kaspiris A, Aggouris C, Drakoutos E. A review of the trunk surface metrics used as scoliosis and other deformities evaluation indices. Scoliosis 2010;5(12):12
14. Reamy BV, Slakey JB. Adolescent idiopathic scoliosis: review and current concepts. Am Fam Physician 2001;64(1):111–116
15. Schiller JR, Thakur NA, Eberson CP. Brace management in adolescent idiopathic scoliosis. Clin Orthop Relat Res 2010;468(3):670–678

16. Walker AP, Dickson RA. School screening and pelvic tilt scoliosis. Lancet 1984;2(8395):152–153
17. Wynne-Davies R. Familial (idiopathic) scoliosis. A family survey. J Bone Joint Surg Br 1968;50(1):24–30
18. Yang S, Andras LM, Redding GJ, Skaggs DL. Early-onset scoliosis: a review of history, current treatment, and future directions. Pediatrics 2016;137(1)

13 Traumatismo Medular e Fraturas

Ankur S. Narain ▪ Fady Y. Hijji ▪ Philip K. Louie ▪ Daniel D. Bohl ▪ Kern Singh

13.1 Princípios Gerais

- Antecedentes:
  - A lesão cervical ocorre em 2 a 3% dos casos de trauma contuso.
  - A lesão toracolombar representa 75 a 90% do trauma medular.
  - As fraturas sacrais geralmente são acompanhadas por lesões pélvicas (30-45%).
- Tratamento inicial:
  - Avaliação primária e avaliação neurológica:
    - ABCDE: Vias **A**éreas, Respiração (do inglês, **B**reathing), **C**irculação, Incapacidade (do inglês, **D**isability), **E**xposição.
  - Avaliação secundária:
    - Avaliação para detecção de choque medular: cheque o reflexo bulbocavernoso:
      - Intacto em caso de observação de contração do esfíncter anal em resposta a apertar a glande peniana ou movimentar o cateter de Foley.
    - Avaliação para detecção de choque neurológico:
      - A perda do tônus simpático provoca colapso circulatório.
      - Os sinais são hipotensão e bradicardia relativa:
        - Utilize vasopressores e ressuscitação fluida, conforme necessário.
    - Determinação do nível neurológico da lesão:
      - Definido pelo nível mais baixo com sensibilidade intacta e força motora 3+/5.
    - Avaliação do grau de dano neurológico:
      - Magnitude do comprometimento da medula espinal (**Quadro 13-1**).
      - Escala de comprometimento da *American Spinal Injury Association* (ASIA) (**Quadro 13-2**).

Quadro 13-1 Manifestações da lesão medular incompleta

Síndrome	Déficits	Etiologia
Síndrome medular anterior	Paraplegia (bilateral) Dor e temperatura (Bilateral) Retenção urinária	Lesão da artéria espinhal anterior
Síndrome medular central	Fraqueza motora (bilateral – braços > pernas)	Lesão de hiperextensão (p. ex., siringomielia)
Síndrome medular posterior	Vibração e propriocepção (bilateral)	*Tabes dorsalis*, metástases epidurais
Brown-Séquard	Motor (ipsilateral) Vibração e propriocepção (ipsilateral) Dor e temperatura 2-3 níveis abaixo da lesão (contralateral)	Trauma: ferimento por arma branca ou projétil

Quadro 13-2 Resumo da escala de comprometimento da *American Spinal Injury Association* (ASIA)

Grau ASIA	Tipo de lesão	Definição
A	Completa	Perda completa da função motora e sensorial
B	Incompleta	Função motora preservada abaixo do nível de lesão
C	Incompleta	Função motora preservada, mas os principais músculos abaixo do nível da lesão apresentam grau muscular < 3
D	Incompleta	Função motora preservada, mas os principais músculos abaixo do nível da lesão apresentam grau muscular > 3
E	Normal	Sem déficits

- Imaginologia padrão:
  - Radiografias ortogonais: anteroposterior (AP) e lateral da coluna cervical, torácica e lombar.
  - Tomografia computadorizada (CT): reconstruções sagitais e coronais:
    - Melhora a visualização das junções occipital-cervical e cervicotorácica, estruturas ósseas e fraturas ocultas.
  - Ressonância magnética (MRI):
    - Necessária em casos de comprometimento neurológico.
    - Melhora a visualização de estruturas ligamentares.
    - A sequência inversão-recuperação com tempo de inversão curto (STIR) melhora a observação do edema.

13.2 Traumatismo Cervical e Fraturas

13.2.1 Fratura do Côndilo Occipital (Fig. 13-1)

- Antecedentes e etiologia:
  - Causada por trauma de alta energia:
    - Compressão ou rotação axial.
    - Flexão lateral.
    - Trauma direto.

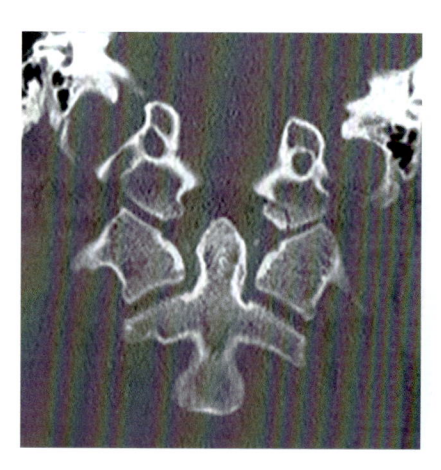

Fig. 13-1 Corte coronal. Tomografia computadorizada demonstrando fratura do côndilo occipital de tipo III.

Traumatismo Medular e Fraturas

- Sistema de classificação de Anderson e Montesano:
  - Tipo I (15%): colapso em decorrência de compressão axial; estável.
  - Tipo II (50%): fratura da porção basilar do crânio; estável.
  - Tipo III (35%): lesão por avulsão perto da inserção do ligamento alar; pode ser instável.
- Quadro Clínico:
  - Dor e rigidez na região cervical superior.
  - Paresia motor.
  - Possível déficit de nervos cranianos.
- Investigação por imagens:
  - Radiografias simples: evitar tração:
    - Projeção odontoide com a boca aberta.
    - As projeções AP e laterais são muitas vezes inadequadas em decorrência de sobreposição de estruturas próximas (maxila, occipital, processos mastoides).
  - Tomografia computadorizada (CT) craniana, inclusive imagens da junção craniocervical.
- Tratamento:
  - Com base na presença de lesão ligamentar e na estabilidade craniocervical:
    - Estável: órtese cervical.
    - Instável: fusão occipitocervical; estabilização segmentar posterior rígida com instrumentação do occipital a C2/C3.

13.2.2 Dissociação Atlanto-Occipital (Figs. 13-2, 13-3)

- Antecedentes e etiologia:
  - Traumático: em decorrência de força de alta energia, rotação ou flexão-extensão que causa lesão ligamentar.

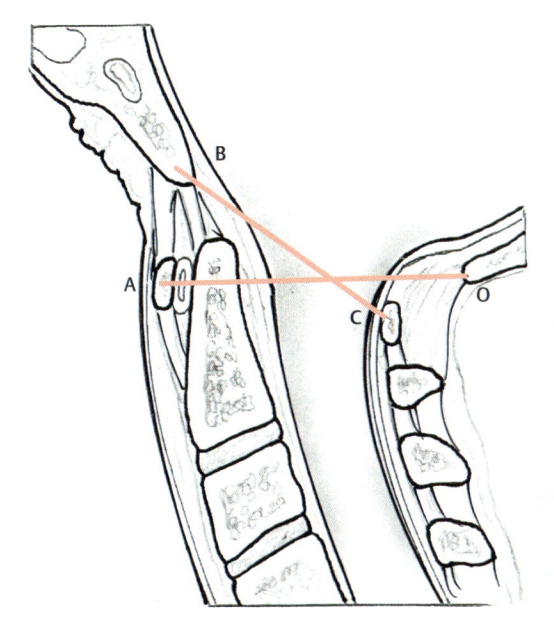

Fig. 13-2 Projeção lateral. Representação das medidas que compõem a razão de Powers. A, arco anterior de C1; B, básio; C, arco posterior de C1; O, opístio. (Reproduzida com permissão de Khanna AJ, ed. MRI Essentials for the Spine Specialist. New York, NY: Thieme; 2014.)

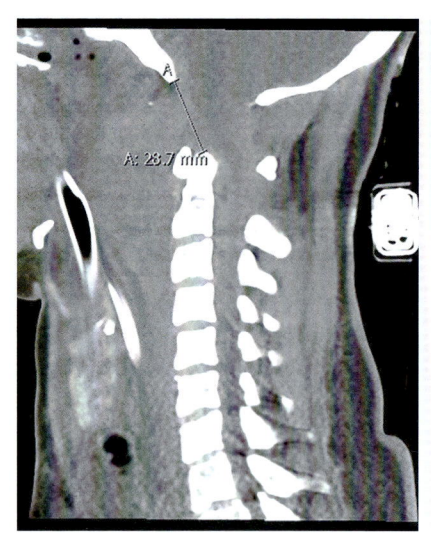

Fig. 13-3 Corte sagital. Tomografia computadorizada mostrando um caso de dissociação atlanto-occipital com ampliação do intervalo entre o básio e o processo odontoide.

- Adquirida: causada por displasia óssea ou frouxidão de ligamentos e tecidos moles (p. ex., síndrome de Down).
- Provoca a separação da coluna vertebral do occipital.
- Quadro clínico:
  - Déficits neurológicos e possível quadriparesia.
  - Distúrbio cardiorrespiratório.
  - Comumente fatal em decorrência de destruição do tronco cerebral.
- Investigação por imagens:
  - Radiografia simples e CT: projeção lateral/sagital:
    - Linhas de Harris: sugestivas de lesão se:
      ◊ O intervalo entre o básio e o processo odontoide (BDI) é maior que 10 mm.
      ◊ O intervalo entre o básio e o áxis (BAI) é maior que 12 mm.
      ◊ O intervalo entre o atlas e o processo odontoide (ADI) é maior que 3 mm.
      ◊ Razão de Powers: C-D/A-B.
        ❖ A-B: distância entre o arco anterior e o opístio.
        ❖ C-D: distância entre o básio e o arco posterior.
        ❖ Razão de Powers superior a 1: indicativo de subluxação/luxação anterior.
        ❖ Razão de Powers inferior a 1: indicativo de luxação posterior, fratura do processo odontoide.
    - Linha de Wackenheim:
      ◊ Linha da superfície posterior do clivo até o canal cervical superior:
        ❖ Linha atrás do processo odontoide: dissociação posterior.
        ❖ Linha em frente do processo odontoide: dissociação anterior.
  - MRI:
    - Usada para avaliação da lesão medular e ligamentar.
- Tratamento:
  - Estável: redução guiada por fluoroscopia e órtese cervical halo; evite tração.
  - Instável: fusão posterior cirúrgica do occipital até pelo menos C2.

13.2.3 Fraturas do Atlas (C1) e de Jefferson (Fig. 13-4)

- Antecedentes e etiologia:
  - A hiperextensão e a carga axial causam fratura do arco anterior ou posterior de C1:
    - A fratura combinada dos arcos anterior e posterior é conhecida como **fratura de Jefferson**.
- **Quadro clínico**:
  - Normalmente não há déficits neurológicos.
  - Fraturas graves podem ser acompanhadas por disfunção medular.
- Investigação por imagens:
  - Radiografias simples:
    - Projeção odontoide com a boca aberta:
      - Regra de Spence: soma do deslocamento das massas laterais de C1 e C2 superior a 7 mm (39% de sensibilidade).
    - Lateral:
      - Intervalo entre o atlas e o processo odontoide:
        - Inferior a 3 mm: normal
        - 3 a 5 mm: lesão do ligamento transverso com ligamentos alar e apicais intactos.
        - Superior a 5 mm: lesão do ligamento transverso, do ligamento alar e da membrana tectorial.
  - CT: reconstruções coronais e sagitais:
    - Melhor delineamento do padrão de fratura.
    - Auxilia a identificação de lesões associadas na coluna cervical.
    - Angiografia por CT (CTA) para descartar lesão da artéria vertebral.

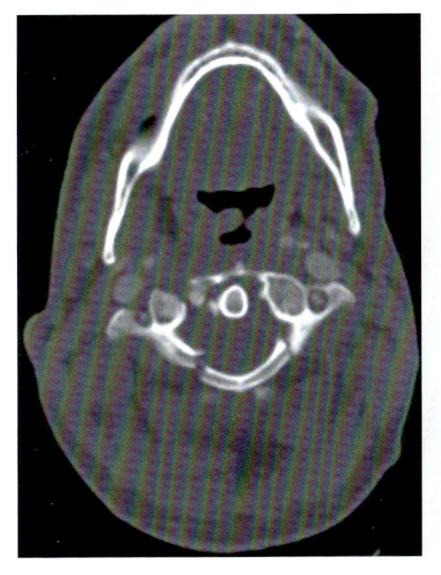

Fig. 13-4 Corte axial. Tomografia computadorizada mostrando uma fratura cominutiva de Jefferson com acometimento dos arcos anterior e posterior C1.

- MRI:
  - Usada para avaliação do ligamento transverso do atlas (TAL).
  - Significativo para possível planejamento cirúrgico.
- Tratamento: com base no lúmen de TAL:
  - TAL intacto: órtese cervical rígida.
  - TAL incompetente: fusão C1-C2.

13.2.4 Espondilolistese Traumática de C2 (Fratura do Enforcado [*Hangman*]; Fig. 13-5)

- Antecedentes e etiologia:
  - Associada a trauma de alta velocidade.
  - Padrão mecânico: hiperextensão → compressão → flexão de rebote:
    - Provoca fratura bilateral das lâminas e dos pedículos.
  - Segunda fratura mais comum do áxis (38%).
- Quadro clínico:
  - Assintomático se não houver angulação ou deslocamento.
  - Achados cerebelares (náuseas, vômitos, ataxia, exame neurológico assimétrico) em caso de lesão da artéria vertebral.
- Investigação por imagens:
  - Radiografia simples:
    - Projeções em flexão e extensão para avaliação da subluxação.
  - Classificação radiográfica de Levine e Edwards:
    - Tipo I: deslocamento inferior a 3 mm.
    - Tipo II: deslocamento superior a 3 mm e angulação superior a 11 graus.
    - Tipo IIa: deslocamento inferior a 3 mm e angulação superior a 11 graus.
    - Tipo III: associado a deslocamento da faceta.

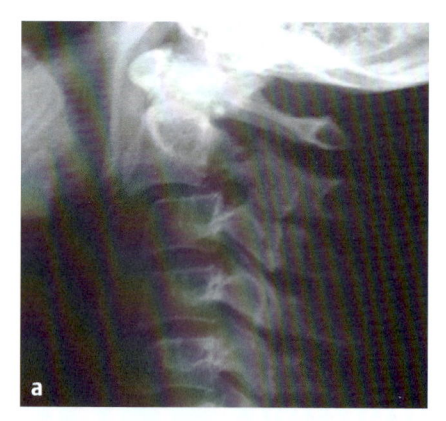

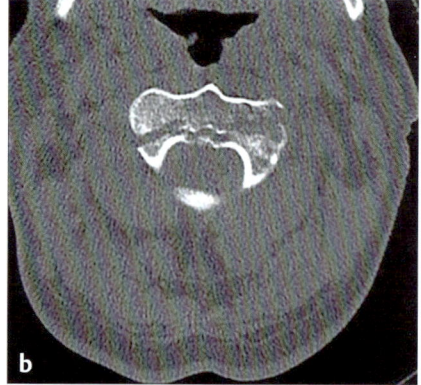

Fig. 13-5 (a) Projeção lateral. Radiografia simples demonstrando uma fratura do enforcado em C2. **(b)** Corte axial. Tomografia computadorizada demonstrando uma fratura do enforcado cominutiva em C2.

- CT com reconstruções coronais e sagitais:
  - Fratura bilateral de lâmina e pedículo.
  - Anterolistese de C2 em C3.
  - CTA para descartar lesão da artéria vertebral.
- Tratamento:
  - Dependente da classificação:
    - Tipo I: órtese cervical halo por 12 semanas.
    - Tipo II: redução via tração cervical e órtese cervical halo por 10 a 12 semanas.
    - Tipo IIa: redução em extensão seguida de órtese cervical halo; evite tração.
    - Tipo III: fusão C2-C3 anterior ou C1-C3 posterior.

13.2.5 Fratura do Processo Odontoide de C2 (Fig. 13-6)

- Antecedentes e etiologia:
  - Causada por hiperflexão ou hiperextensão:
    - Idoso: quedas.
    - Pacientes jovens: trauma contuso.
- Quadro clínico:
  - Dor no pescoço e sensibilidade à palpação.
  - De modo geral, não há déficits neurológicos.
- Investigação por imagens:
  - Radiografias: projeções AP, lateral e odontoide com a boca aberta:
    - Classificação de imagens de Anderson e D'Alonzo:
      - Tipo I: fratura com avulsão da ponta.
      - Tipo II: na base do processo odontoide.
      - Tipo III: no corpo de C2.
    - Descartar *os odontoideum*:
      - É similar a uma fratura do tipo II.
      - Possível falha de fusão na base do processo odontoide, pode ser residual de um processo traumático antigo.
  - CT com reconstruções sagital e coronal:
    - A CTA é necessária para determinar a localização da artéria vertebral antes do tratamento cirúrgico com instrumentação posterior.

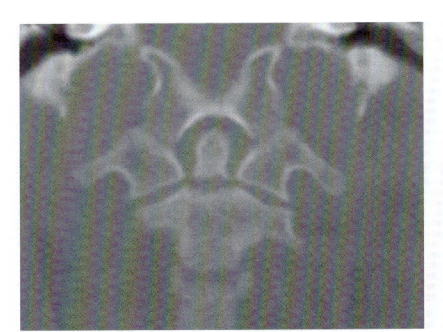

Fig. 13-6 Corte coronal. Tomografia computadorizada demonstrando fratura do processo odontoide de tipo II com acometimento da base.

- MRI:
  - Usada para avaliação da integridade do ligamento cruzado.
- Tratamento:
  - Fraturas de tipo 1: estável; tratadas com colar cervical rígido.
  - Fraturas de tipo 2: mais instáveis, requerem tratamento cirúrgico:
    - Fixação do processo odontoide anterior com parafuso.
    - Fusão instrumentada C1-C2 posterior.
  - Fraturas de tipo 3: estáveis; tratadas com órtese cervical halo ou colar cervical rígido.

13.2.6 Sistema de Classificação de Lesões Subaxiais (Quadro 13-3)

- Categoriza a lesão com base na morfologia e integridade do complexo disco-ligamentar.
- A pontuação atribuída pode orientar as decisões terapêuticas:
  - 1-3: tratamento não cirúrgico.
  - Superior a 5: tratamento cirúrgico composto por realinhamento, descompressão e estabilização.

Quadro 13-3 Classificação de lesões subaxiais

Características	Pontos
Morfologia da lesão	
Ausência de anomalia	0
Compressão	1
Explosão	2
Distração	3
Translação	4
Integridade do complexo discoligamentar	
Intacto	0
Indeterminado	1
Ruptura	2
Estado neurológico	
Intacto	0
Lesão da raiz nervosa	1
Completa	2
Incompleta	3
Compressão medular persistente	+1

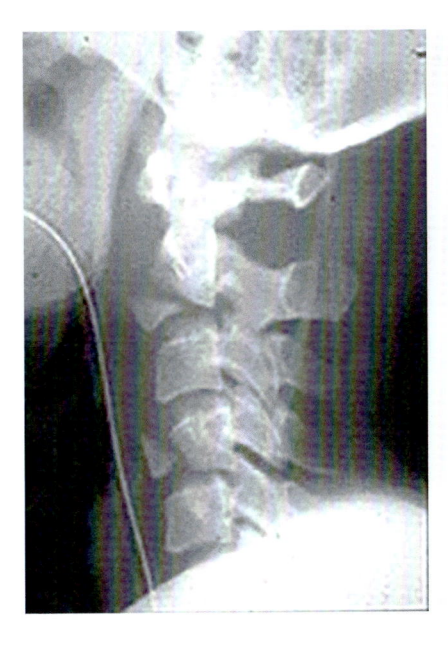

Fig. 13-7 Projeção lateral. Radiografia simples mostrando múltiplas fraturas de lágrima em flexão em C2 e C4.

13.2.7 Fratura por Compressão-Flexão Subaxial (Fratura de Lágrima [*Teardrop*] em Flexão; Fig. 13-7)

- Antecedentes e etiologia:
  - Forças de flexão-compressão (mergulho, colisão de veículo motorizado) provocam fratura do corpo vertebral anteroinferior.
- Quadro clínico:
  - Pode variar de déficits neurológicos leves a radiculopatias significativas.
  - Se ocorrer retropulsão significativa, pode causar síndrome da medula cervical anterior ± quadriplegia.
- Investigação por imagens:
  - Radiografia simples: projeção lateral:
    - Fratura do corpo vertebral anteroinferior ("lágrima").
    - Perda da altura do corpo vertebral anterior.
    - Possível deslocamento do corpo vertebral posterior para o canal.
  - CT:
    - A CTA é indicada para determinar a possibilidade de lesão cerebrovascular contusa.
- Tratamento:
  - Prognóstico dependente do nível de lesão medular.
  - Estável: órtese cervical rígida.
  - Instável: cirúrgico:
    - Fusão posterior.
    - Corpectomia anterior com aloenxerto estrutural e discectomia e fusão cervical anterior (ACDF).

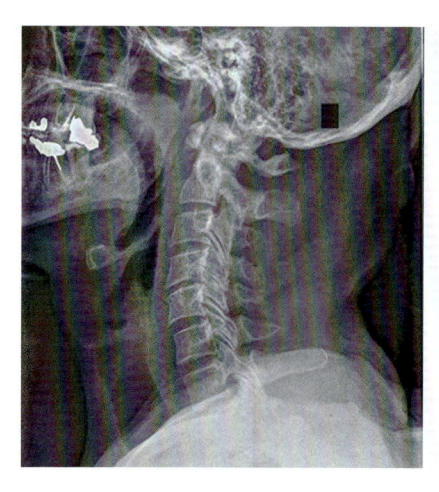

Fig. 13-8 Projeção lateral. Radiografia simples mostrando fratura de lágrima em extensão em C3.

13.2.8 Fratura Subaxial de Extensão-Compressão (Fratura de Lágrima [*Teardrop*] em Extensão; Fig. 13-8)

- Antecedentes e etiologia:
  - Causada por extensão forçada do pescoço, que provoca a avulsão do aspecto anteroinferior do corpo vertebral por ruptura do ligamento longitudinal anterior (ALL).
- Quadro clínico:
  - Pode variar de déficits neurológicos leves a radiculopatias significativas.
- Investigação por imagens:
  - Radiografia simples: projeção lateral:
    - Fratura do canto anteroinferior: geralmente do ALL até o canto inferior do corpo vertebral ("lágrima").
    - Alargamento do espaço discoide anterior.
  - CT:
    - Determinação da presença de outras fraturas.
    - CTA: investigação de lesão cerebrovascular contusa.
- Tratamento:
  - A fratura geralmente é estável: manejo não cirúrgico com órtese cervical rígida.

13.2.9 Fratura por Compressão Vertical Subaxial (Explosão) (Fig. 13-9)

- Antecedentes e etiologia:
  - Causada por forças de compressão vertical decorrentes de trauma significativo (p. ex., mergulho, queda de altura significativa, queda em pé).
  - Provoca rompimento da camada cortical do corpo vertebral anterior e posterior.
  - Geralmente está associada à lesão ligamentar posterior.

Traumatismo Medular e Fraturas

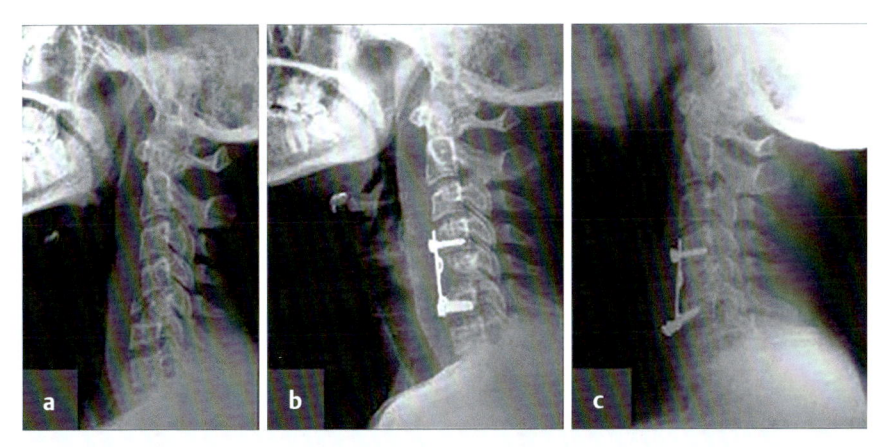

Fig. 13-9 Projeção lateral. (**a**) Radiografia simples mostrando fratura de explosão em C5. (**b, c**) Radiografia simples mostrando corpectomia com enxerto anterior e fixação de placa.

- Quadro clínico:
  - Pode variar de déficits neurológicos leves a radiculopatias significativas.
  - Se ocorrer retropulsão, pode-se manifestar como síndrome medular anterior.
- Investigação por imagens:
  - Radiografia simples: vistas laterais:
    - Perda da altura vertebral, anterior maior que a posterior.
  - CT:
    - Explosão do corpo vertebral.
    - Retropulsão de fragmentos no canal vertebral.
  - MRI:
    - Avaliação de contusão medular.
- Tratamento:
  - Estável: órtese cervical rígida.
  - Instável: tratamento cirúrgico:
    - Corpectomia, enxerto anterior e fixação de placa.

13.2.10 Luxação Bilateral de Faceta

- Antecedentes e etiologia:
  - Causado por forças de flexão-rotação.
  - 10-40% dos casos têm hérnia de disco no canal vertebral.
- Quadro clínico:
  - Déficits neurológicos focais e radiculopatia.
- Investigação por imagens:
  - Radiografia simples:
    - Perda de aposição na articulação facetária.
    - Anterolistese ≥ 50%.
    - Aumento da distância interespinhosa.

- MRI:
  - As indicações são:
    - Déficits significativos da medula espinal, parestesias, redução de consciência.
    - Após as reduções de luxação.
    - Antes do tratamento cirúrgico em pacientes neurologicamente estáveis.
- Tratamento:
  - Todos os pacientes precisam ser submetidos à redução inicial:
    - Paciente desperto, cooperativo, sem déficits neurológicos significativos: redução seguida de MRI.
    - Paciente intoxicado, obnubilado: MRI antes da redução para descartar hérnia de disco.
  - O tratamento definitivo requer estabilização cirúrgica:
    - ACDF ± estabilização posterior.

13.2.11 Luxação Unilateral de Faceta (Fig. 13-10)

- Antecedentes e etiologia:
  - Causada por forças de flexão/distração e rotação, faz com que a faceta articular inferior das vértebras superiores se mova para cima da faceta superior das vértebras inferiores.
  - Há acometimento da medula espinal em 10% dos casos.
- Quadro clínico:
  - Dor no pescoço.
  - Radiculopatia (70%).
- Investigação por imagens:
  - Radiografia simples: vista lateral.

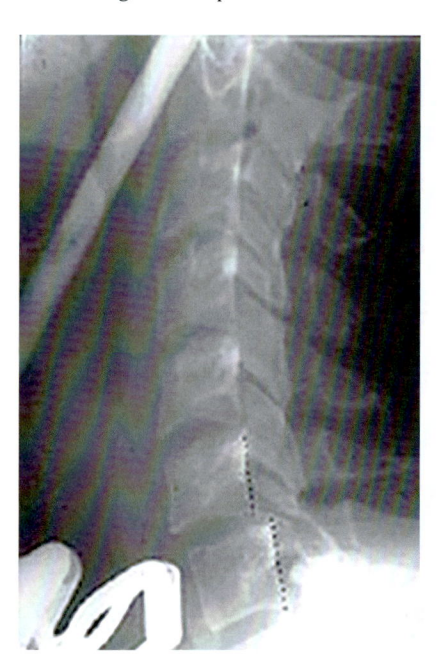

Fig. 13-10 Projeção lateral. Radiografia simples mostrando luxação unilateral de faceta com sinal característico em gravata-borboleta.

- Sinal de gravata-borboleta: os corpos vertebrais são observados lateralmente abaixo do nível da lesão e oblíquos acima do nível da lesão.
    - Anterolistese inferior a 25%.
    - Ampliação interespinhosa no nível afetado.
  - CT:
    - Auxilia a detecção de fraturas concomitantes.
  - MRI:
    - Usada para detecção de lesões em tecidos moles, hérnia de disco, contusão.
- Tratamento:
  - Estável: órtese cervical halo por 12 semanas.
  - Instável ou acompanhada por radiculopatia: tratamento cirúrgico semelhante ao realizado na luxação bilateral da faceta:
    - ACDF ± fusão posterior.

13.2.12 Fratura de Clay-Shoveler

- Antecedentes e etiologia:
  - Fratura do processo espinhoso causada por:
    - Fratura por estresse (cronico).
    - Acidente com automóvel, golpe direto na coluna posterior (agudo).
  - Mais comumente em C7 (ponto médio entre a lâmina e a ponta do processo espinhoso).
  - De modo geral, ocorre como lesão isolada.
- Quadro clínico:
  - Geralmente assintomático.
- Investigação por imagens:
  - Radiografia simples: projeção lateral:
    - Radiotransparência vertical ou oblíqua nos processos espinhosos:
      ◊ Mais comumente presente na área cervical inferior ou torácica superior.
    - Possível deslocamento posterior do fragmento de fratura.
- Tratamento:
  - Fratura estável: colar cervical.

13.2.13 Fratura de Massa Lateral (Fig. 13-11)

- Antecedentes e etiologia:
  - O mecanismo inclui hiperextensão, rotação lateral e compressão:
    - Acidente com veículo motorizado, quedas, queda de objetos sobre a cabeça.
  - Fratura ipsolateral de pedículo e lâmina.
  - Afeta dois segmentos móveis adjacentes em razão do envolvimento das articulações facetárias.
- Quadro clínico:
  - O alto grau de instabilidade provoca déficits neurológicos (66%).
- Investigação por imagens:
  - Radiografia simples:
    - Sensibilidade baixa: 38%.
    - Estenose e instabilidade do espaço discoide.

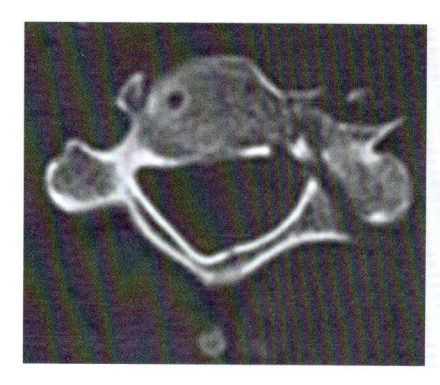

Fig. 13-11 Corte axial. Tomografia computadorizada mostrando uma fratura da massa lateral cervical com acometimento do pedículo e da lâmina.

- CT:
  - Translação de vértebras fraturadas e adjacentes em múltiplos planos.
  - Destruição do corpo vertebral.
  - Usada para avaliação da translação das vértebras fraturadas.
- MRI:
  - Ruptura de ligamentos:
    - ALL: 50 a 75%.
    - Ligamento longitudinal posterior (PLL): 30 a 35%.
    - Ligamentos interespinhosos e supraespinhosos: 10 a 75%.
- Tratamento:
  - Lesões estáveis sem déficits neurológicos: órtese cervical halo.
  - A maioria dos casos é instável: requer tratamento cirúrgico:
    - Descompressão posterior com fusão instrumentada de dois níveis.

13.3 Fraturas Toracolombares

13.3.1 Antecedentes Gerais

- A localização mais comum é a região T11-L2:
  - Suscetível a ferimentos em decorrência da transição da coluna torácica cifótica, fixa → espinha lombar móvel, lordótica.
- As indicações cirúrgicas são:
  - Instabilidade causada por lesão ligamentar posterior.
  - Déficits neurológicos focais ou diminuição progressiva do estado neurológico.

13.3.2 Sistema de Classificação de Lesões Toracolombares (Quadro 13-4)

- Categoriza lesões com base em sua morfologia, lesão neurológica, integridade do complexo ligamentar posterior.
- As recomendações terapêuticas são baseadas na pontuação total:
  - 3 ou inferior: tratamento não cirúrgico.
  - 4: indeterminado.
  - 5 ou superior: intervenção cirúrgica.

Quadro 13-4 Sistema de classificação de lesões na coluna toracolombar

Componente	Qualificadores	Pontuação
Tipo morfológico		
Compressão		1
Explosão		1
Translação/rotação		3
Distração		4
Acometimento neurológico		
Intacto		0
Raiz nervosa		2
Medula, cone medular	Completo	2
	Incompleto	3
Cauda equina		3
Complexo ligamentar posterior		
Intacto		0
Lesão suspeita/indeterminada		2
Lesão		3

13.3.3 Fratura Toracolombar Compressiva (Fig. 13-12)

- Antecedentes e etiologia:
  - Fratura de fragilidade mais comum, geralmente secundária à osteoporose; muitas vezes resultado de uma queda.
- Quadro clínico:
  - Dor localizada (25%).
  - A mortalidade aumenta com a fratura concomitante do quadril.
  - Importante descartar doença metastática (radiografia atípica, ausência de desenvolvimento adequado, fratura em paciente jovem sem trauma, fraturas acima de T5).
- Investigação por imagens:
  - Radiografias simples:
    - Perda de altura vertebral de pelo menos 20%.
    - As fraturas instáveis são aquelas com mais de 50% de perda de altura vertebral, angulação maior que 30 graus, cifose focal maior que 30 graus.
  - CT e MRI geralmente não são necessárias para o diagnóstico:
    - A MRI pode ser usada para identificar a cronicidade da lesão e avaliar a compressão da medula espinal, o edema ou a hemorragia.
- Tratamento:
  - Exames médicos completos.
  - Fraturas estáveis: órtese toracolombossacral (TLSO) ou órtese de extensão de Lewitt.
  - Fraturas instáveis com dor ou perda de mobilidade: vertebroplastia ou cifoplastia.

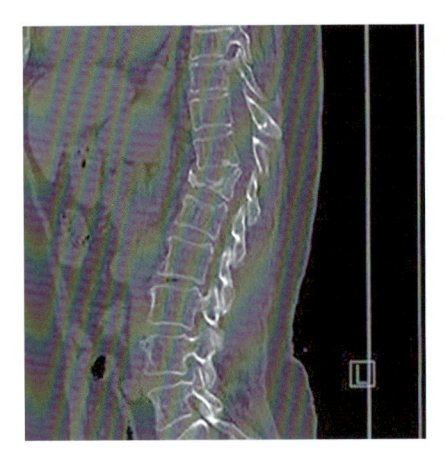

Fig. 13-12 Corte sagital. Tomografia computadorizada mostrando uma fratura por compressão da coluna toracolombar.

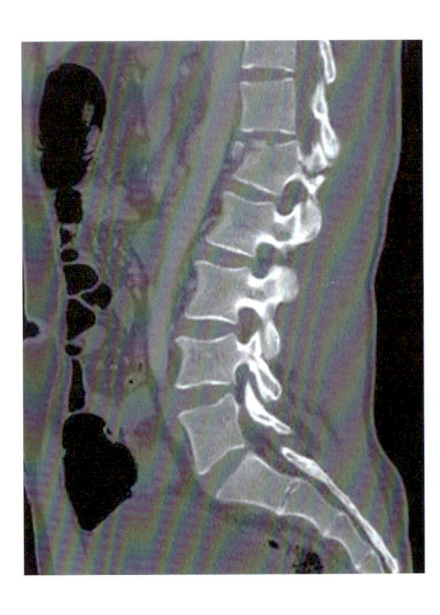

Fig. 13-13 Projeção lateral. Radiografia mostrando fratura de chance com cunha anterior significativa.

13.3.4 Fratura de Chance ("Fratura do Cinto de Segurança"; Fig. 13-13)

- Antecedentes e etiologia:
  - Mecanismo de flexão-distração; ocorre, frequentemente, em acidentes com veículos motorizados em passageiros no banco traseiro usando cinto de segurança.
  - A fratura atravessa as três colunas das vértebras.
  - Pode ser uma lesão óssea ou ligamentar isolada.
- Quadro clínico:
  - Associada à alta taxa de lesão gastrointestinal (50% dos casos apresentam perfuração visceral concomitante).

- Investigação por imagens:
  - Radiografia: vista lateral:
    - Fratura em cunha anterior do corpo vertebral.
    - Fratura horizontal dos elementos posteriores ou distração de processos espinhosos e articulações facetárias.
  - CT:
    - Usada para avaliação da retropulsão de fragmentos ósseos no canal vertebral.
  - MRI:
    - Usada para avaliação dos elementos posteriores.
- Tratamento:
  - Fratura estável sem lesão ligamentar: órtese ou gesso TLSO.
  - Fratura instável com lesão ligamentar: fusão espinhal posterior.

13.3.5 Fratura Toracolombar do Tipo Explosão (Fig. 13-14)

- Antecedentes e etiologia:
  - A carga axial provoca ruptura da camada cortical do corpo vertebral posterior.
  - É mais comum na junção toracolombar.
- Quadro clínico:
  - O comprometimento do canal leva à disfunção neurológica inicial e à possível síndrome medular anterior.
  - Outras fraturas da coluna vertebral também ocorrem em 20% dos casos.
- Investigação por imagens:
  - Radiografias simples: AP e vistas laterais:
    - Ampliação do espaço interpedicular.
    - Colapso vertebral.
    - Cifose.
    - Possíveis fragmentos retropulsados.
  - CT:
    - Necessária em casos com déficit neurológico em membro inferior.

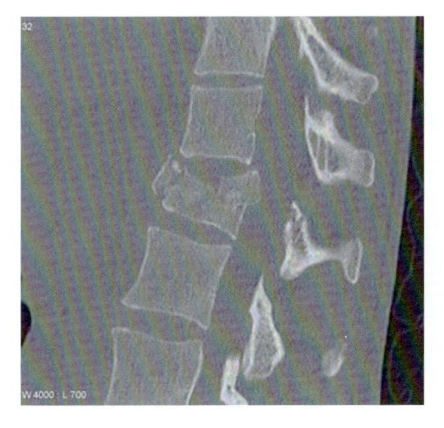

Fig. 13-14 Corte sagital. Tomografia computadorizada mostrando uma fratura toracolombar tipo explosão com retropulsão.

- MRI:
  - Compressão da medula espinal, contusão, edema, hemorragia.
  - Lesão do complexo ligamentar posterior.
- Tratamento:
  - Fraturas estáveis: menos de 50% de colapso vertebral, menos de 30 graus de cifose, menos de 50% de colapso do canal lombar, neurologicamente intacta:
    - Órtese toracolombar.
  - Fraturas instáveis: descompressão cirúrgica com estabilização da coluna:
    - Abordagem anterior e posterior combinada.

13.4 Fratura Sacral (Fig. 13-15)

- Antecedentes e etiologia:
  - Ocorre após queda de altura (idosos) ou trauma de alta energia.
  - Geralmente associada a lesões pélvicas (30-45%).
- Quadro clínico:
  - Dor peripélvica.
  - Déficits neurológicos com base na localização.
  - Em caso de acometimento das raízes sacrais: disfunção intestinal e vesical.
  - Classificação de Denis:
    - Zona 1: fratura lateral aos forames sacrais:
      - Tipo mais comum de fratura sacral.
      - Menos de 10% com lesão neurológica, afeta L5.
    - Zona 2: pelo forame sacral:
      - Causa déficits neurológicos unilaterais.
    - Zona 3: pelo corpo, medial aos forames sacrais:
      - Comumente acompanhada por déficits neurológicos (56%).
- Investigação por imagens:
  - Projeções radiográficas: AP, entrada, saída, lateral:
    - Múltiplas projeções são necessárias, uma vez que essas fraturas são comumente não diagnosticadas (apenas 30% são observadas em radiografias).

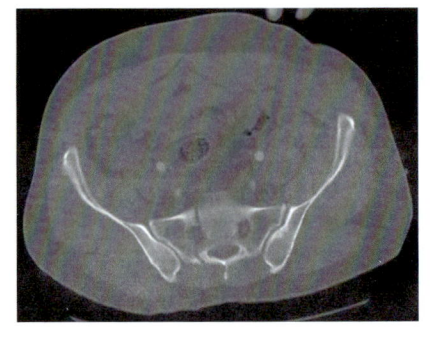

Fig. 13-15 Corte axial. Tomografia computadorizada mostrando uma fratura de zona II do sacro.

- Reconstrução CT: padrão ouro:
  - Reconstruções coronais e sagitais.
- MRI: recomendada em caso de presença de déficits neurológicos ou expectativa de comprometimento.
- Tratamento:
  - Prognóstico e desfecho diretamente relacionados com a presença de lesão neurológica.
  - Fraturas estáveis: menos de 1 cm de deslocamento, sem déficits neurológicos:
    - Tratamento não cirúrgico: sustentação progressiva de peso e órtese.
  - Fraturas instáveis: deslocamento maior que 1 cm, dor persistente, acometimento de partes moles:
    - Redução e fixação cirúrgica.
    - A reconstrução iliopélvica pode ser necessária para permitir a sustentação adequada do peso.

Leituras Sugeridas

1. Al-Mahfoudh R, Beagrie C, Woolley E, et al. Management of typical and atypical hangman's fractures. Global Spine J 2016;6(3):248–256
2. Atlas SW, Regenbogen V, Rogers LF, Kim KS. The radiographic characterization of burst fractures of the spine. AJR Am J Roentgenol 1986;147(3):575–582
3. Bernstein MP, Mirvis SE, Shanmuganathan K. Chance-type fractures of the thoracolumbar spine: imaging analysis in 53 patients. AJR Am J Roentgenol 2006;187(4):859–868
4. Davis JM, Beall DP, Lastine C, Sweet C, Wolff J, Wu D. Chance fracture of the upper thoracic spine. AJR Am J Roentgenol 2004;183(5):1475–1478
5. Denis F, Davis S, Comfort T. Sacral fractures: an important problem. Retrospective analysis of 236 cases. Clin Orthop Relat Res 1988;227(227):67–81
6. Giauque AP, Bittle MM, Braman JP. Type I hangman's fracture. Curr Probl Diagn Radiol 2012;41(4):116–117
7. Hak DJ, Baran S, Stahel P. Sacral fractures: current strategies in diagnosis and management. Orthopedics 2009;32(10):752–757
8. Kasliwal MK, Fontes RB, Traynelis VC. Occipitocervical dissociation-incidence, evaluation, and treatment. Curr Rev Musculoskelet Med 2016;9(3):247–254
9. Kim KS, Chen HH, Russell EJ, Rogers LF. Flexion teardrop fracture of the cervical spine: radiographic characteristics. AJR Am J Roentgenol 1989;152(2):319–326
10. Kirshblum SC, Biering-Sørensen F, Betz R, et al. International standards for neurological classification of spinal cord injury: cases with classification challenges. Top Spinal Cord Inj Rehabil 2014;20(2):81–89
11. Kondo KL. Osteoporotic vertebral compression fractures and vertebral augmentation. Semin Intervent Radiol 2008;25(4):413–424
12. Lee P, Hunter TB, Taljanovic M. Musculoskeletal colloquialisms: how did we come up with these names? Radiographics 2004;24(4):1009–1027
13. Lenchik L, Rogers LF, Delmas PD, Genant HK. Diagnosis of osteoporotic vertebral fractures: importance of recognition and description by radiologists. AJR Am J Roentgenol 2004;183(4):949–958

14. Leone A, Cerase A, Colosimo C, Lauro L, Puca A, Marano P. Occipital condylar fractures: a review. Radiology 2000;216(3):635–644
15. Noble ER, Smoker WR. The forgotten condyle: the appearance, morphology, and classification of occipital condyle fractures. AJNR Am J Neuroradiol 1996;17(3):507–513
16. O'Shaughnessy J, Grenier JM, Stern PJ. A delayed diagnosis of bilateral facet dislocation of the cervical spine: a case report. J Can Chiropr Assoc 2014;58(1):45–51
17. Rao SK, Wasyliw C, Nunez DB Jr. Spectrum of imaging findings in hyperextension injuries of the neck. Radiographics 2005;25(5):1239–1254
18. Riascos R, Bonfante E, Cotes C, Guirguis M, Hakimelahi R, West C. Imaging of atlanto-occipital and atlantoaxial traumatic injuries: what the radiologist needs to know. Radiographics 2015;35(7):2121–2134
19. Rojas CA, Bertozzi JC, Martinez CR, Whitlow J. Reassessment of the craniocervical junction: normal values on CT. AJNR Am J Neuroradiol 2007;28(9):1819–1823
20. Shapiro SA. Management of unilateral locked facet of the cervical spine. Neurosurgery 1993;33(5):832–837, discussion 837
21. Shuman WP, Rogers JV, Sickler ME, et al. Thoracolumbar burst fractures: CT dimensions of the spinal canal relative to postsurgical improvement. AJR Am J Roentgenol 1985;145(2):337–341
22. Solaroğlu I, Kaptanoğlu E, Okutan O, Beşkonakli E. Multiple isolated spinous process fracture (Clay-shoveler's fracture) of cervical spine: a case report. Ulus Travma Acil Cerrahi Derg 2007;13(2):162–164
23. Koh YD, Kim DJ, Koh YW. Reliability and validity of Thoracolumbar Injury Classification and Severity Score (TLICS). Asian Spine J 2010;4(2):109–117
24. Kotani Y, Abumi K, Ito M, Minami A. Cervical spine injuries associated with lateral mass and facet joint fractures: new classification and surgical treatment with pedicle screw fixation. Eur Spine J 2005;14(1):69–77
25. Lee SH, Sung JK. Unilateral lateral mass-facet fractures with rotational instability: new classification and a review of 39 cases treated conservatively and with single segment anterior fusion. J Trauma 2009;66(3):758–767
26. Vaccaro AR, Hulbert RJ, Patel AA, et al; Spine Trauma Study Group. The subaxial cervical spine injury classification system: a novel approach to recognize the importance of morphology, neurology, and integrity of the disco-ligamentous complex. Spine 2007;32(21):2365–2374

14 Tumores Medulares Primários e Metastáticos

Ankur S. Narain ▪ Fady Y. Hijji ▪ Philip K. Louie ▪ Daniel D. Bohl ▪ Kern Singh

14.1 Introdução

As neoplasias medulares primárias e metastáticas representam uma série de patologias complexas que variam de benignas a fatais. A detecção de neoplasias da coluna é ainda dificultada por sua progressão indolente e sintomatologia vaga. Assim, é importante que o profissional entenda as *nuances* do exame e os achados radiográficos presentes nesses pacientes. Além disso, como esses casos costumam ser complexos, é preciso entender o momento apropriado do tratamento cirúrgico ou não para assegurar o melhor resultado clínico possível.

14.2 Antecedentes e Etiologia

- As lesões medulares metastáticas são muito mais comuns que as lesões primárias.
- 10-30% dos cânceres recém-diagnosticados já apresentam metástases na coluna vertebral:
  - A coluna é o local mais comum de doença óssea metastática.
- Afetam a coluna torácica (68-70%) > coluna lombossacra (16-22%) > coluna cervical (8-15%).

14.3 Quadro Clínico e Achados ao Exame Físico (Quadro 14-1)

- O quadro clínico mais comum é a dor axial nas costas (85-96%).
- Dor noturna progressiva e não mecânica.
- Sintomas neurológicos: radiculopatia ou mielopatia:
  - Alterações nas habilidades motoras finas.
  - Instabilidade de marcha e equilíbrio.
  - Disfunção intestinal e vesical.
  - Reflexos patológicos.

Quadro 14-1 Achados clássicos do exame físico em tumores medulares metastáticos

Tumores primários	Achados do exame físico
Câncer de mama	Massa mamária fixa, endurecida e não dolorosa Retração do mamilo
Câncer de próstata	Nodularidade prostática ao exame retal digital
Câncer de tireoide	Tireoide indolor e palpável
Câncer de pulmão	Tosse e hemoptise
Carcinoma de células renais	Hematúria, dor no flanco, massa abdominal

- Fraturas patológicas com cifose subsequente.
- Perda de peso.

14.4 Investigação por Imagens

- Radiografia simples:
  - Projeções odontoide, nadador e vertical de toda a coluna vertebral.
  - Avaliação do alinhamento da coluna vertebral, da estabilidade, da presença de lesões metastáticas e da presença de fraturas por compressão.
  - Identificação de lesões osteolíticas e osteoblásticas:
    - Osteolíticas: áreas de perda óssea grave em decorrência do excesso de atividade osteoclástica; são vistas como áreas de radiotransparência.
    - Osteoblástica: áreas de formação óssea excessiva em razão da atividade dos osteoblastos; são vistas como áreas de radiodensidade.
  - Sinal de "coruja piscando": lise do osso cortical pedicular (alta sensibilidade).
  - As lesões ósseas geralmente não são visíveis em radiografias simples até a destruição de mais de 50% do corpo vertebral.
- Tomografia computadorizada (CT):
  - Auxilia o planejamento cirúrgico e a visualização da destruição óssea.
  - Mielografia para avaliação do acometimento.
  - Imagens de tórax, abdome e pelve devem ser obtidas para estadiamento.
  - Baixa sensibilidade geral (66%).
- Ressonância magnética (MRI) ± contraste de gadolínio:
  - T1, T2 e sequências inversão-recuperação com tempo de inversão curto (STIR) (sensibilidade de 98,7%).
  - Comprometimento pedicular, regiões edematosas com bordas definidas, acometimento não contíguo são achados comuns.
  - O contraste ajuda a avaliação de tecido mole, espaço epidural e medula espinal.
- Cintilografia óssea: tecnécio-99m:
  - Aumento da captação em regiões de acometimento neoplásico.
  - Baixa sensibilidade para diferenciação da doença metastática de fraturas osteoporóticas por compressão, infecção ou alterações degenerativas.

14.5 Diagnóstico e Estadiamento

- Biópsia guiada por CT:
  - Padrão ouro para análise de tecidos:
    - 76% de sensibilidade em lesões escleróticas; 93% de sensibilidade em lesões líticas.
  - Abordagem percutânea preferida; a abordagem aberta pode ser utilizada quando a biópsia percutânea é negativa, mas a preocupação com a carga tumoral permanece alta.
  - Se a lesão for metastática, a biópsia do local da doença primária é preferida.
- Estadiamento:
  - Sistema Weinstein-Boriani-Biagini (**Fig. 14-1**):
    - Descrição tridimensional da invasão tumoral:
      - Doze zonas em movimento, girando em sentido horário a partir do processo espinhoso.

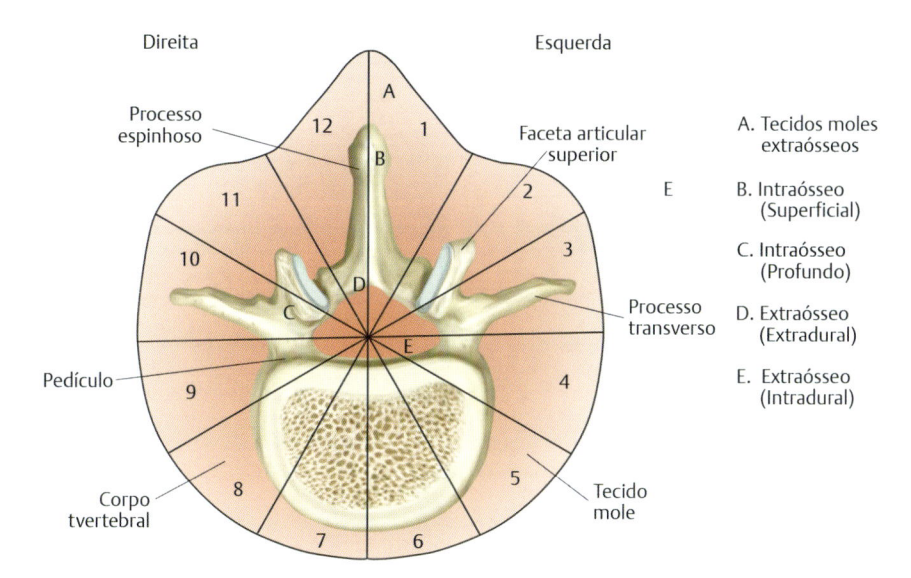

Fig. 14-1 Sistema de estadiamento Weinstein-Boriani-Biagini para neoplasias da coluna vertebral. (Reproduzida com permissão de An HS, Singh K, eds. Synopsis of Spine Surgery. 3rd edition. New York, NY: Thieme; 2016.)

◊ Observação do acometimento de diferentes camadas vertebrais: tecido mole extraósseo (A), intraósseo superficial (B), intraósseo profundo (C), extraósseo extradural (D), extraósseo intradural (E).
◊ Especifica o segmento medular acometido.

14.6 Tumores Medulares Primários (Figs. 14-2, 14-3, Quadros 14-2 a 14-5)

14.6.1 Tumores Medulares Metastáticos (Fig. 14-4)

- Antecedentes e etiologia:
  - Maior incidência entre 40 e 60 anos de idade.
  - Homens são acometidos com maior frequência do que mulheres.
  - Neoplasias primárias metastáticas mais comuns:
    ♦ Câncer de mama.
    ♦ Câncer de pulmão.
    ♦ Câncer de tireoide.
    ♦ Câncer de próstata.
    ♦ Carcinoma de células renais (RCC).
  - As neoplasias primárias podem-se disseminar por extensão hematogênica, direta ou do liquor (CSF):
    ♦ A extensão hematogênica pode afetar vários níveis pelo plexo venoso de Baton.

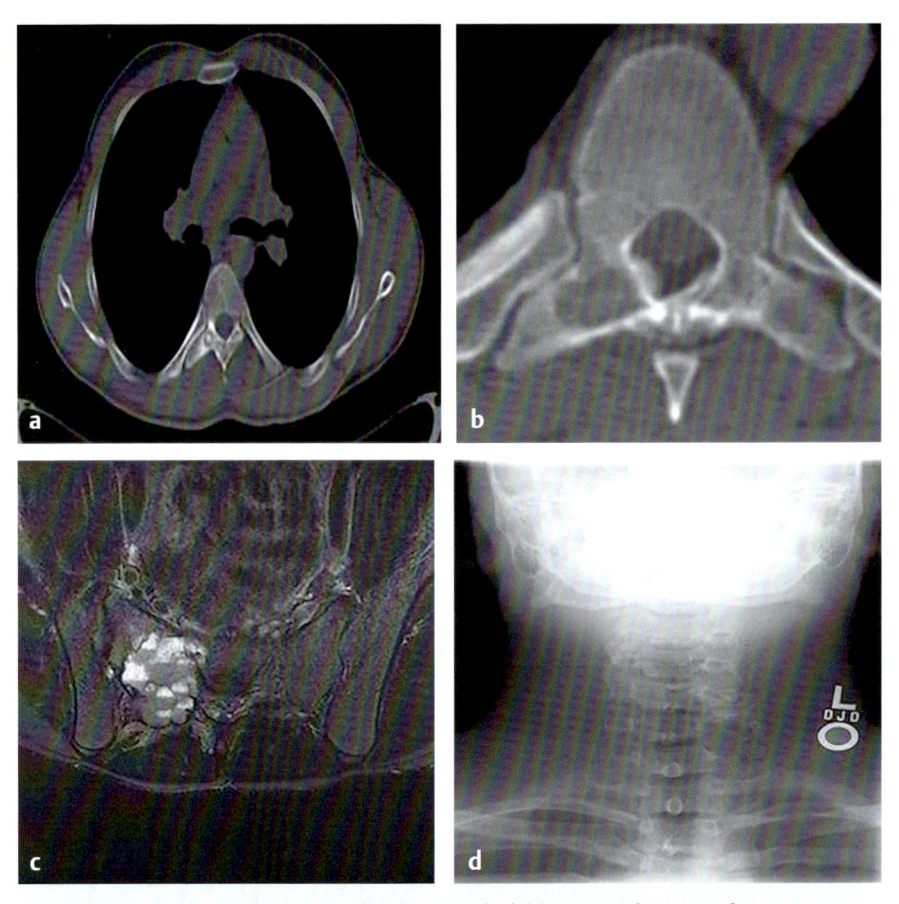

Fig. 14-2 Tumores benignos primários da coluna vertebral. (**a**) Corte axial. Tomografia computadorizada (CT) mostrando um osteoma osteoide da coluna torácica. Observe a lesão nos elementos posteriores do lado direito. (**b**) Corte axial. CT mostrando um osteoblastoma da coluna torácica. Observe a lesão nos elementos posteriores do lado direito. (**c**) Corte axial. CT mostrando tumor de células gigantes do sacro direito. (**d**) Projeção anteroposterior. A radiografia mostra um osteocondroma nos níveis C5-C6 do lado esquerdo. (Reproduzida com permissão de An HS, Singh K, eds. Synopsis of Spine Surgery. 3rd ed. New York, NY: Thieme; 2016.)

- ♦ A maioria das evidências relacionadas com mecanismos indica a perda de associação das células tumorais com a massa primária, a penetração da matriz extracelular circundante, o deslocamento pelos vasos linfáticos ou sanguíneos e a disseminação em um sítio distante.
- As lesões geralmente são localizadas em um de três compartimentos:
  - ♦ Extradural: mais comum.
  - ♦ Intradural-extramedular.
  - ♦ Intramedular.
- Quadro clínico:
  - Semelhante a neoplasias primárias:
    - ♦ Dor (83-95%).

Tumores Medulares Primários e Metastáticos

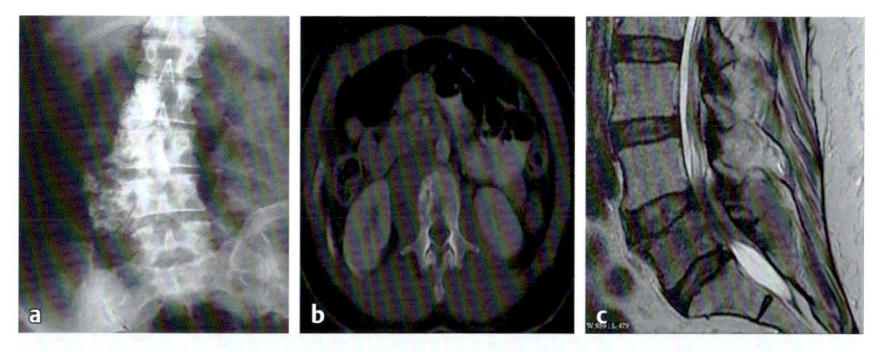

Fig. 14-3 Tumores malignos primários da coluna vertebral. (**a**) Projeção anteroposterior. Radiografia mostrando um grande condrossarcoma dos processos transversos da coluna lombar. (**b**) Corte axial. Tomografia computadorizada mostrando um sarcoma de Ewing em L2. Observe as lesões místicas líticas e blásticas no aspecto lateral direito do corpo vertebral. (**c**) Corte sagital. Ressonância magnética ponderada em T2 mostrando um linfoma primário em L5 com substituição completa da medula óssea normal e compressão da cauda equina.

Quadro 14-2 Neoplasias benignas da coluna vertebral

Tumor	Idade	Sexo	Localização	Achados radiográficos	Sintomas	Tratamento
Osteoma osteoide	< 30 a	M > F	Elementos posteriores	Esclerose ao redor de área radiotransparente (15 a 20 mm de diâmetro)	Dor nas costas Dor aliviada por anti-inflamatórios (salicilatos, NSAIDs, inibidores de COX-2)	Anti-inflamatórios Ressecção em bloco em caso de deformidade fixa da coluna vertebral
Osteoblastoma	< 30 a	M > F	Elementos posteriores Predominância da coluna lombar	Similar ao osteoma osteoide Área radiotransparente > 20 mm de diâmetro	Dor branda nas costas ± Compressão neural	Ressecção em bloco ± Fusão, se houver instabilidade
Cisto ósseo aneurismático	< 20 a	F > M	Elementos posteriores 70% na região toracolombar	Deformidade axial	Dor de progressão lenta Massa palpável Possível deformidade	Ressecção em bloco ± estabilização, se houver instabilidade
Osteocondroma	> 30 a	M > F	Elementos posteriores Principalmente região cervical	Deformidade Osso cortical e medular maduro contínuos ao osso subjacente	Dor e inchaço nas áreas acometidas	Ressecção em bloco ± estabilização
Tumor de células gigantes	20-50 a	F > M	Corpo vertebral	Lesão lítica expansiva com borda esclerótica Fraturas por compressão	Dor nas costas ± dor irradiada Compressão da medula espinhal	Ressecção em bloco ± Terapia adjuvante se a ressecção não for viável

(Continua.)

Quadro 14-2 (Continuação)

Tumor	Idade	Sexo	Localização	Achados radiográficos	Sintomas	Tratamento
Granuloma eosinofílico	< 10 a	M > F	Corpo vertebral Região torácica	Lesões líticas no corpo vertebral Vértebra plana	Dor persistente nas costas ROM restrito Deformidade Diabetes insípido (acometimento hipofisário)	Repouso ± analgésicos, conforme necessário
Hemangioma	Variável	M = F	Coluna torácica e lombar	Padrões em veludo com estrias verticais	Geralmente assintomático Possível dor, déficits neurológicos	Apenas se sintomático Radioterapia Embolização transarterial Vertebroplastia/ cifoplastia

Abreviaturas: COX-2, ciclo-oxigenase-2; NSAIDs, anti-inflamatórios não esteroidais; ROM, amplitude de movimento.

Quadro 14-3 Tumores malignos primários da coluna

Tumor	Idade	Sexo	Localização	Achados radiográficos	Sintomas	Tratamento
Plasmocitoma solitário	> 50 a	M > F	Corpo vertebral	Lesões líticas perfuradas	Compressão da medula espinal Fraturas patológicas Possível paraparesia	Radioterapia ± estabilização cirúrgica Acompanhe a resposta ao tratamento pelos níveis de cadeia leve M à eletroforese de proteínas séricas
Cordoma	< 40 a	M > F	Sacro, C1-C2	MRI ponderada em T2 é a modalidade de escolha Intensidade de sinal T2 alta, extensão do tumor em tecido mole	Lombalgia inespecífica Disfunção retal Radiculopatia	Ressecção em bloco com margens limpas Advirta os pacientes acerca de possíveis disfunções vesicais, intestinais e sexuais
Linfoma primário	40-60 a	M > F	Corpo vertebral	Lesões osteolíticas Vértebras em marfim	Dor local Compressão da medula espinal	Descompressão via laminectomia + quimioterapia e radioterapia sistêmica
Condrossarcoma	> 40 a	M > F	Corpo vertebral	Destruição óssea Massa de tecido mole com calcificação da matriz	Dor Déficit neurológico	Ressecção cirúrgica em bloco

(Continua.)

Tumores Medulares Primários e Metastáticos

Quadro 14-3 (Continuação)

Tumor	Idade	Sexo	Localização	Achados radiográficos	Sintomas	Tratamento
Osteossarcoma	< 20 a	M > F	Corpo vertebral	Lesões mistas, líticas e escleróticas, com destruição cortical	Dor Déficit neurológico em decorrência da compressão medular	Excisão local em bloco Radioterapia e quimioterapia
Sarcoma de Ewing	< 20 a	M > F	Corpo vertebral	Aparência manchada, roída por traças Destruição óssea irregular com margens mal definidas Massa de tecido mole	Dor, inchaço Sintomas sistêmicos (febre) Déficits neurológicos em decorrência da compressão medular	Radioterapia combinada à quimioterapia Cirurgia reservada a casos com instabilidade e déficit neurológico

Abreviatura: MRI, ressonância magnética.

Quadro 14-4 Neoplasias ou cistos intramedulares

Tumor	Idade	Sexo	Achados radiográficos	Tratamento	Sintomas	Observações
Schwannoma	20-50 a	M = F	Defeito de preenchimento circular no mielograma	Excisão cirúrgica	Dor aguda e parestesias à palpação do nervo	O mais comum tumor de nervo medular ou medula espinal Comum em pacientes com neurofibromatose (67%)
Meningioma	40-50 a	F > M	Lesão sólida e bem circunscrita com inserção ampla na dura-máter	Excisão cirúrgica	Dor não reprodutível à palpação	Lesões principalmente solitárias (90%) Acometimento de vários fascículos nervosos e trajeto paralelo ao nervo
Neurofibroma	20-30 a	-	Defeito circular, em forma de haltere Erosão vertebral e adelgaçamento das costelas	Excisão cirúrgica Terapia adjuvante em caso de ressecção incompleta	Dor ± fraqueza, possível paralisia Possível deformidade	80-90% do acometimento da coluna vertebral é na região torácica Mais comumente intracraniano

Quadro 14-5 Tumores intramedulares intradurais

Tumor	Idade	Sexo	Achados radiográficos	Tratamento	Sintomas	Observações
Astrocitoma	40-60 a	M > F	Lesões expansivas com bordas mal definidas Abrange vários segmentos vertebrais	Excisão cirúrgica	Dor Déficits sensoriais Déficits motores distais aos níveis medulares de acometimento	Originário da transformação das células da glia
Ependimoma	30-40 a	M = F	Áreas de alteração cística com expansão medular Sinal intraparenquimatoso de alta intensidade	Excisão cirúrgica	Dor nas costas Parestesia Perda sensorial Espasticidade dos membros inferiores	Originário da transformação das células ependimais cuboides Neoplasia parenquimatosa medular primária mais comum em adultos

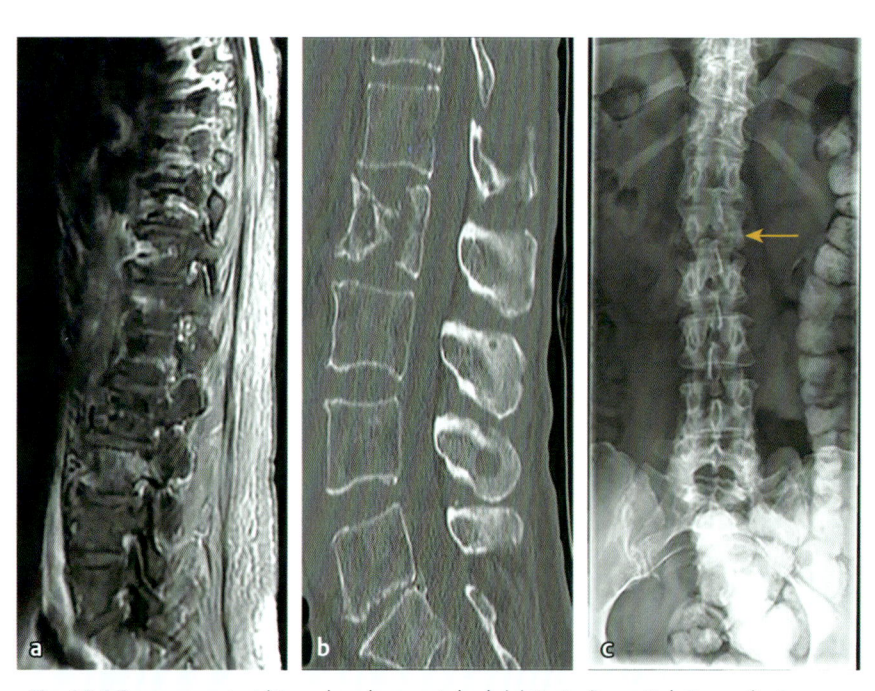

Fig. 14-4 Tumores metastáticos da coluna vertebral. (**a**) Projeção sagital. Ressonância magnética ponderada em T1 mostrando múltiplas lesões metastáticas líticas derivadas de um carcinoma de células renais. (**b**) Corte sagital. Tomografia computadorizada mostrando múltiplas lesões líticas decorrentes do câncer de mama. Observe a presença de uma fratura patológica no corpo vertebral de L2. (**c**) Projeção anteroposterior. Radiografia mostrando o sinal clássico de coruja piscando em L2 (*seta*), associado à atividade lítica no osso pedicular. Este sinal frequentemente está associado a lesões medulares metastáticas.

- Sintomas constitucionais.
- Disfunção autônoma motora por compressão medular metastática.
- Disfunção sensorial e motora.
- Investigação por imagens:
  - Radiografias simples:
    - Lesões osteolíticas na maioria dos casos.
    - Lesões osteoblásticas se a lesão primária for causada por câncer de próstata ou mama.
    - Fraturas patológicas e por compressão.
    - Deformidade.
  - Cintilografia óssea:
    - Pode revelar outras lesões metastáticas em um estágio anterior em comparação à radiografia simples.
  - CT:
    - Melhor visualização da anatomia óssea.
    - Importante para determinação de neoplasia primária e outras áreas de metástase.
  - MRI:
    - Padrão ouro: melhor resolução de tecido mole, espaço discoide, medula espinal e raízes nervosas.
    - O grau de compressão medular é determinado pela escala de compressão medular epidural metastática:
      - Grau 0: apenas doença óssea.
      - Grau 1a: acometimento epidural sem deformação do saco tecal.
      - Grau 1b: deformação do saco tecal sem contiguidade com a medula espinal.
      - Grau 1c: deformação do saco tecal e contiguidade com a medula espinal, mas sem compressão medular.
      - Grau 2: compressão da medula espinal com CSF visível a seu redor.
      - Grau 3: compressão da medula espinal sem CSF visível a seu redor.
  - Angiografia:
    - Necessária quando os tumores primários são altamente vasculares (tireoide, RCC).
    - Permite o planejamento cirúrgico e a possível embolização pré-operatória para controle da hemorragia.

14.6.2 Tratamento (Quadro 14-6)

- Estrutura de decisão para o tratamento da doença medular metastática:
  - Estrutura *Neurologic, Oncologic, Mechanical Instability, and Systemic Disease* (Avaliação Neurológica, Avaliação Oncológica, Instabilidade Mecânica e Doença Sistêmica; NOMS): abordagem para o tratamento de tumores metastáticos da coluna vertebral.
  - É uma estrutura composta por quatro avaliações funcionais: neurológica, oncológica, mecânica e de doenças sistêmicas.
- Tratamento sintomático:
  - Analgesia.
  - Corticosteroides:
    - Reduzem a dor por diminuição da inflamação e do edema causados pelo tumor.
  - Bisfosfonatos:
    - Reduzem o risco de fratura patológica e a dor causada por lesões líticas.
    - Diminuem a hipercalcemia de malignidade.

Quadro 14-6 A estrutura NOMS para tratamento da doença medular metastática

Avaliação Neurológica

Evidências radiográficas de compressão medular epidural
Avaliação clínica da mielopatia
Avaliação clínica da radiculopatia funcional

Avaliação Oncológica

Resposta esperada ao tratamento
Durabilidade da resposta a vários tratamentos, inclusive SRS, EBRT, imunoterapia, biológicos, quimioterapia, tratamento hormonal

Instabilidade mecânica

Associada a fraturas patológicas
As opções terapêuticas são: órtese, cimento percutâneo e/ou ampliação do pedículo com parafuso, cirurgia aberta

Doença sistêmica

Presença de comorbidades médicas
Capacidade de tolerar as modalidades terapêuticas propostas
Sobrevida global esperada com base na gravidade da doença e fatores histológicos do tumor

Abreviaturas: EBRT, radioterapia com feixe externo; NOMS, *Neurologic, Oncologic, Mechanical Instability, and Systemic Disease* (Avaliação Neurológica, Avaliação Oncológica, Instabilidade Mecânica e Doença Sistêmica); SRS, radiocirurgia estereotáxica.

- Radioterapia:
    - Pilar da terapia.
    - As indicações são:
        - Tumores radiossensíveis (hematopoiético, próstata, mama) sem instabilidade vertebral.
        - Acometimento medular difuso.
        - Contraindicação ou incapacidade de tolerar a cirurgia.
- Tratamentos médicos direcionados:
    - A eficácia varia conforme o diagnóstico oncológico.
    - Combinações de inibidores de tirosina quinase, anticorpos monoclonais e outros imunoterápicos direcionados mostraram melhores resultados em comparação à quimioterapia citotóxica tradicional.
- Embolização pré-operatória:
    - Necessária em lesões metastáticas hipervasculares:
        - O mapeamento preciso da geografia arterial é crucial.
        - Frequentemente realizada dentro de 48 horas do procedimento planejado.
- Terapia hormonal:
    - Usada em lesões medulares metastáticas:
        - Câncer de próstata: agonistas do hormônio liberador de gonadotrofinas (GnRH) ± flutamida.
        - Câncer de mama: antagonistas de estrógeno e inibidores de aromatase.
- Radiocirurgia estereotáxica:
    - Administração de altas doses de radiação em pequenos focos de tecido.

- Nova abordagem que permite maior direcionamento a lesões e minimização da exposição dos tecidos normais à radiação.
- Pode ser realizada em ambiente ambulatorial.
- Tratamento cirúrgico com radioterapia adjuvante:
  - As indicações são:
    - Tumores resistentes à radioterapia ou a um curso de radioterapia previamente ineficaz.
    - Excisão curativa.
    - Declínio neurológico rápido ou compressão da medula epidural.
    - Instabilidade anatômica.
    - Necessidade de diagnóstico tecidual.
    - Dor intratável.
  - A abordagem pode ser anterior ou posterior, dependendo da localização do tumor:
    - Abordagem anterior: acometimento do corpo vertebral.
    - Abordagem posterior: usada se houver necessidade de estabilização instrumentada.
  - A vertebroplastia e a cifoplastia também podem ser usadas no tratamento de dor e fraturas patológicas:
    - A cifoplastia também pode melhorar a cifose da coluna vertebral em razão da expansão do balão.

Leituras Sugeridas

1. Brihaye J, Ectors P, Lemort M, Van Houtte P. The management of spinal epidural metastases. Adv Tech Stand Neurosurg 1988;16:121–176
2. Buhmann Kirchhoff S, Becker C, Duerr HR, Reiser M, Baur-Melnyk A. Detection of osseous metastases of the spine: comparison of high resolution multi-detector-CT with MRI. Eur J Radiol 2009;69(3):567–573
3. Gilbert RW, Kim JH, Posner JB. Epidural spinal cord compression from metastatic tumor: diagnosis and treatment. Ann Neurol 1978;3(1):40–51
4. Lis E, Bilsky MH, Pisinski L, et al. Percutaneous CT-guided biopsy of osseous lesion of the spine in patients with known or suspected malignancy. AJNR Am J Neuroradiol 2004;25(9):1583–1588
5. Mesfin A, Buchowski JM, Gokaslan ZL, Bird JE. Management of metastatic cervical spine tumors. J Am Acad Orthop Surg 2015;23(1):38–46
6. Rose PS, Buchowski JM. Metastatic disease in the thoracic and lumbar spine: evaluation and management. J Am Acad Orthop Surg 2011;19(1):37–48
7. Schiff D, O'Neill BP, Suman VJ. Spinal epidural metastasis as the initial manifestation of malignancy: clinical features and diagnostic approach. Neurology 1997;49(2):452–456
8. Tatsui H, Onomura T, Morishita S, Oketa M, Inoue T. Survival rates of patients with metastatic spinal cancer after scintigraphic detection of abnormal radioactive accumulation. Spine 1996;21(18):2143–2148
9. Thakur NA, Daniels AH, Schiller J, et al. Benign tumors of the spine. J Am Acad Orthop Surg 2012;20(11):715–724
10. White AP, Kwon BK, Lindskog DM, Friedlaender GE, Grauer JN. Metastatic disease of the spine. J Am Acad Orthop Surg 2006;14(11):587–598

11. Bertram C, Madert J, Eggers C. Eosinophilic granuloma of the cervical spine. Spine 2002;27(13):1408-1413
12. Currier BL, Papagelopoulos PJ, Krauss WE, Unni KK, Yaszemski MJ. Total en bloc spondylectomy of C5 vertebra for chordoma. Spine 2007;32(9):E294-E299
13. Dimopoulos MA, Goldstein J, Fuller L, Delasalle K, Alexanian R. Curability of solitary bone plasmacytoma. J Clin Oncol 1992;10(4):587-590
14. Fourney DR, Rhines LD, Hentschel SJ, et al. En bloc resection of primary sacral tumors: classification of surgical approaches and outcome. J Neurosurg Spine 2005;3(2):111-122
15. Fuchs B, Dickey ID, Yaszemski MJ, Inwards CY, Sim FH. Operative management of sacral chordoma. J Bone Joint Surg Am 2005;87(10):2211-2216
16. Garg S, Mehta S, Dormans JP. Langerhans cell histiocytosis of the spine in children. Long-term follow-up. J Bone Joint Surg Am 2004;86-A(8):1740-1750
17. Hay MC, Paterson D, Taylor TK. Aneurysmal bone cysts of the spine. J Bone Joint Surg Br 1978;60-B(3):406-411
18. Huang W, Yang X, Cao D, et al. Eosinophilic granuloma of spine in adults: a report of 30 cases and outcome. Acta Neurochir (Wien) 2010;152(7):1129-1137
19. Hulen CA, Temple HT, Fox WP, Sama AA, Green BA, Eismont FJ. Oncologic and functional outcome following sacrectomy for sacral chordoma. J Bone Joint Surg Am 2006;88(7):1532-1539
20. Jackson RP, Reckling FW, Mants FA. Osteoid osteoma and osteoblastoma. Similar histologic lesions with different natural histories. Clin Orthop Relat Res 1977;(128):303-313
21. Kawahara N, Tomita K, Fujita T, Maruo S, Otsuka S, Kinoshita G. Osteosarcoma of the thoracolumbar spine: total en bloc spondylectomy. A case report. J Bone Joint Surg Am 1997;79(3):453-458
22. Knowling MA, Harwood AR, Bergsagel DE. Comparison of extramedullary plasmacytomas with solitary and multiple plasma cell tumors of bone. J Clin Oncol 1983;1(4):255-262
23. Liebross RH, Ha CS, Cox JD, Weber D, Delasalle K, Alexanian R. Solitary bone plasmacytoma: outcome and prognostic factors following radiotherapy. Int J Radiat Oncol Biol Phys 1998;41(5):1063-1067
24. Nilsson PM, Kandell-Collén A, Andersson HI. Blood pressure and metabolic factors in relation to chronic pain. Blood Press 1997;6(5):294-298
25. Sanjay BK, Sim FH, Unni KK, McLeod RA, Klassen RA. Giant-cell tumours of the spine. J Bone Joint Surg Br 1993;75(1):148-154
26. Swee RG, McLeod RA, Beabout JW. Osteoid osteoma. Detection, diagnosis, and localization. Radiology 1979;130(1):117-123
27. Wuisman P, Lieshout O, Sugihara S, van Dijk M. Total sacrectomy and reconstruction: oncologic and functional outcome. Clin Orthop Relat Res 2000;(381):192-203
28. Yeom JS, Lee CK, Shin HY, Lee CS, Han CS, Chang H. Langerhans' cell histiocytosis of the spine. Analysis of twenty-three cases. Spine 1999;24(16):1740-1749
29. York JE, Kaczaraj A, Abi-Said D, et al. Sacral chordoma: 40-year experience at a major cancer center. Neurosurgery 1999;44(1):74-79, discussion 79-80
30. Abd-El-Barr MM, Huang KT, Chi JH. Infiltrating spinal cord astrocytomas: epidemiology, diagnosis, treatments and future directions. J Clin Neurosci 2016;29:15-20
31. Abul-Kasim K, Thurnher MM, McKeever P, Sundgren PC. Intradural spinal tumors: current classification and MRI features. Neuroradiology 2008;50(4):301-314

32. Celano E, Salehani A, Malcolm JG, Reinertsen E, Hadjipanayis CG. Spinal cord ependymoma: a review of the literature and case series of ten patients. J Neurooncol 2016;128(3):377–386
33. Chen SC, Kuo PL. Bone metastasis from renal cell carcinoma. Int J Mol Sci 2016;17(6):17
34. Ju DG, Yurter A, Gokaslan ZL, Sciubba DM. Diagnosis and surgical management of breast cancer metastatic to the spine. World J Clin Oncol 2014;5(3):263–271
35. Kushchayeva YS, Kushchayev SV, Wexler JA, et al. Current treatment modalities for spinal metastases secondary to thyroid carcinoma. Thyroid 2014;24(10):1443–1455
36. Vicent S, Perurena N, Govindan R, Lecanda F. Bone metastases in lung cancer. Potential novel approaches to therapy. Am J Respir Crit Care Med 2015;192(7):799–809
37. Amato RJ. Current immunotherapeutic strategies in renal cell carcinoma. Surg Oncol Clin N Am 2007;16(4):975–986, xi–xii
38. Bilsky MH, Laufer I, Fourney DR, et al. Reliability analysis of the epidural spinal cord compression scale. J Neurosurg Spine 2010;13(3):324–328
39. Escudier B, Szczylik C, Porta C, Gore M. Treatment selection in metastatic renal cell carcinoma: expert consensus. Nat Rev Clin Oncol 2012;9(6):327–337
40. Laufer I, Rubin DG, Lis E, et al. The NOMS framework: approach to the treatment of spinal metastatic tumors. Oncologist 2013;18(6):744–751

15 Infecções da Coluna Vertebral

Ankur S. Narain ▪ Fady Y. Hijji ▪ Philip K. Louie ▪ Daniel D. Bohl ▪ Kern Singh

15.1 Introdução

As infecções da coluna vertebral precisam ser diagnosticadas de maneira precoce, a fim de evitar comprometimentos estruturais e neurológicos. Os diagnósticos diferenciais relacionados com sintomas infecciosos incluem doença degenerativa, neoplasia, trauma e comprometimento vascular. Como tal, o conhecimento dos achados clínicos e de imagem específicos associados às etiologias infecciosas da coluna é crucial para assegurar a rapidez no reconhecimento do quadro clínico e na instituição do tratamento (**Quadro 15-1**).

15.2 Osteomielite Vertebral e Discite

- Antecedentes e etiologia:
  - Infecção do corpo vertebral ou disco intervertebral.
  - Mais comumente causadas por disseminação hematogênica de *Staphylococcus* ou *Streptococcus* spp.
    - Disseminação das placas terminais vasculares para:
      - Espaço discal avascular (discite).
      - Corpos vertebrais (osteomielite).

Quadro 15-1 Resumo das infecções

Infecção	Quadro clínico	Avaliação clínica	Avaliação por imagem	Tratamento primário
Osteomielite vertebral e discite	▪ Dor axial ▪ Febre ▪ Sintomas neurológicos	▪ Leucograma, ESR, CRP ▪ Hemoculturas ▪ UA, urina	▪ MRI: edema e fluido no espaço discoide	▪ Antibióticos IV por 6 a 8 semanas
Abscesso medular epidural	▪ Dor axial ▪ Fraqueza motora ▪ Dor	▪ Leucograma, ESR, CRP ▪ Hemoculturas ▪ Biópsia aberta	▪ MRI: fluido dentro do espaço epidural	▪ Cirúrgico com antibioticoterapia adjuvante
TB espinhal	▪ Início insidioso ▪ Paraplegia ▪ Deformidade da coluna vertebral ▪ Dor nas costas	▪ ESR, CRP ▪ Hemocultura ▪ PPD ▪ Coloração AFB	▪ MRI: destruição de corpos vertebrais com preservação de disco ▪ CXR: doença pulmonar	▪ 6 a 12 meses de terapia com múltiplos antibióticos
Infecção do sítio cirúrgico/pós-operatória	▪ Eritema ▪ Flutuação ▪ Drenagem da incisão	▪ ESR, CRP, leucograma ▪ Cultura da ferida	▪ CT: abscessos ▪ MRI: coleções fluidas	▪ Antibióticos profiláticos ▪ Irrigação aberta e desbridamento com antibióticos

Abreviaturas: AFB, bacilos álcool-acidorresistentes; CRP, proteína C reativa; CT, tomografia computadorizada; CXR, radiografia de tórax; ESR, velocidade de hemossedimentação; IV, intravenosa; MRI, ressonância magnética; PPD, derivado proteico purificado de tuberculina; TB, tuberculose; UA, urinálise.

- Tende a acometer as vértebras lombares (58%) > torácicas (30%) > cervicais (11%).
- Os fatores de risco são diabetes melito, abuso de drogas intravenosas, tratamento com corticosteroides.
- Quadro clínico:
  - Os sintomas comuns são dor axial (86%) e febre (35-60%).
  - Sintomas neurológicos (34%):
    - Radiculopatia, fraqueza nos membros, disestesia, retenção urinária.
- Avaliação clínica:
  - Indague sintomas constitucionais, histórico de viagens, procedimentos recentes na coluna vertebral com ou sem instrumentação.
  - Exames laboratoriais:
    - Leucograma, velocidade de hemossedimentação (ESR), proteína C reativa (CRP).
      - ESR e CRP são altamente específicas (98-100%).
      - CRP está correlacionada à resposta ao tratamento.
    - Hemoculturas:
      - Positivas em 58% dos casos.
    - Urinálise e cultura de urina:
      - Determinar se a infecção do trato urinário (UTI) é uma fonte da infecção primária.
- Avaliação radiográfica:
  - Radiografias simples: os achados são observados várias semanas após o início da infecção:
    - Osteopenia regional, reação/espessamento periósteo, lise óssea focal ou perda cortical, endósteo com contornos crenados (*scalloping*), perda de trabéculas ósseas.
  - Ressonância magnética (MRI; 94% de sensibilidade): modalidade de imagem preferida, se houver déficit neurológico:
    - Imagens ponderadas em T2 mostram edema e fluido no interior dos discos e tecidos moles adjacentes (**Fig. 15-1**).
  - Tomografia computadorizada (CT) (sensibilidade de 94%): realizada em caso de contraindicação à MRI:
    - Superior às radiografias simples e à MRI na análise das margens ósseas e identificação de invólucro/sequestro.
  - Cintilografia óssea (sensibilidade de 67%): positiva alguns dias após o início dos sintomas, inespecífica.
- Tratamento:
  - Tratamento médico:
    - Opção terapêutica inicial preferida.
    - Antibióticos intravenosos (IV) por 6 a 8 semanas, a princípio com cobertura ampla e estreitamento a esquemas específicos a patógenos conforme os resultados do antibiograma.
  - Tratamento cirúrgico:
    - Indicações:
      - Insucesso do tratamento médico.
      - Drenagem de abscessos e desbridamento de tecido infectado.
      - Desenvolvimento de deterioração neurológica.
      - Descompressão de estruturas nervosas.
      - Instabilidade da coluna vertebral.

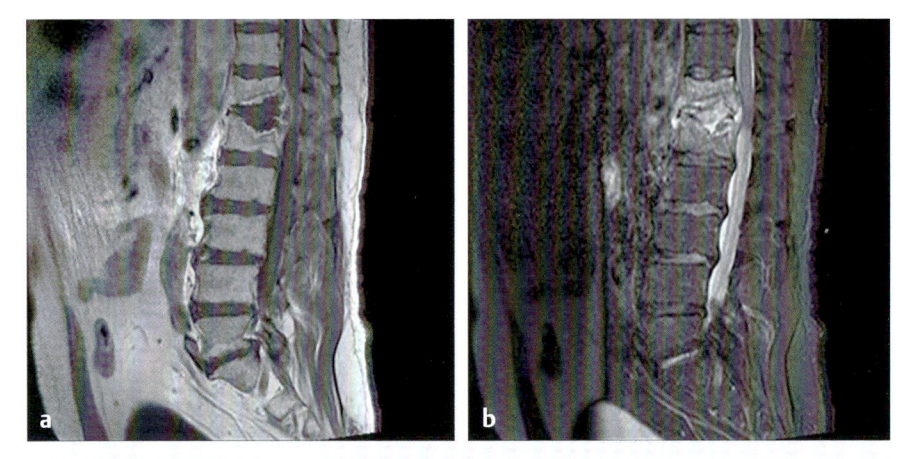

Fig. 15-1 (a) Ressonância magnética (MRI) ponderada em T1 mostrando osteomielite com acometimento do espaço discal T12-L1, corpos vertebrais e tecido mole adjacente. **(b)** MRI sagital ponderada em T2 mostrando osteomielite com acometimento do espaço discal T12-L1, corpos vertebrais e tecido mole adjacente.

15.3 Abscesso Medular Epidural

- Antecedentes e etiologia:
  - Infecção do espaço epidural.
  - Origem:
    - Inoculação direta.
    - Propagação contígua:
      - Osteomielite ou discite adjacente.
    - Extensão hematogênica.
  - *S. aureus* é o patógeno mais comum (64%).
  - Afeta coluna lombar (48%) > torácica (31-33%) > cervical (22-24%).
  - Fatores de risco: abuso de drogas intravenosas (IVDU; 22-23%), diabetes melito (27-28%).
- Quadro clínico:
  - Os sintomas mais comuns são dor axial (67%), queixas neuromusculares (52%), febre (44%).
  - Lesões extensas podem comprimir elementos nervosos e causar déficits neurológicos focais.
- Avaliação clínica:
  - Exames laboratoriais:
    - Leucograma, ESR, CRP.
    - Hemoculturas.
  - Possível biópsia aberta para identificação de microrganismo específico.
- Avaliação radiográfica:
  - Radiografias simples: podem mostrar estreitamento de disco e/ou lise óssea.
  - MRI (alta sensibilidade e especificidade): demonstra claramente o acúmulo de fluido no espaço epidural (**Fig. 15-2**).

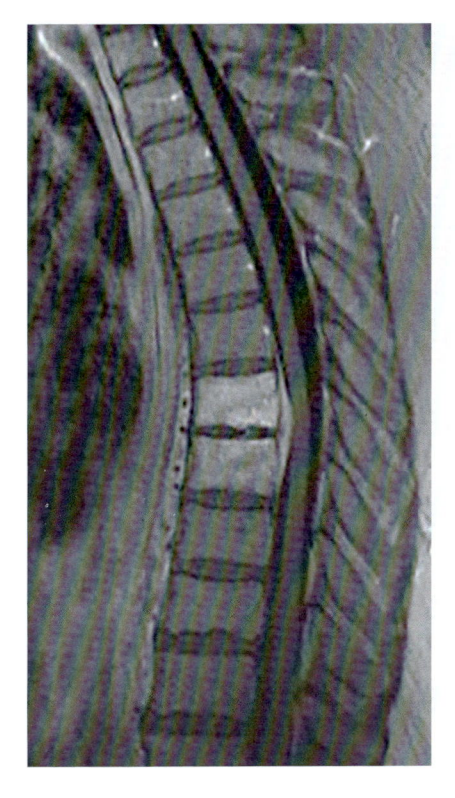

Fig. 15-2 Ressonância magnética ponderada em T1 sagital mostrando abscesso epidural na coluna torácica.

- Tratamento:
  - Intervenção cirúrgica com antibioticoterapia adjuvante:
    - Indicada se houver déficit neurológico.
    - Irrigação e desbridamento com descompressão neurológica.
    - Abordagem com base na localização e etiologia:
      ◊ Posterior: laminectomia.
      ◊ Anterior: abscesso ventral ou osteomielite vertebral.
    - Artrodese em caso de suspeita de instabilidade.
  - Tratamento médico apenas com antibióticos:
    - Indicado na ausência de déficits neurológicos.
    - Alta taxa de conversão para tratamento cirúrgico (10-49%).

15.4 Tuberculose Espinhal (Doença de Pott)

- Antecedentes e etiologia:
  - Infecção granulomatosa da coluna vertebral.
  - A fonte distante ou reativação latente leva à inoculação dentro da metáfise peridiscoide da placa terminal vertebral:
    - A resposta inflamatória leva à formação de granuloma caseoso.
    - Destruição óssea ativa (espondilose).
    - Muitas vezes se dissemina pelo ligamento longitudinal anterior para níveis próximos.

- A coluna é o local mais acometido pela tuberculose (TB) esquelética (1% de todos os casos de TB, 50% daqueles com acometimento musculoesquelético):
  - Os níveis lombares superiores e torácicos são mais comumente afetados.
- Quadro clínico:
  - Progressão insidiosa da doença ao longo de semanas a anos.
  - Paraplegia e deformidade da coluna vertebral (70%):
    - Cifose causada por colapso do corpo vertebral anterior.
  - Dor nas costas.
  - Queixas constitucionais.
  - Sintomas de TB pulmonar:
    - Tosse persistente, hemoptise.
- Avaliação clínica:
  - Indague sobre a infecção atual por TB ou exposição prévia à TB.
  - Exames laboratoriais:
    - ESR, CRP, hemoculturas.
    - Teste cutâneo com derivado proteico purificado de tuberculina (PPD).
    - Esputo, tecido ósseo, aspirado de abscesso para coloração de bacilos álcool-acidorresistentes:
      - Aspiração do abscesso realizada por biópsia guiada por CT ou ultrassom.
- Avaliação radiográfica:
  - Radiografia de tórax: para avaliação de doença pulmonar, lesões ósseas extensas, cifose focal.
  - Radiografia simples: necessidade de mais de 30% de destruição do corpo vertebral, o que pode ocorrer apenas 6 meses após a infecção:
    - Redução da altura vertebral, muitas vezes com irregularidade da placa final anterossuperior.
    - Extensão subligamentar com maior progressão, provocando uma irregularidade na margem vertebral anterior.
  - MRI (altamente sensível e específica): destruição dos corpos vertebrais com preservação do disco intervertebral:
    - T1: medula hipointensa nas vértebras adjacentes (**Fig. 15-3a**).
    - T2: medula hiperintensa, acometimento de disco e tecidos moles (**Fig. 15-3b**).
- Tratamento:
  - Tratamento médico:
    - Tratamento com múltiplos fármacos por 6 a 12 meses:
      - Rifampina.
      - Pirazinamida.
      - Estreptomicina ou etambutol.
      - Isoniazida.
  - Tratamento cirúrgico:
    - Indicações:
      - Insucesso do tratamento médico.
      - Instabilidade.
      - Deformidade.
      - Declínio neurológico.

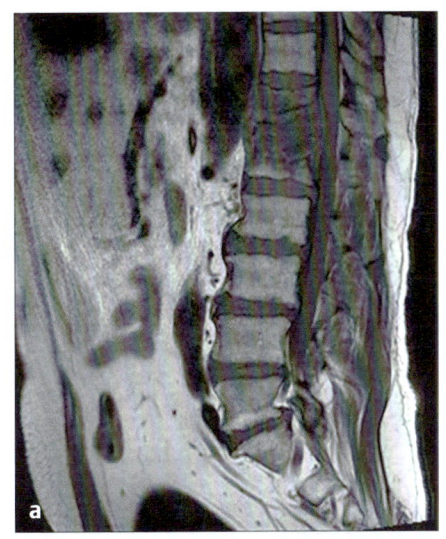

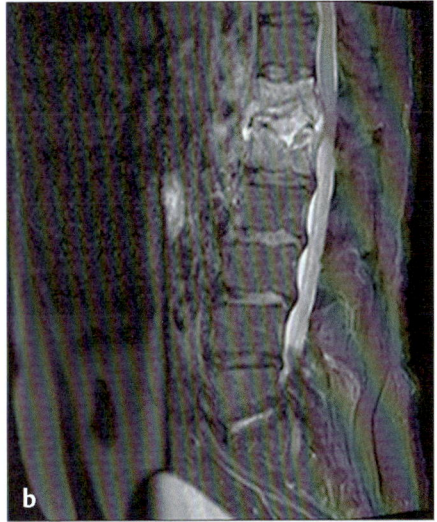

Fig. 15-3 (a) Ressonância magnética (MRI) ponderada em T1 sagital mostrando infecção medular por tuberculose (TB) com acometimento de T12-L1. (b) MRI sagital ponderada em T2 mostrando infecção medular por TB com acometimento de T12-L1.

◊ Dor intratável causada por abscesso.
♦ Reconstrução anterior ± fixação suplementar posterior para evitar deformidade.

15.5 Infecções no Sítio Cirúrgico e Pós-Operatórias

- Antecedentes e etiologia:
  - Inoculação direta da ferida exposta pela flora cutânea.
  - Ocorre em 0,7 a 12% das cirurgias da coluna vertebral em adultos:
    ♦ Aumento da morbidade, mortalidade e custos com assistência médica.
  - Os fatores de risco incluem diabetes, infecção anterior do sítio cirúrgico, deformidade da coluna vertebral, tempos cirúrgicos maiores, fusão em múltiplos níveis, abordagens cirúrgicas posteriores, abordagens cirúrgicas combinadas anteroposteriores, perda sanguínea estimada superior a 1 L.
- Quadro clínico:
  - Localização:
    ♦ Superficial: contida na pele e tecidos subcutâneos sem acometimento fascial (suprafascial).
    ♦ Profunda: profunda à fáscia lombodorsal (lombar) ou ao ligamento nucal (cervical).
  - Eritema, flutuação palpável, drenagem da incisão.
- Avaliação clínica:
  - Exames laboratoriais:
    ♦ ESR, CRP, leucograma.
  - Cultura de feridas:
    ♦ As culturas intraoperatórias são as melhores.

- As culturas profundas são melhores por não estarem contaminadas com a flora cutânea.
- Avaliação radiográfica:
  - Radiografias simples: muitas vezes sem anormalidades óbvias.
  - CT: revela abscessos.
  - MRI: a resolução superior do tecido mole permite a melhor visualização das coleções de fluidos (**Figs. 15-4, 15-5**).
- Tratamento:
  - Prevenção:
    - Antibióticos profiláticos dentro de 60 minutos antes do início do procedimento.
    - Reduzir se o procedimento for prolongado (~ 3-4 horas).
  - Irrigação e desbridamento com subsequente ciclo de antibioticoterapia por 6 semanas:
    - Coletar culturas profundas intraoperatórias antes da administração de antibióticos.

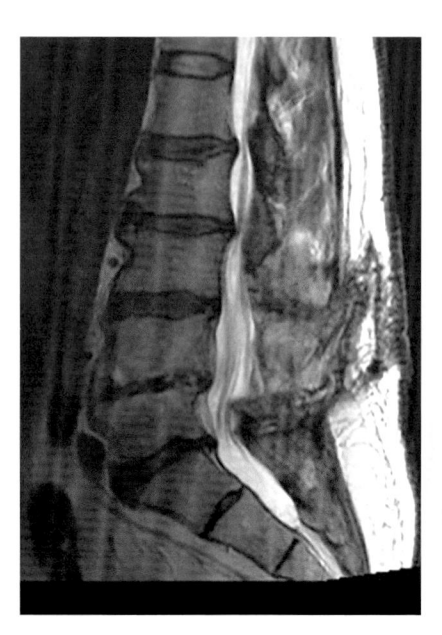

Fig. 15-4 Ressonância magnética sagital ponderada em sequência inversão-recuperação com tempo de inversão curto (STIR) mostrando infecção pós-operatória na junção lombossacra com envolvimento de partes moles.

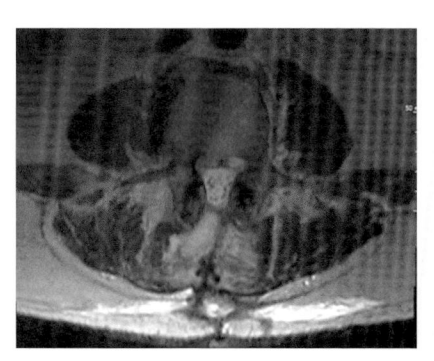

Fig. 15-5 Ressonância magnética axial ponderada em T2 mostrando infecção pós-operatória com extensão para a musculatura posterior.

Leituras Sugeridas

1. Ansari S, Amanullah MF, Ahmad K, Rauniyar RK. Pott's spine: diagnostic imaging modalities and technology advancements. N Am J Med Sci 2013;5(7):404–411
2. Arko L IV, Quach E, Nguyen V, Chang D, Sukul V, Kim BS. Medical and surgical management of spinal epidural abscess: a systematic review. Neurosurg Focus 2014;37(2):E4
3. Kilborn T, Janse van Rensburg P, Candy S. Pediatric and adult spinal tuberculosis:imaging and pathophysiology. Neuroimaging Clin N Am 2015;25(2):209–231
4. Mazzie JP, Brooks MK, Gnerre J. Imaging and management of postoperative spine infection. Neuroimaging Clin N Am 2014;24(2):365–374
5. Mylona E, Samarkos M, Kakalou E, Fanourgiakis P, Skoutelis A. Pyogenic vertebral osteomyelitis: a systematic review of clinical characteristics. Semin Arthritis Rheum 2009;39(1):10–17
6. Pull ter Gunne AF, Cohen DB. Incidence, prevalence, and analysis of risk factors for surgical site infection following adult spinal surgery. Spine 2009;34(13):1422–1428
7. Suppiah S, Meng Y, Fehlings MG, Massicotte EM, Yee A, Shamji MF. How best to manage the spinal epidural abscess? A current systematic review. World Neurosurg 2016;93:20–28
8. Zimmerli W. Clinical practice. Vertebral osteomyelitis. N Engl J Med 2010;362(11):1022–1029

16 Pediatria

Jonathan Markowitz ▪ Ankur S. Narain ▪ Fady Y. Hijji ▪ Philip K. Louie ▪ Daniel D. Bohl ▪ Kern Singh

16.1 Introdução

- A maioria das patologias congênitas da coluna vertebral afeta a região cervical ou lombar superior:
  - Causada por um problema na embriogênese da medula espinal e/ou malformação vertebral.
- Defeito do tubo neural (NTD):
  - Fusão incompleta do tubo neural durante o desenvolvimento fetal.
  - A mielodisplasia é o tipo mais comum de NTD:
    - Incluem espinha bífida oculta, meningocele, mielomeningocele e raquísquise.
- A espinha bífida é observada em aproximadamente 1.500 nascimentos ao ano nos Estados Unidos:
  - As maiores taxas de NTD são encontradas na China, Irlanda, Grã-Bretanha, Paquistão, Índia e Egito.

16.2 Mielodisplasia (Espinha Bífida)

- Antecedentes e etiologia:
  - Fechamento incompleto da extremidade caudal do tubo neural durante o desenvolvimento da medula espinal e ausência de fusão dos arcos vertebrais:
    - O desenvolvimento das vértebras e da coluna vertebral começa na terceira semana do desenvolvimento embrionário.
    - O tubo neural é criado pela dobra interna e fusão da placa neural (neurulação primária).
    - O tubo neural é o precursor embrionário do sistema nervoso central.
  - Provoca uma lesão aberta ou saco (espinha bífida cística) que pode conter a medula espinal, as raízes nervosas e as meninges:
    - Graus variados de mielodisplasia, dependendo do nível de falha do fechamento.
  - Causas ambientais:
    - Deficiência materna de ácido fólico.
    - Uso materno de antagonistas do ácido fólico (inibidores da di-hidrofolato redutase): aminopterina, metotrexato, sulfassalazina, pirimetamina, triantereno e trimetoprima.
    - Fármacos anticonvulsivantes: carbamazepina, valproato, fenitoína, primidona e fenobarbital.
    - Hipertermia materna.
    - Diabetes materno.
- Tipos de mielodisplasia:
  - Espinha bífida oculta:
    - Forma mais branda.

- ♦ Arco vertebral não fundido.
- ♦ Não há hérnia de meninges pela abertura no canal vertebral.
- Meningocele:
    - ♦ Um subconjunto da espinha bífida cística:
        - ◊ Os elementos da coluna vertebral estão contidos dentro de um saco.
    - ♦ Hérnia das meninges (exceto da medula espinal) pela abertura no canal vertebral.
- Mielomeningocele:
    - ♦ Um subconjunto de espinha bífida cística.
    - ♦ Hérnia das meninges e da medula espinal pela abertura no canal vertebral.
- Raquísquise:
    - ♦ Exposição de elementos neurais sem revestimento.
- Quadro clínico:
  - As formas brandas (como a espinha bífida oculta) podem ser assintomáticas:
      - ♦ Ocasionalmente, há um tufo de pelos ou uma pequena covinha no local da malformação da coluna vertebral.
  - A meningocele e a mielomeningocele são observadas como um cisto contendo elementos neurais.
  - Os sintomas neurológicos podem incluir paralisia vesical, motora e sensorial abaixo do nível da lesão medular.
  - Frequente associação à alergia ao látex.
  - O estado funcional está associado, principalmente, à região do defeito (**Quadro 16-1**):

Quadro 16-1 Quadro clínico associado na região de mielodisplasia

Nível	Deformidade do quadril	Deformidade do joelho	Deformidade do pé	Grau de deambulação[a]	Músculos envolvidos	Órtese
L1	Flexão/rotação externa	-	Equinovaro	Sem deambulação	-	HKAFO
L2	Flexão/Adução	Flexão	Equinovaro	Sem deambulação	Quadríceps	HKAFO
L3	Flexão/Adução	Recurvado	Equinovaro	Em casa	Iliopsoas e adutores do quadril	KAFO
L4	Flexão/Adução	Extensão	Cavovaro	Em casa, um pouco em sua comunidade	Quadríceps e tibial anterior	AFO
L5	Flexionado	Flexão limitada	Valgo calcâneo	Comunidade	EHL, EDL e glúteo médio e mínimo	AFO
S1	-	-	Deformidade do pé	Normal	Gastrocnêmio e sóleo	Sapatos

Abreviaturas: AFO, órtese para tornozelo e pé; EDL, músculo extensor longo dos dedos; EHL, músculo extensor longo do hálux; HKAFO, órtese para quadril, joelho, tornozelo e pé; KAFO, órtese para joelho, tornozelo e pé.
Observação: Nível de defeito mielodisplásico e deformidade correspondente e estado funcional.
[a]A deambulação na comunidade é definida como locomoção ao ar livre com inclusão das atividades necessárias para viver de forma independente.

- As deformidades observadas em pacientes com mielomeningocele são secundárias à ação muscular desequilibrada/assimétrica ao redor das articulações, paralisia e diminuição da sensibilidade nos membros inferiores.
- Em caso de lesão de L3 ou acima, o paciente tende a ser confinado a uma cadeira de rodas.
- Alterações no nível funcional devem alertar o médico para a possibilidade de síndrome do cordão umbilical:
  - Formação de anexos fibrosos entre a medula espinal e o canal vertebral:
    - Provoca alongamento da medula espinal e lesão medular progressiva com déficit neurológico.
- Avaliação clínica:
  - O exame deve incluir avaliação do nível e do grau da função motora e sensorial, amplitude de movimento (ROM), deformidade da coluna vertebral, integridade da pele e deformidades e contraturas associadas.
  - Diagnóstico laboratorial pré-natal:
    - Triagem dos níveis séricos de alfafetoproteína (AFP) na mãe:
      - Idealmente realizada entre 16 e 18 semanas de gestação, mas pode ser feita entre 15 e 20 semanas.
      - A triagem no primeiro trimestre não é recomendada em razão da baixa sensibilidade.
  - A ressonância magnética (MRI) ou a tomografia computadorizada (CT) podem ser realizadas para compreensão mais precisa do defeito subjacente (**Fig. 16-1**):
    - A displasia da medula espinal e das raízes nervosas pode causar paralisia intestinal, vesical, motora e sensorial abaixo do nível da lesão.
- Tratamento e prevenção:
  - O consumo materno de 0,4 mg (400 μg) de ácido fólico por dia durante ≥ 3 meses antes da concepção diminui a chance de NTD em 70 a 80%.
  - O objetivo do tratamento é permitir que a criança atinja o mais alto grau de força, função e independência:
    - Espinha bífida oculta:
      - Os pacientes geralmente não precisam de cirurgia.
      - O tratamento conservador e o monitoramento vigilante são recomendados.
    - Meningocele:
      - O tratamento cirúrgico para a remoção do cisto geralmente é recomendado.
      - Em caso de necessidade posterior de uma intervenção cirúrgica ortopédica, o procedimento geralmente se concentra no equilíbrio dos músculos e na correção das deformidades.
    - Mielomeningocele e raquísquise:
      - O tratamento precoce com antibióticos é necessário para prevenir a infecção da medula espinal.
      - Requer cirurgia nos primeiros dias de vida para corrigir o defeito da coluna vertebral e prevenir infecções e lesões posteriores à medula espinal exposta/raízes nervosas.
      - As complicações mais comuns da cirurgia são a medula espinal presa (ancorada) e a hidrocefalia.
      - A intervenção cirúrgica *in utero* pode ser considerada.

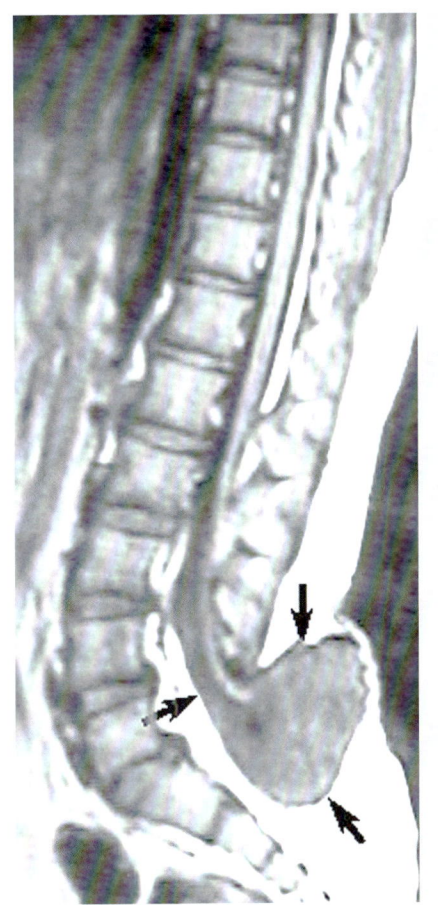

Fig. 16-1 Ressonância magnética ponderada em T1 sagital demonstrando mielomeningocele contígua ao conteúdo do canal medular (*setas*). (Reproduzida com permissão de Khanna AJ, ed. MRI Essentials for the Spine Specialist. New York, NY: Thieme; 2014.)

16.3 Torcicolo Congênito

- Antecedentes e etiologia:
  - Contratura do músculo esternoclidomastóideo (SCM).
  - 0,3 a 2% dos recém-nascidos.
  - Mais comum no sexo masculino (1,5:1).
  - Etiologia desconhecida:
    - Possivelmente em decorrência do mau posicionamento da cabeça no útero e lesão do músculo SCM, levando à fibrose.
  - De modo geral, é evidente entre 2 e 4 semanas de idade:
    - Não confundir com torcicolo adquirido, que geralmente é causado por lesão, inflamação ou medicação.
  - Três tipos de torcicolo congênito:
    - Postural: sem rigidez muscular ou restrição à ROM passiva, mas a criança tem uma preferência postural.

- ♦ Muscular: rigidez do SCM com limitação da ROM passiva.
- ♦ Massa no SCM: pseudotumor palpável ou aumento de volume no corpo do SCM, limitação da ROM passiva.
- Quadro clínico:
  - Caracterizado por flexão lateral do pescoço (cabeça inclinada para o lado afetado) e rotação do pescoço (queixo apontado em sentido contralateral):
    - ♦ ROM cervical reduzida.
    - ♦ O bebê geralmente tem uma posição preferencial da cabeça durante a alimentação e o sono.
    - ♦ SCM direito mais comumente afetado.
  - Associado à assimetria facial.
- Avaliação clínica e imagenologia:
  - O diagnóstico de torcicolo muscular congênito pode ser feito com base na anamnese e no exame físico.
- Tratamento:
  - Tratamento não cirúrgico:
    - ♦ Exercícios de alongamento passivo:
      - ◊ Rode o queixo do bebê em direção ao ombro ipsolateral, inclinando, ao mesmo tempo, a cabeça para que a orelha toque o ombro contralateral.
    - ♦ Uso adjuvante de colar cervical flexível.
  - Tratamento cirúrgico:
    - ♦ Recomendado em caso de restrição persistente da ROM.
    - ♦ Alongamento do SCM contraído por meio de liberação unipolar, liberação bipolar, liberação endoscópica e alongamento subperiosteal.
    - ♦ Fisioterapia pós-operatória composta por exercícios de ROM.
    - ♦ Um colar cervical pode ser usado no pós-operatório.

16.4 Síndrome de Klippel-Feil

- Antecedentes e etiologia:
  - Transtorno esquelético congênito caracterizado por união anormal ou fusão de duas ou mais vértebras cervicais:
    - ♦ Problema na segmentação normal ou formação de precursores das vértebras cervicais entre 3 e 8 semanas.
- Classificação:
  - Não há consenso universal sobre o sistema de classificação.
  - Sistema de classificação Samartzis:
    - ♦ Tipo I: fusão de nível único.
    - ♦ Tipo II: fusão de múltiplos segmentos não contíguos.
    - ♦ Tipo III: fusão de múltiplos segmentos contíguos.
- Quadro clínico:
  - Tríade clássica (observada em < 50% dos casos):
    - ♦ Pescoço curto.

Pediatria

- ◆ Linha do cabelo posterior baixa.
- ◆ Diminuição da ROM cervical.
- Comumente associada a outras anomalias congênitas (**Quadro 16-2**).
- A doença degenerativa do disco cervical é observada em quase 100% dos pacientes.
- Avaliação clínica e imagenologia:
  - Radiografias e CT: projeção anteroposterior (AP)/axial, lateral/sagital e odontoide da coluna cervical (**Fig. 16-2**):
    - ◆ Fusão de pelo menos duas vértebras cervicais.
  - Considerar a realização de MRI para descartar anomalias do cordão intramedular.
- Tratamento e prevenção:
  - Tratamento conservador.
  - Evitar esportes de contato.
  - Em caso de dor crônica e/ou mielopatia, recomenda-se descompressão e fusão cirúrgica.

Quadro 16-2 Espectro de anomalias conhecidas por sua associação à síndrome de Klippel-Feil

Anomalia	Porcentagem de pacientes
Escoliose congênita	> 50
Perda auditiva neurossensorial	30
Anomalias geniturinárias	25-35
Deformidade de Sprengel	20-30
Assimetria facial	20
Torcicolo	20
Ptose, nistagmo horizontal e fenda palatina	Comuns

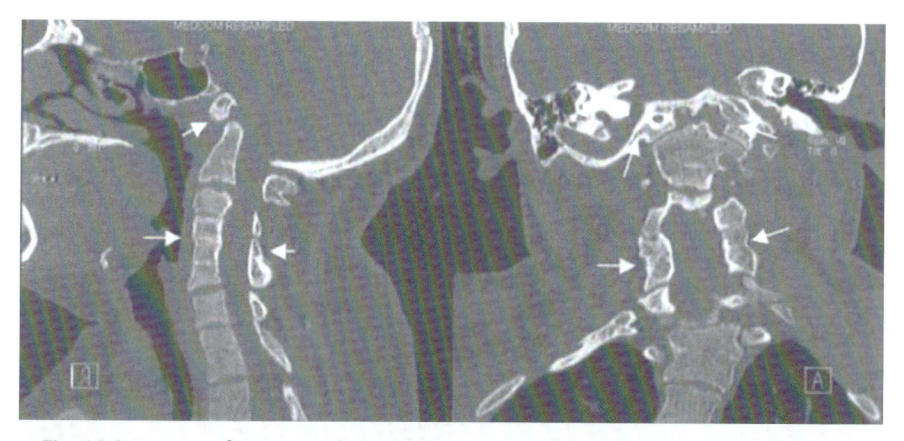

Fig. 16-2 A tomografia computadorizada em corte sagital e coronal demonstra a fusão de segmentos cervicais (*setas*), indicando o diagnóstico de síndrome de Klippel-Feil.

Leituras Sugeridas

1. Frey L, Hauser WA. Epidemiology of neural tube defects. Epilepsia 2003;44 (Suppl 3):4–13
2. Centers for Disease Control (CDC). Economic burden of spina bifida: United States, 1980-1990. Morb Mortal Wkly Rep 1989;38(15):264–267
3. Shaer CM, Chescheir N, Schulkin J. Myelomeningocele: a review of the epidemiology, genetics, risk factors for conception, prenatal diagnosis, and prognosis for affected individuals. Obstet Gynecol Surv 2007;62(7):471–479
4. Nilesh K, Mukherji S. Congenital muscular torticollis. Ann Maxillofac Surg 2013;3(2):198–200
5. Tomczak KK, Rosman NP. Torticollis. J Child Neurol 2013;28(3):365–378
6. Das BK, Matin A, Roy RR, Islam MR, Islam R, Khan R. Congenital muscular torticollis: A descriptive study of 16 cases. Bangladesh J Child Health. 2010;34(3):92–98
7. Tracy MR, Dormans JP, Kusumi K. Klippel-Feil syndrome: clinical features and current understanding of etiology. Clin Orthop Relat Res 2004;(424):183–190

17 Discectomia Cervical Anterior e Fusão

Ankur S. Narain ▪ Fady Y. Hijji ▪ Philip K. Louie ▪ Daniel D. Bohl ▪ Kern Singh

17.1 Relato de Caso: Caso Clínico e Imagens Pré-Operatórias

Um homem de 38 anos chega ao consultório com dor no pescoço de longa data com irradiação bilateral para os membros superiores. O paciente relata dormência e formigamento bilateral nos antebraços. Também relata fraqueza e diminuição da força de preensão e destreza em ambos os membros superiores. Nega qualquer trauma recente ou infecções. O tratamento conservador com exercícios em casa, anti-inflamatórios não esteroidais (NSAIDs) e corticosteroides orais proporcionaram apenas alívio temporário.

17.2 Indicações

- Hérnia de disco cervical sintomática com radiculopatia ou mielopatia (**Fig. 17-1**).
- Espondilose cervical com radiculopatia ou mielopatia.
- Ossificação do ligamento longitudinal posterior associada à mielopatia.
- Fraturas cervicais instáveis.

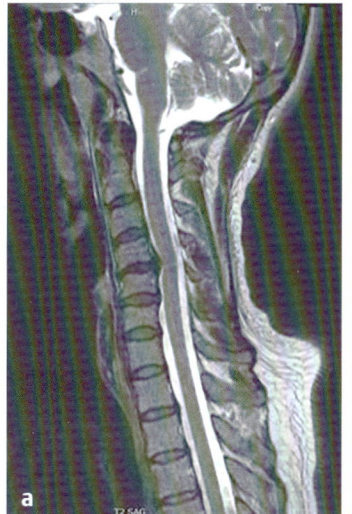

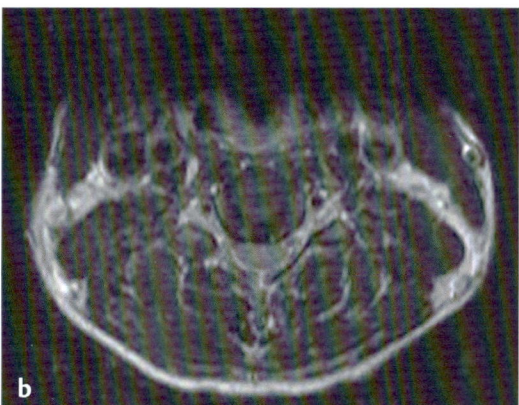

Fig. 17-1 (a, b) Imagens sagital e axial de ressonância magnética (MRI) ponderada em T2 demonstrando um núcleo pulposo herniado em C4-C5 com compressão medular.

17.3 Posicionamento

- Supino.
- Os pontos de referência superficiais são:
  - Borda inferior da mandíbula (C2-C3).
  - Osso hioide (C3).
  - Cartilagem tireoidiana (C4-C5).
  - Cartilagem cricoide (C6).

17.4 Abordagem

- Dissecção superficial:
  - Incisão cutânea à altura da patologia: oblíqua, da linha média à borda posterior do músculo esternoclidomastóideo (SCM):
    - Incise a bainha fascial sobre o músculo subcutâneo do pescoço; divida o músculo subcutâneo do pescoço em sentido longitudinal.
    - Não há nenhum plano internervoso, pois o músculo subcutâneo do pescoço, que é suprido pelo nervo facial, é dividido abaixo da bainha fascial.
  - Identifique a borda anterior do SCM e incise a fáscia imediatamente anterior a ela; retraia, de modo suave, o SCM lateralmente.
  - Retraia os músculos infra-hióideos e as estruturas traqueoesofágicas medialmente. Há um plano interno entre o SCM (nervo craniano [CN] XI) e os músculos infra-hióideos (C1-C3).
- Dissecção profunda:
  - A bainha carotídea agora está exposta; desenvolva um plano entre a bainha carotídea e as estruturas mediais.
  - Retraia a bainha carotídea e o SCM lateralmente.
  - Após o desenvolvimento de um plano profundo na fáscia pré-traqueal, as vértebras cervicais devem estar visíveis.
  - Divida o músculo longo do colo em sentido longitudinal (**Fig. 17-2**):
    - O nervo laríngeo recorrente pode ser danificado durante essa abordagem; proteja-o com afastadores colocados sob a borda medial do músculo longo do colo.

17.5 Implantes e Material

- Os enxertos ósseos estruturais são colocados após a realização da discectomia:
  - Os enxertos ósseos podem ser autoenxertos ou aloenxertos.
  - Os enxertos também podem ser materiais alternativos, como polietertercetona (PEEK) ou fibra de carbono preenchida com osso local obtido da ressecção de osteófito ou de substitutos de enxerto ósseo.
- Uma placa cervical anterior e parafusos são usados para estabilizar os níveis vertebrais diretamente adjacentes ao espaço do disco removido.

Discectomia Cervical Anterior e Fusão

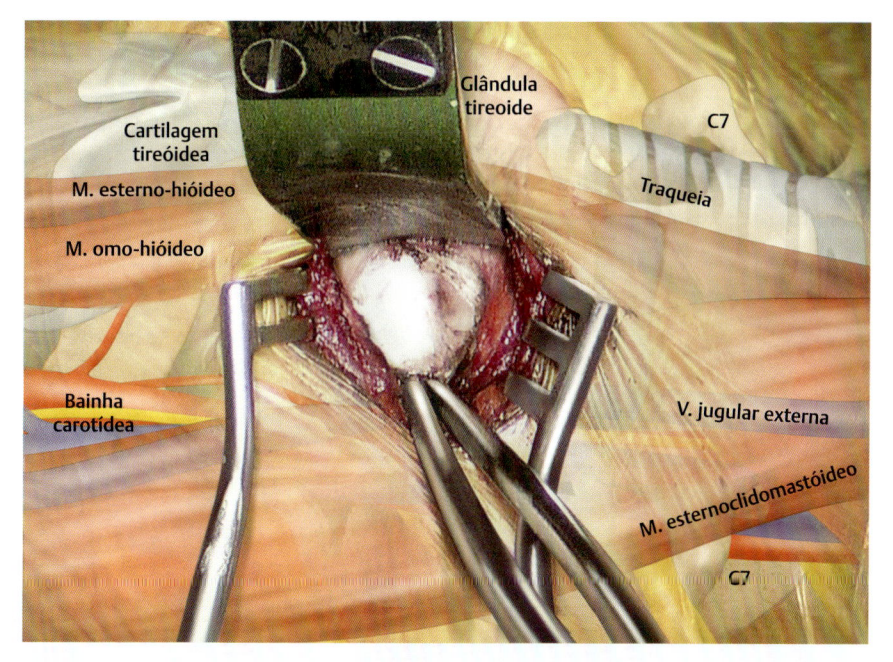

Fig. 17-2 Vista de cima para baixo. A exposição profunda mostra o corpo vertebral e os espaços adjacentes do disco após a retração do músculo longocolis. (Reproduzida com permissão de Singh K, Vaccaro AR, eds. Pocket Atlas of Spine Surgery. 2nd ed. New York, NY: Thieme; 2018.)

17.6 Relato de Caso: Imagens e Resultados Pós-Operatórios

O paciente foi submetido a uma discectomia e fusão cervical anterior (ACDF) em C4-C5 com colocação de um enxerto intercorpóreo, placa anterior e instrumentação com parafuso. Aos 6 meses de acompanhamento, o paciente relatou dor cervical mínima, com dormência e formigamento muito reduzidos em ambos os membros superiores. A tomografia computadorizada (CT) e a radiografia simples demonstraram o posicionamento adequado da instrumentação com fusão óssea sólida aos 6 meses após a cirurgia (**Fig. 17-3**).

17.6.1 Complicações

- Síndrome de Horner:
    - Causada por irritação dos nervos simpáticos ou do gânglio estrelado:
        - Mais comumente associada aos afastadores cervicais colocados acima do músculo *longus coli*.
    - Provoca ptose, anidrose, miose e perda do reflexo cilioespinal.
- Rouquidão:
    - Irritação do nervo laríngeo recorrente.

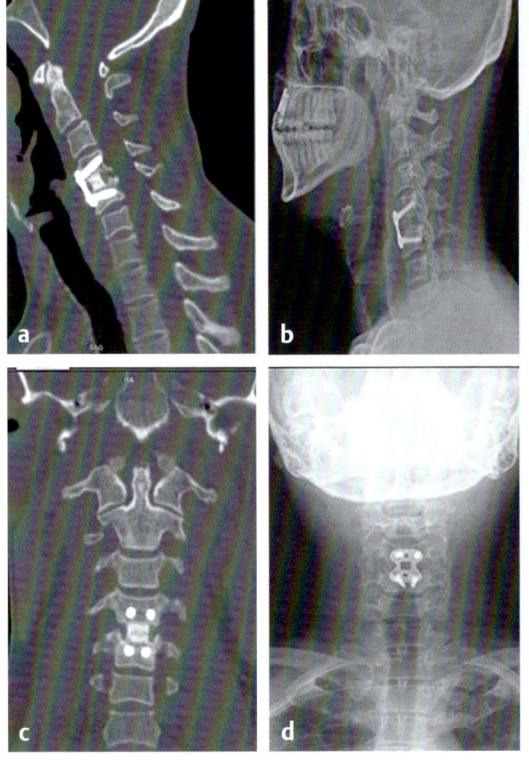

Fig. 17-3 (a, b) Tomografia computadorizada (CT) sagital e radiografia simples pós-operatórias demonstrando a colocação de cage anterior e a instrumentação com parafuso com fusão óssea. **(c, d)** CT pós-operatória em plano coronal e anteroposterior e radiografia simples demonstrando a colocação adequada do parafuso com fusão óssea.

- Prevenção:
  - Colocação dos afastadores sob a borda medial do músculo *longus coli*.
- Disfagia:
  - Causada pela retração excessiva do esôfago:
    - Mais comumente associada ao aumento do tempo operatório, número de níveis cirúrgicos e exposições em C3-C4 e C7-T1.
    - Não associada ao lado da exposição cirúrgica (ou seja, à direita ou à esquerda).
  - Prevenção:
    - Relaxamento intermitente dos afastadores automáticos durante o procedimento, esvaziamento parcial do *cuff* endotraqueal após a colocação dos afastadores cervicais.
- Hematoma retrofaríngeo:
  - Dificuldade respiratória e presença de massa cervical tensa.
  - Prevenção:
    - Colocação de um dreno cervical nos indivíduos suscetíveis (idade avançada, histórico de tabagismo, aumento dos níveis operatórios).
  - Tratamento:
    - Requer descompressão emergencial.

18 Laminoplastia Cervical Posterior com Instrumentação

Ankur S. Narain ▪ Fady Y. Hijji ▪ Philip K. Louie ▪ Daniel D. Bohl ▪ Kern Singh

18.1 Relato de Caso

Homem de 70 anos de idade chega à clínica com queixa de piora da deambulação. O paciente também observa que a dor irradia para a escápula esquerda e o braço esquerdo e está associada a dormência e parestesia do antebraço e do polegar do lado esquerdo. Também nota fraqueza e dificuldade em tarefas motoras finas, como abotoar a camisa. Ao exame físico, o paciente apresenta diminuição da sensibilidade do antebraço, do polegar e do dedo indicador do lado esquerdo. O paciente apresenta força total na abdução do ombro, flexão e extensão do cotovelo e flexão e extensão do punho. O teste de Spurling é positivo, com sinal positivo de Hoffman. O paciente não consegue realizar o teste de liberação de apreensão 20 ciclos em 10 segundos. As radiografias do paciente e a ressonância magnética (MRI) são mostradas nas **Figs. 18-1** e **18-2**. Subsequentemente, o paciente deve ser submetido à laminoplastia cervical posterior com instrumentação de C3 a C6.

18.2 Indicações

- Hérnias de disco cervical paracentral.
- Estenose medular cervical em múltiplos níveis.
- Tumores cervicais.

18.3 Posicionamento

- Decúbito dorsal.
- Pontos de referência:
  - Processos espinhosos:
    - C2, C7 e T1 são os maiores processos espinhosos na região cervical.
    - C7 e T1 são difíceis de diferenciar à palpação.

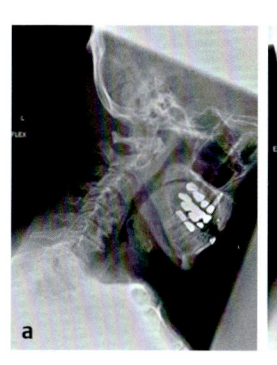

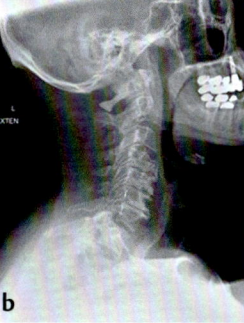

Fig. 18-1 Radiografias cervicais em flexão (**a**) e extensão (**b**). Há espondilose cervical significativa de C3-T1 com espondilolistese C3-C4 e C7-T1.

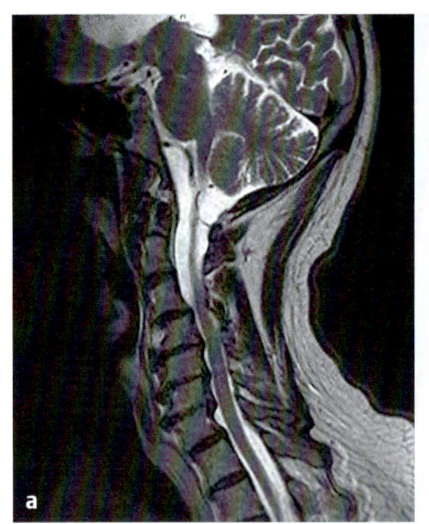

Fig. 18-2 Ressonância magnética cervical sagital (**a**) e axial (**b**) ponderada em T2. Há espondilose C3-T1 com estenose medular moderada a grave.

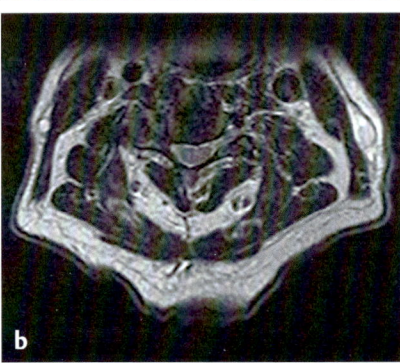

18.4 Abordagem

18.4.1 Dissecção Superficial

- A incisão cutânea é feita na linha média sobre os níveis cervicais visados:
  - Imagens intraoperatórias e de colocação da agulha são necessárias para confirmar o nível correto de descompressão.
  - O plano interno está localizado entre os músculos cervicais paravertebrais de ambos os lados. Os ramos dorsais das raízes cervicais suprem essa região.
- Os músculos paracervicais são incisados de forma subperiosteal para evitar sangramento:
  - Somente a porção medial da junção da lâmina/faceta é exposta.

Laminoplastia Cervical Posterior com Instrumentação

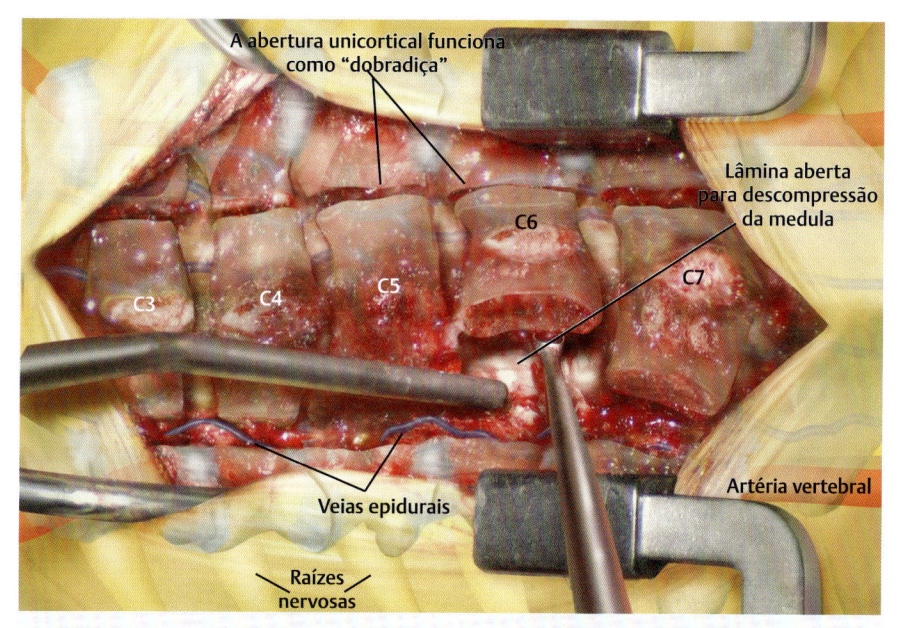

Fig. 18-3 Vista de cima para baixo. Uma abertura bicortical e uma abertura unicortical foram criadas e a lâmina foi aberta para descomprimir a medula espinal. (Reproduzida com permissão de Singh K, Vaccaro AR, eds. Pocket Atlas of Spine Surgery. 2nd ed. New York, NY: Thieme; 2018.)

18.4.2 Dissecação Profunda

- Os processos espinhosos são removidos nos níveis desejados.
- A junção entre a lâmina e as facetas é identificada e uma abertura é criada (**Fig. 18-3**):
  - Esta abertura é bicortical e penetra o osso por completo.
- Uma abertura semelhante é feita no lado contralateral; no entanto, esse lado é unicortical:
  - Atua como dobradiça.

18.5 Implantes e Material

- A lâmina é levantada usando a abertura unicortical como dobradiça.
- As placas são presas à extremidade livre na massa lateral (**Fig. 18-4**).

18.6 Relato de Caso: Imagens e Resultados Pós-Operatórios

O paciente foi submetido à laminoplastia cervical posterior de C3 a C6 com instrumentação. Às 6 semanas de acompanhamento, o paciente nota melhora significativa da dor e resolução completa de seus déficits sensoriais e motores. As radiografias pós-operatórias demonstram o posicionamento adequado do instrumento (**Fig. 18-5**).

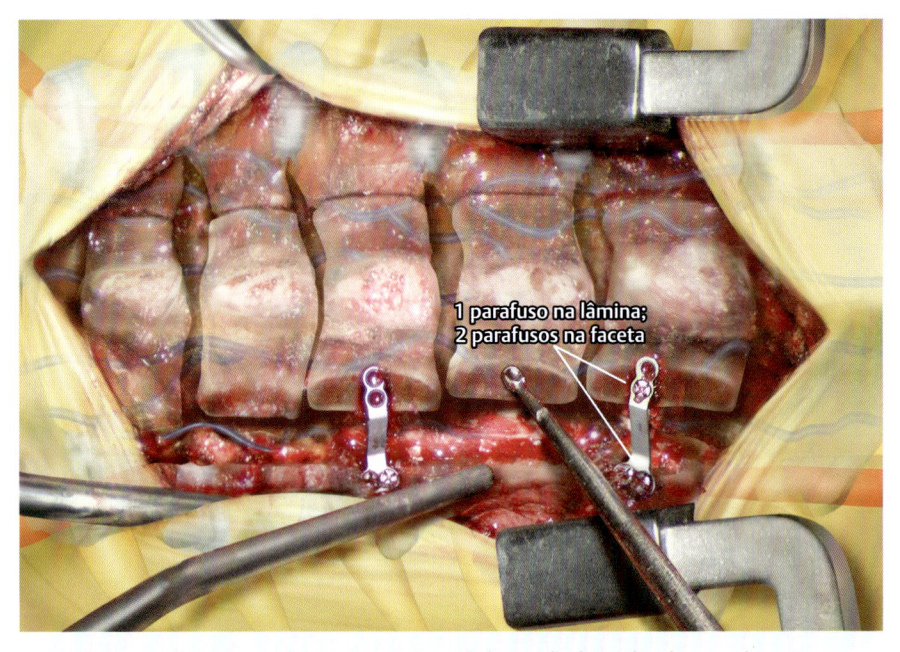

Fig. 18-4 Vista de cima para baixo. Exposição na linha média foi realizada com elevação subperiosteal dos músculos paracervicais até as articulações facetárias mediais. (Reproduzida com permissão de Singh K, Vaccaro AR, eds. Pocket Atlas of Spine Surgery. 2nd ed. New York, NY: Thieme; 2018.)

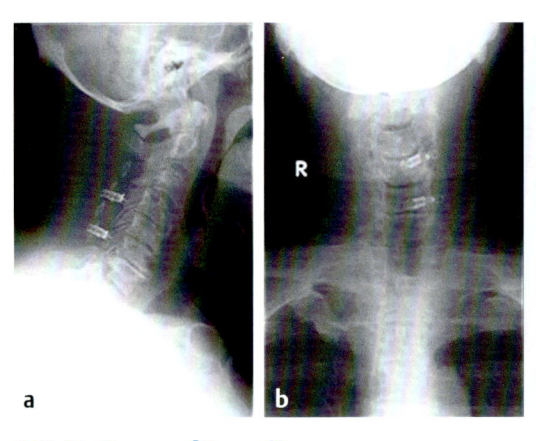

Fig. 18-5 Radiografia lateral (**a**) e anteroposterior (**b**). Radiografias pós-operatórias obtidas 6 semanas após a laminoplastia cervical posterior demonstrando a instrumentação colocada nas lâminas C4 e C6.

18.7 Complicações

- Paralisia da raiz do nervo C5:
  - Incidência de 0,5 a 13,3%.
  - Etiologia obscura:
    - Acredita-se que seja causada pela translação posterior da medula espinal após a descompressão:
      - A raiz curta do nervo C5 sofre alongamentos subsequentes.

- Nenhum método preventivo claro neste momento.
  - Fatores de risco:
    - Associada à rotação significativa da medula espinal.
    - Desvio excessivo da medula espinal posterior.
    - Forame estreito.
    - Ossificação do ligamento longitudinal posterior.
  - Quadro clínico:
    - Fraqueza de bíceps e deltoide.
    - Perda sensorial da porção lateral superior do braço.
    - Observado 48 a 72 horas após a cirurgia.
  - Tratamento:
    - Autolimitada; a maioria dos casos se resolve em 6 meses.
- Dor e rigidez cervical pós-operatória:
  - Incidência de 40 a 60% e 20 a 50% de dor e rigidez cervical, respectivamente. No entanto, esta incidência é baseada na literatura mais antiga, onde os pacientes eram imobilizados por 6 a 12 semanas após a cirurgia.
  - Etiologia obscura:
    - Atribuída ao descolamento periósteo paracervical excessivo e à imobilização pós-operatória.
  - Fatores de risco:
    - Lesão da articulação facetária no período intraoperatório.
  - Prevenção:
    - Manter a exposição medial às cápsulas facetárias para evitar danos diretos.
- Hematoma pós-operatório:
  - Lesões nos vasos peridurais de paredes finas no canal cervical podem causar sangramento excessivo.
  - Tratamento:
    - Controle o sangramento com esponjas hemostáticas no período intraoperatório.
  - Prevenção:
    - Faça a hemostasia adequada antes do fechamento.
    - A colocação de drenos nas feridas durante a execução rotineira pode não impedir a formação de um hematoma.

Leituras Sugeridas

1. Ratliff JK, Cooper PR. Cervical laminoplasty: a critical review. J Neurosurg 2003;98(3, Suppl):230–238
2. Gu Y, Cao P, Gao R, et al. Incidence and risk factors of C5 palsy following posterior cervical decompression: a systematic review. PLoS One 2014;9(8):e101933
3. Hosono N, Yonenobu K, Ono K. Neck and shoulder pain after laminoplasty. A noticeable complication. Spine 1996;21(17):1969–1973

19 Laminectomia e Fusão na Região Cervical Posterior

Ankur S. Narain ▪ Fady Y. Hijji ▪ Philip K. Louie ▪ Daniel D. Bohl ▪ Kern Singh

19.1 Apresentação de Caso e Imagens Pré-Operatórias

Mulher de 61 anos apresenta-se ao consultório com cervicalgia crônica e parestesia na mão direita. A parestesia é exacerbada quando ela roda a cabeça para a direita, olha para cima e ao alcançar objetos suspensos. Ela tem força muscular 5/5 e reflexos normoativos nas extremidades superiores bilateralmente, não apresentando clono nem espasticidade. O sinal de Hoffman é positivo bilateralmente. A terapia conservadora com calor local e bolsas de gelo, bem como fisioterapia, proporcionou alívio mínimo da dor. Recomendou-se ressonância magnética (MRI) da coluna cervical (**Fig. 19-1**).

19.2 Indicações

- Discopatia cervical degenerativa com estenose central, estenose neuroforaminal ou mielopatia.
- Tumor.
- Abscesso epidural.
- Ossificação do ligamento longitudinal posterior com estenose.

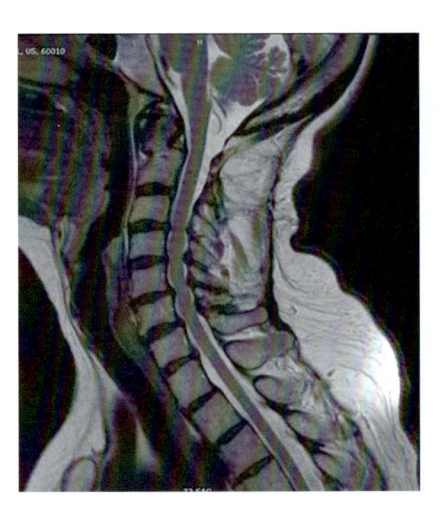

Fig. 19-1 Ressonância magnética (MRI) sagital ponderada em T2 demonstrando estenose vertebral central em C4-C5 e C5-C6.

19.3 Posicionamento

- Decúbito ventral.
- Pontos de referência:
  - Processos espinhosos;
    - C2, C7-T1 são os mais proeminentes.

19.4 Acesso

- Dissecção superficial:
  - Faz-se incisão reta na linha média:
    - Plano internervoso está na linha média; os músculos paracervicais são inervados de maneira segmentar pelos ramos posteriores esquerdo e direito.
    - Sangramento mínimo pode originar-se nos plexos venosos.
  - A dissecção é realizada pelo ligamento nucal:
    - Contínua com o ligamento supraespinhoso.
- Dissecção profunda:
  - Remova os músculos paracervicais pela via subperiosteal (**Fig. 19-2**):
    - Pode ocorrer sangramento excessivo dos vasos arteriais segmentares.
  - Realize a laminectomia na junção entre a lâmina e a massa lateral de cada lado:
    - As veias epidurais são finas e podem sangrar copiosamente.

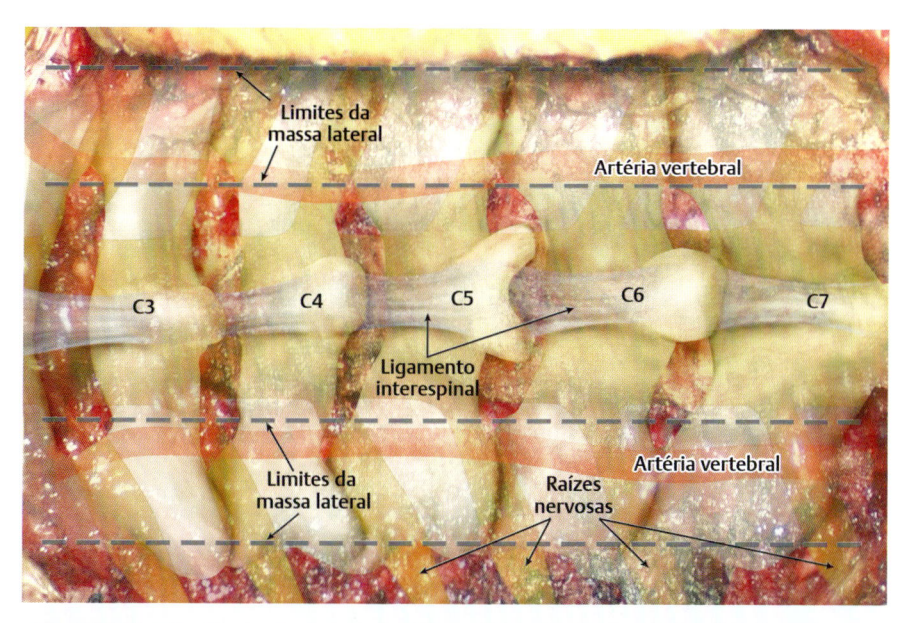

Fig. 19-2 Visualização de cima para baixo. Dissecção profunda e remoção subperiosteal dos músculos paracervicais com exposição adequada dos limites superior, inferior, medial e lateral da massa lateral. (Reproduzida com permissão de Singh K, Vaccaro AR, eds. Pocket Atlas of Spine Surgery. 2nd ed. New York, NY; Thieme; 2018.)

19.5 Implantes e Instrumentais

- Parafusos para a massa lateral são colocados e conectados por meio de hastes e conectores transversais.

19.6 Apresentação de Caso: Imagens Pós-Operatórias e Resultados

A paciente foi submetida à laminectomia cervical posterior e fusão (PCLF) em C3-C7 com instrumentação com parafuso na massa lateral, bilateralmente, para fixação. A paciente notou significativa melhora dos sintomas após 6 meses da cirurgia, com diminuições da dor, do adormecimento e das parestesias, comparando-se à apresentação inicial. As radiografias pós-operatórias demonstraram colocação adequada da instrumentação sem evidências de afrouxamento (**Fig. 19-3**).

19.7 Complicações

- Lesão de raiz nervosa
  - Dano direto durante foraminotomia ou colocação de parafuso na massa lateral.
  - Paralisia de C5 é a mais comum (0,5-8%).
  - Prevenção:
    - Mantenha uma trajetória cranial e lateral para a colocação dos parafusos.
  - Tratamento:
    - Paralisia nervosa geralmente limitada e que se resolve em 6 a 12 meses.
- Durotomia:
  - Laceração da dura resultante do dano direto durante laminectomia.
  - Apresentação com cefaleia ortostática, náuseas e vômitos.
  - Prevenção:
    - É preciso cuidado ao colocar instrumentos grandes perto do canal central.
  - Tratamento:
    - Reparo primário com fio de sutura não absorvível.
    - Cabeça elevada para reduzir a pressão sobre o reparo.

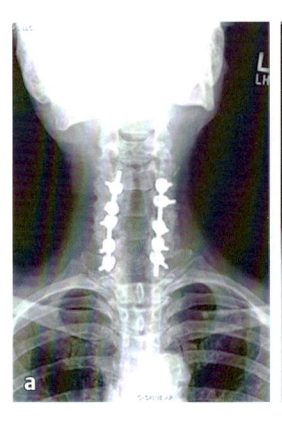

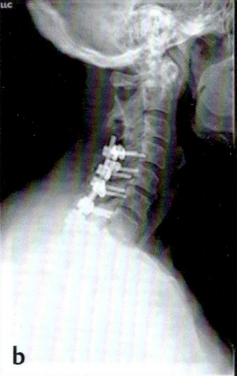

Fig. 19-3 Radiografias pós-operatórias cervicais anteroposterior (**a**) e em perfil (**b**) mostrando laminectomia cervical posterior e fusão com a colocação de parafuso na massa lateral com conectores em haste.

- Lesão da artéria vertebral
  - Costuma ocorrer por mau direcionamento dos parafusos na massa lateral.
  - Apresenta-se com hemorragia, possível isquemia no sistema nervoso central.
  - Incidência de 4 a 8%.
  - Prevenção:
    - Assegurar planejamento cirúrgico adequado pelo uso de imagens pré-operatórias para determinar o trajeto arterial.
  - Tratamento:
    - Reposição volêmica intravenosa (IV) agressiva, colocação da cabeça em posição neutra.
    - Hemostasia por meio de pressão digital, Gelfoam.
    - Intervenções cirúrgicas definitivas: reparo primário *versus* derivação *versus* sacrifício:
      - A artéria vertebral não dominante frequentemente pode ser sacrificada de modo seguro e sem complicação.
- Hematoma epidural pós-operatório
  - Acúmulo de edema e sangramento no pós-operatório.
  - Apresenta-se com déficit neurológico pós-operatório gradual.
  - Os fatores de risco incluem aumento do número de níveis cirúrgicos, história de coagulopatias ou anomalias vasculares.
  - Prevenção:
    - Colocação de drenos cervicais subfasciais antes do fechamento.

Leituras Sugeridas

1. Awad JN, Kebaish KM, Donigan J, Cohen DB, Kostuik JP. Analysis of the risk factors for the development of post-operative spinal epidural haematoma. J Bone Joint Surg Br 2005;87(9):1248–1252
2. Schroeder GD, Hsu WK. Vertebral artery injuries in cervical spine surgery. Surg Neurol Int 2013;4(Suppl 5):S362–S367

20 Fusão Lombar Posterolateral Aberta

Ankur S. Narain ▪ Fady Y. Hijji ▪ Philip K. Louie ▪ Daniel D. Bohl ▪ Kern Singh

20.1 Apresentação de Caso

Mulher de 59 anos apresenta-se à clínica com história de 9 meses de dor bilateral nas extremidades inferiores e disestesias que se irradiam para a parte lateral da coxa direita e parte medial da panturrilha. Ela descreve sua dor como constante, melhorando apenas quando se inclina para frente. Afirma que a dor piora com atividade, inclusive ficar em pé e caminhar por períodos prolongados de tempo. Nega melhora da dor depois de 6 meses de fisioterapia e infiltrações epidurais. Ao exame físico, a paciente demonstra fraqueza de extensão do hálux no pé direito e déficits de sensibilidade no dorso do pé. Não há hiper nem hiporreflexia à pesquisa do reflexo do tendão do calcâneo direito. As radiografias e ressonância magnética (MRI) do paciente são apresentadas nas **Figuras 20-1 e 20-2**. Agendou-se para a paciente uma fusão lombar posterolateral (PLF) aberta do interespaço L4-L5.

20.2 Indicações

- Compressão de raiz nervosa lombar.
- Instabilidade lombar.
- Tumores lombares posteriores.
- Infecção ou abscesso lombar posterior.

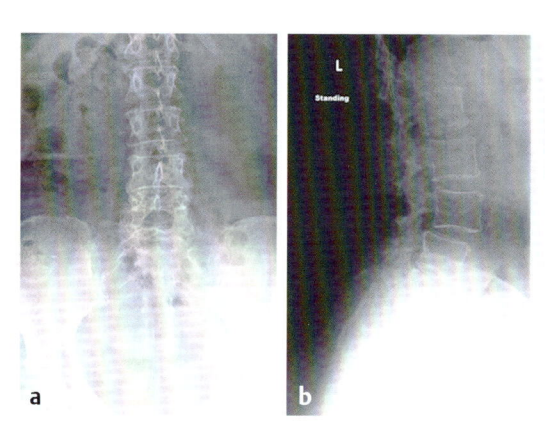

Fig. 20-1 Radiografias anteroposterior (**a**) e em perfil (**b**). Há espondilolistese degenerativa de grau 1 no nível do disco L4-L5 com estenose do canal vertebral e estreitamento neuroforaminal.

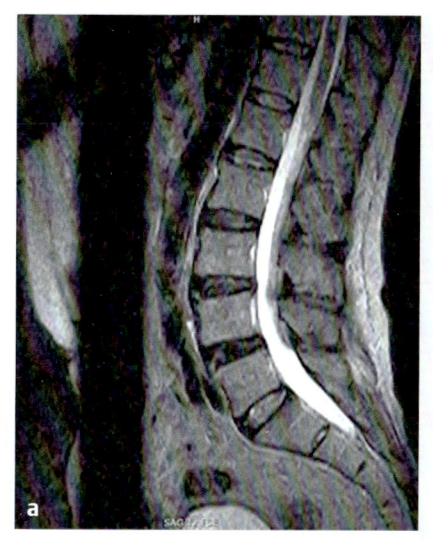

Fig. 20-2 Corte sagital (**a**) e axial (**b**) de uma MRI lombar ponderada em T2. Há espondilolistese degenerativa de L4-L5 grau 1 com estenose moderada do canal vertebral.

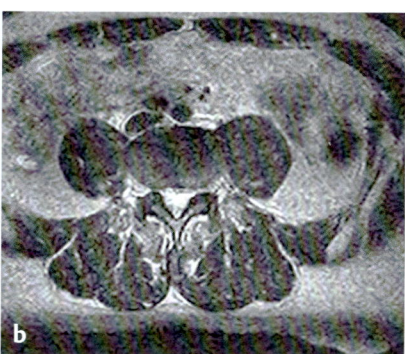

20.3 Posicionamento

- Decúbito ventral.
- Os pontos de referência de superfície incluem os seguintes:
    - Crista ilíaca:
        ◊ Tipicamente se situa no nível do disco intervertebral L4-L5.
    - Processos espinhosos:
        ◊ O método ideal de identificar o nível de interesse é introduzir uma agulha no processo espinhoso e fazer uma radiografia por meio de fluoroscopia.

20.4 Acesso

- Dissecção superficial:
    - Faz-se a incisão na pele na linha média no nível desejado.
    - A fáscia é identificada e aberta na linha média sobre o processo espinhoso.

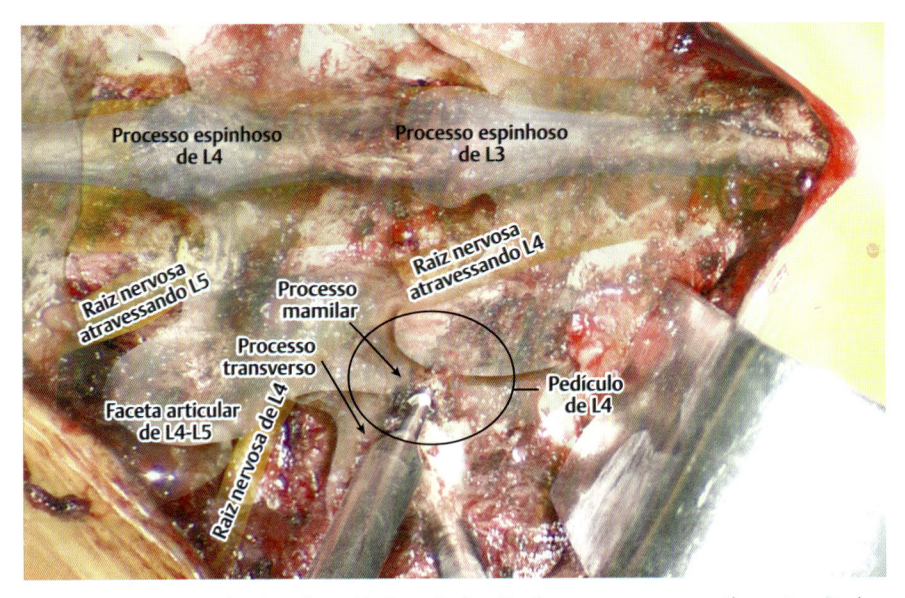

Fig. 20-3 Os pontos de início do pedículo estão localizados no processo mamilar na junção do canto inferolateral da faceta articular. (Reproduzida com permissão de Singh K, Vaccaro AR, eds. Pocket Atlas of Spine Surgery. 2nd ed. New York, NY: Thieme, 2018.)

- Realiza-se dissecção subperiosteal da musculatura paraespinal lombar, expondo as facetas articulares:
  - O ponto internervoso é localizado ao longo da linha de incisão entre os músculos paraespinais esquerdos e direitos:
    - Os ramos primários dorsais lombares irrigam esses músculos.
- Dissecção profunda:
  - A faceta articular é ressecada, e o processo articular superior e o processo transverso das vértebras caudais são expostos (**Fig. 20-3**).
  - Localiza-se o ponto de início do parafuso do pedículo:
    - Indicado pelo processo mamilar:
      - Junção do processo transverso, parte lateral interarticular e faceta superior.

20.5 Implantes e Instrumental

- O pedículo é puncionado e medido:
  - A trajetória do parafuso do pedículo vai de 5 a 20 graus, medialmente (dependendo do nível lombar), aumentando com a progressão caudal.
- Uma vez criado o trajeto do pedículo, é importante confirmar uma trajetória intraóssea completa por palpação do pedículo e do corpo usando um dispositivo de som no pedículo:
  - Podem-se usar imagens fluoroscópicas subsequentes para confirmação da trajetória apropriada.
- Insere-se um parafuso com diâmetro e comprimento apropriados (**Fig. 20-4**).

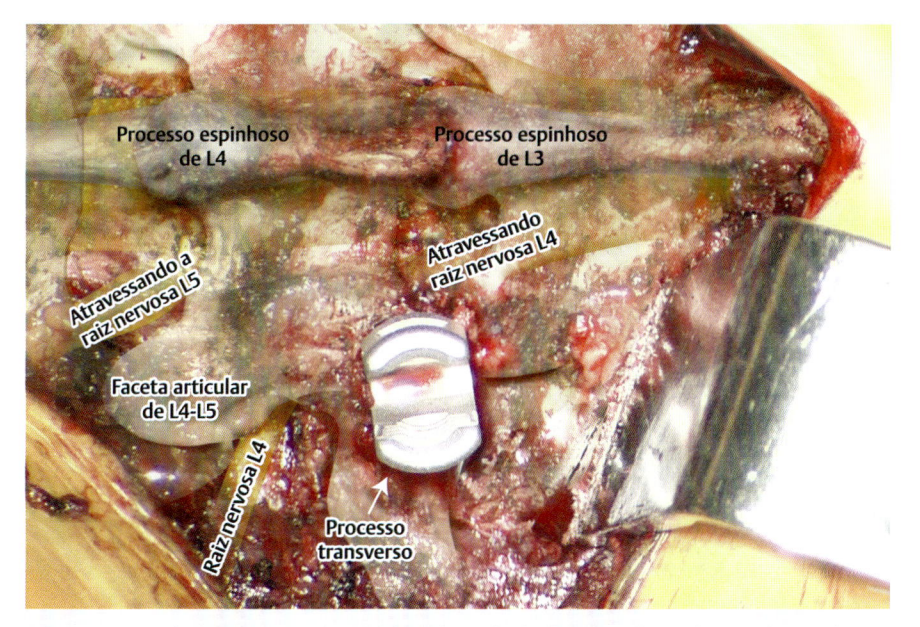

Fig. 20-4 Visualização posterior. O parafuso do pedículo foi colocado nos limites da parede do pedículo. Observe a trajetória medial e discretamente caudal. (Reproduzida com permissão de Singh K, Vaccaro AR, eds. Pocket Atlas of Spine Surgery. 2nd ed. New York, NY: Thieme, 2018.)

- Isso é repetido para cada nível desejado.
- Inserem-se hastes para conectar os parafusos.

20.6 Apresentação de Caso: Resultados e Imagens Pós-Operatórias

A paciente foi submetida a uma fusão lombar posterolateral com colocação de parafusos de pedículo unilaterais nos pedículos de L4 e L5 à direita. No controle de 6 meses, a paciente relata resolução da radiculopatia com melhora da força e da sensibilidade. A paciente também nota melhora de sua lombalgia baixa. As imagens pós-operatórias demonstram instrumentação posterior sem evidência de apresentar deslocamentos ou saída dos parafusos (**Fig. 20-5**).

20.7 Complicações

- Má colocação do parafuso:
  - Posicionamento do parafuso além do pedículo, resultando em lesão das estruturas vizinhas:
    - Incidência de aproximadamente 5%.
    - Apresenta-se com possível dorsalgia, disfunção neurológica, lacerações durais, lesão vascular, lesão visceral e/ou perda da fixação vertebral a longo prazo.

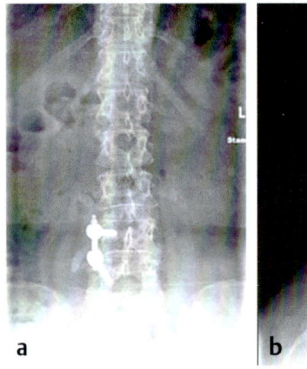

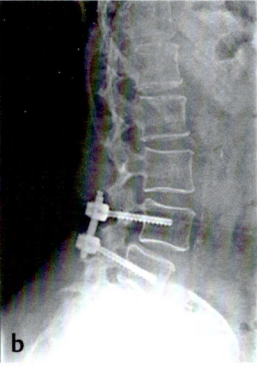

Fig. 20-5 Radiografias anteroposterior (**a**) e em perfil (**b**). Radiografias em 6 meses de pós-operatório após fusão lombar posterolateral (PLF) de L4-L5, demonstrando posicionamento e fixação apropriados dos parafusos do pedículo unilateralmente.

- Prevenção:
    - Maximize o tamanho da exposição realizando laminectomia ou facetectomia.
    - Utilize imagens pré-operatórias para selecionar implante com tamanho apropriado com base na largura e angulação do pedículo do paciente.
    - Confirme a colocação do parafuso com fluoroscopia intraoperatória.
- Fratura do pedículo:
    - Fratura da parede lateral durante a colocação do parafuso do pedículo:
        - Impede a ancoragem apropriada do parafuso do pedículo para a fixação adequada.
    - Fatores de risco:
        - Osteoporose.
        - Gênero feminino.
        - Tabagismo.

Leituras Sugeridas

1. Inoue M, Inoue G, Ozawa T, et al. L5 spinal nerve injury caused by misplacement of outwardly-inserted S1 pedicle screws. Eur Spine J 2013;22(Suppl 3):S461–S465
2. Esses SI, Sachs BL, Dreyzin V. Complications associated with the technique of pedicle screw fixation. A selected survey of ABS members. Spine 1993;18(15):2231–2238,discussion 2238–2239
3. Amato V, Giannachi L, Irace C, Corona C. Accuracy of pedicle screw placement in the lumbosacral spine using conventional technique: computed tomography postoperative assessment in 102 consecutive patients. J Neurosurg Spine 2010;12(3):306–313
4. Lattig F, Fekete TF, Jeszenszky D. Management of fractures of the pedicle after instrumentation with transpedicular screws: a report of three patients. J Bone Joint Surg Br 2010;92(1):98–102

21 Fusão Intersomática Lombar Anterior

Ankur S. Narain ▪ Fady Y. Hijji ▪ Philip K. Louie ▪ Daniel D. Bohl ▪ Kern Singh

21.1 Apresentação de Caso e Imagens Pré-Operatórias

Mulher de 35 anos se apresenta no consultório com lombalgia axial de longa duração. A dor se irradia para ambas as extremidades inferiores, incluindo a parte posterior da coxa direita, a parte lateral da panturrilha direita e a parte posterior da coxa esquerda. A dor é persistente de maneira basal, mas piora com a deambulação e com mudanças de temperatura. Ela nega trauma ou infecções recentes. A terapia conservadora com fisioterapia, narcóticos e relaxantes musculares proporcionou alívio mínimo da dor. Pediu-se ressonância magnética (MRI) da coluna lombar (**Fig. 21-1**).

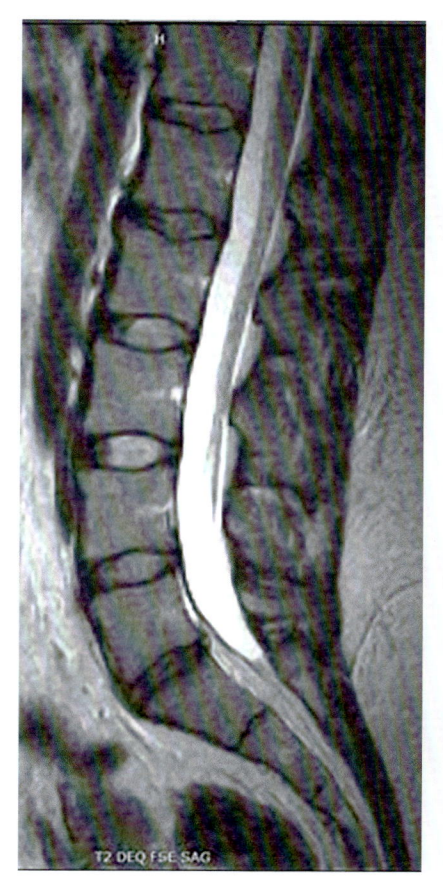

Fig. 21-1 MRI sagital ponderada em T2 demonstrando retrolistese em L5-S1 com colapso do espaço discal, protrusão central do disco e laceração anular posterior.

21.2 Indicações

- Espondilolistese (grau I ou II).
- Discopatia degenerativa
- Colapso pós-discectomia com estenose neuroforaminal.
- Revisão de pseudoartrose posterior ou de cifose pós-laminectomia.
- Desequilíbrio coronal e/ou sagital.

21.3 Posição

- Decúbito dorsal
- Pontos de referência:
  - Cicatriz umbilical: opostamente ao espaço discal L3-L4.
  - Sínfise púbica: o tubérculo púbico se localiza lateralmente à linha média.

21.4 Acesso

- Dissecção superficial:
  - Incisão na pele na linha média, localizada entre a cicatriz umbilical e a sínfise púbica (**Fig. 21-2**):
    - O plano internervoso está na linha média, já que a musculatura abdominal é inervada de modo segmentar pelo VII ao XII nervo intercostal.

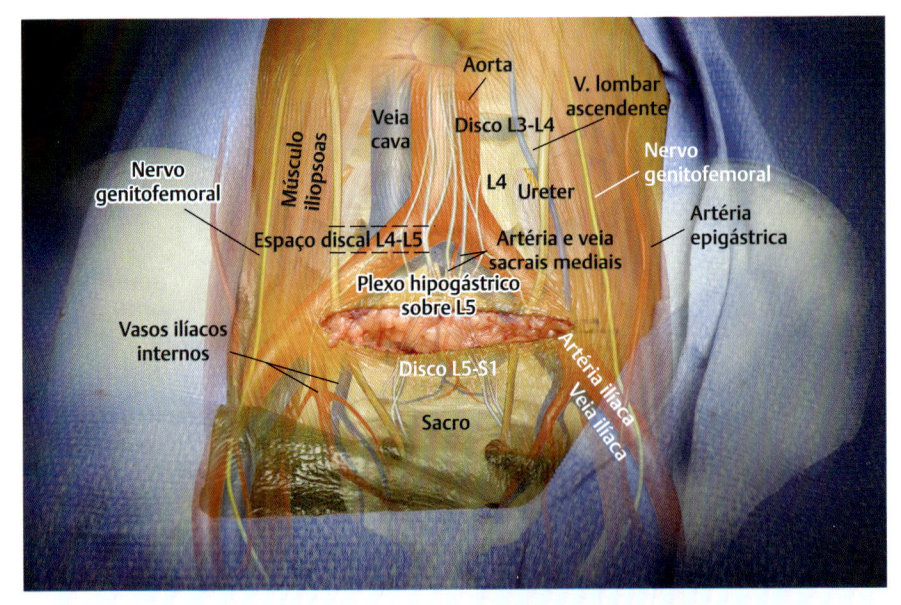

Fig. 21-2 Visualização de cima para baixo. Incisão na pele e representação das estruturas anatômicas subjacentes. (Reproduzida com permissão de Singh K, Vaccaro AR, eds. Pocket Atlas of Spine Surgery. 2nd ed. New York, NY: Thieme, 2018.)

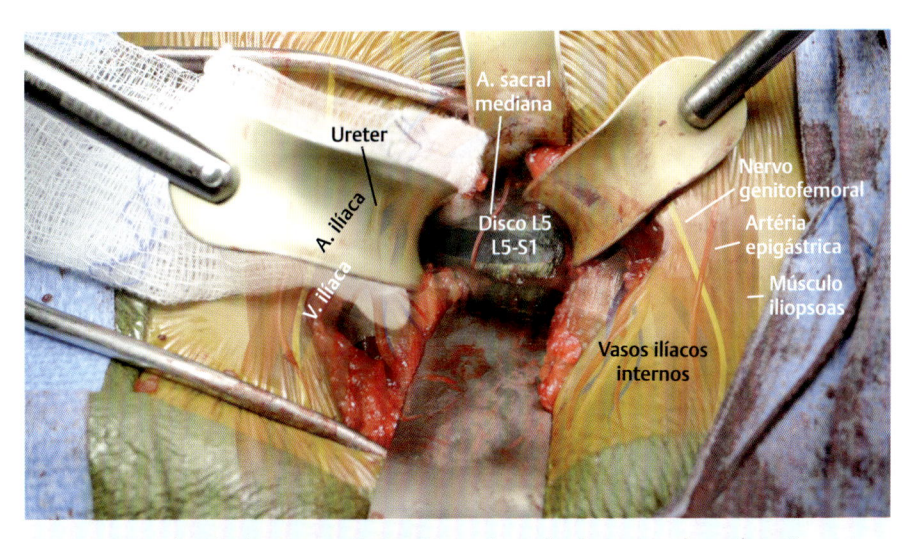

Fig. 21-3 Visualização de cima para baixo. Dissecção profunda mostrando a colocação de retratores e exposição do disco L5-S1 em relação a importantes pontos anatômicos. (Reproduzida com permissão de Singh K, Vaccaro AR, eds. Pocket Atlas of Spine Surgery. 2nd ed. New York, NY: Thieme, 2018.)

- A fáscia do músculo reto abdominal recebe incisão, e o ventre do músculo é mobilizado.
- A bainha do músculo reto recebe, então, uma incisão → expõe o retroperitônio.
- Dissecção profunda:
  - O retroperitônio é vasculhado lateralmente e colocam-se afastadores quando o músculo psoas é encontrado (**Fig. 21-3**):
    - É preciso cuidado para evitar lesão dos nervos ao plexo pré-sacral adjacente ou à artéria iliolombar, dependendo do nível da patologia.
    - Identifica-se e liga-se a artéria sacral média para prevenir hemorragia.
    - Pode ocorrer lesão visceral dos grandes vasos ou dos ureteres. Essas estruturas são identificadas e afastadas do campo operatório.
  - Os tecidos moles à frente do espaço discal são afastados medialmente.
  - Divulsão e limpeza do espaço discal.
  - Realiza-se anulotomia e remoção dos fragmentos do disco.
  - Preparam-se as placas terminais.

21.5 Instrumental e Implantes

- Depois de distração sequencial das placas terminais, continua-se a discectomia posteriormente até a visualização do ânulo posterior.
- Limpa-se o forame lateralmente por meio de microcureta.
- Espaçadores intervertebrais cheios de osso autólogo ou de aloenxerto são colocados com a fixação do parafuso nos corpos vertebrais cranial e caudal.

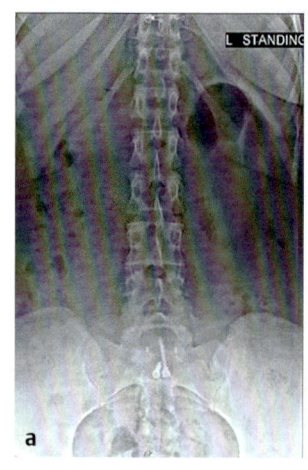

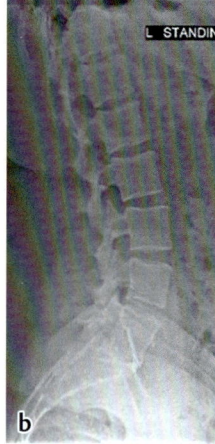

Fig. 21-4 Radiografias simples anteroposterior (**a**) e em perfil (**b**) demonstrando colocação adequada do espaçador intervertebral com fixação do parafuso. Vê-se boa consolidação óssea.

21.6 Apresentação de Caso: Resultados Pós-Operatórios e Imagens

A paciente foi submetida a uma fusão lombar intersomática anterior (ALIF) com colocação de um espaçador intervertebral com função independente. Ela apresentou melhora significativa da dor com 6 meses de pós-operatório. Foi demonstrada boa consolidação óssea nos estudos pós-operatórios por imagens (**Fig. 21-4**).

21.7 Complicações

- Lesão do plexo pré-sacral:
  - Causada por manipulação do plexo durante a dissecção.
  - Apresenta-se com ejaculação retrógrada com ou sem impotência.
  - Prevenção:
    - Certifique-se de que a incisão na linha média seja longa o suficiente para a mobilização do nervo.
    - Evite o uso de cautério monopolar.
- Lesão de grande vaso:
  - Em razão do afastamento inapropriado durante a exposição.
  - Apresenta-se com hemorragia; pode ser fatal.
  - Prevenção:
    - A ligadura de vasos lombares penetrantes permite afastamento mais efetivo dos grandes vasos.
  - Tratamento:
    - Hemostasia, sutura primária ou reparo com dupla ligadura.
    - Consulta à cirurgia vascular.
- Complicações abdominais:
  - Íleo adinâmico:
    - Apresenta-se com distensão abdominal, desconforto e diminuição da flatulência.

- Tratamento:
    - Coloque o paciente em jejum absoluto, administre líquidos intravenosos (IV) e repouso intestinal.
    - Laxativos e lento avanço da dieta na medida em que os sintomas se resolvam.
  - Lesão ureteral:
    - Ocorre durante dissecção profunda adjacente ao espaço discal.
    - Prevenção:
      - Identificação no campo cirúrgico e afastamento lateral.
- Subsidência, fratura da placa terminal e desalojamento do enxerto:
  - Causada pela colocação e dimensão inadequadas do espaçador intervertebral.
  - Apresenta-se com retropulsão ou pseudoartrose nas imagens, invasão neuroforaminal, levando a déficits neurológicos focais.
  - Prevenção:
    - Otimização do acesso cirúrgico por meio de imagens pré-operatórias adequadas.
    - Manutenção da orientação cirúrgica correta por meio de fluoroscopia intraoperatória.
    - Testes dos tamanhos dos implantes no intraoperatório.

Leituras Sugeridas

1. Sasso RC, Kenneth Burkus J, LeHuec JC. Retrograde ejaculation after anterior lumbar interbody fusion: transperitoneal versus retroperitoneal exposure. Spine 2003;28(10):1023–1026
2. Than KD, Wang AC, Rahman SU, et al. Complication avoidance and management in anterior lumbar interbody fusion. Neurosurg Focus 2011;31(4):E6
3. Tiusanen H, Seitsalo S, Osterman K, Soini J. Retrograde ejaculation after anterior interbody lumbar fusion. Eur Spine J 1995;4(6):339–342

22 Fusão Intersomática Lombar Transforaminal Minimamente Invasiva

Ankur S. Narain ▪ Fady Y. Hijji ▪ Philip K. Louie ▪ Daniel D. Bohl ▪ Kern Singh

22.1 Apresentação de Caso

Mulher de 52 anos se apresenta à clínica com dor na perna direita há 6 meses. A paciente nega benefício com a conduta conservadora prescrita pelo médico da atenção básica, que incluiu anti-inflamatórios não esteroidais (NSAIs), infiltrações epidurais com esteroides e fisioterapia. Ao exame físico, a paciente exibe um teste de Lasègue presente e déficits sensoriais ao longo da parte lateral da perna. Ela também demonstra leve fraqueza à dorsiflexão do hálux. Não há hipo ou hiper-reflexia observada nem sinal de Babinski presente. As radiografias lombares são mostradas nas **Figuras 22-1** e **22-2**. São apresentadas as radiografias e a ressonância magnética (MRI) da paciente. Agenda-se, subsequentemente, para a paciente, uma fusão intersomática lombar transforaminal minimamente invasiva (MIS TLIF) do espaço discal L5-S1.

22.2 Indicações

- Hérnias de discos lombares.
- Compressão de raízes nervosas lombares.
- Instabilidade lombar.
- Acesso à coluna lombar posterior com mínima perda de sangue e tempo de recuperação menor para o paciente.

22.3 Posicionamento

- Decúbito ventral.

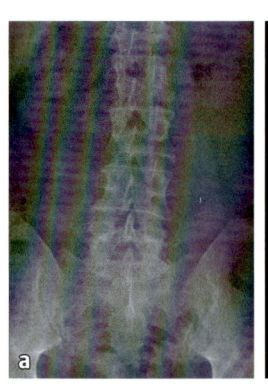

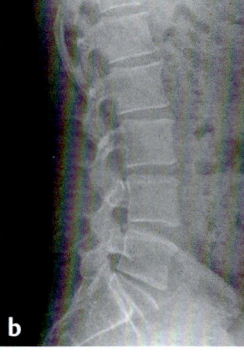

Fig. 22-1 Radiografias lombares anteroposterior (**a**) e em perfil (**b**). Há espondilose moderada do espaço discal L5-S1. Observe a perda de altura do disco e estreitamento do neuroforame.

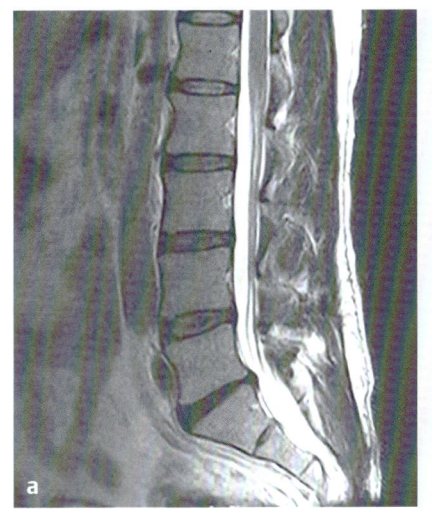

Fig. 22-2 MRI sagital (**a**) e axial (**b**) ponderada em T2. Há significativa estenose foraminal e moderada estenose central no nível do disco L5-S1.

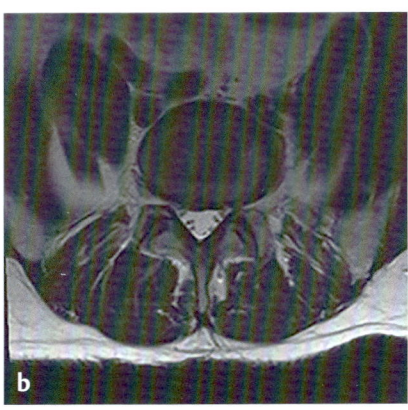

- Pontos de referência identificados por meio de imagens fluoroscópicas:
  - Processos espinhosos.
  - Linha pedicular (borda lateral do pedículo).

22.4 Acesso

- Dissecção superficial:
  - A incisão na pele é feita lateralmente à linha pedicular média (1 cm; **Fig. 22-3a**):
    - Utiliza-se fluoroscopia lateral para confirmar a localização dos dilatadores colocados no nível correto (**Fig. 22-3b**).
    - Não há plano internervoso verdadeiro aqui, onde o ponto de incisão e entrada é feito entre os músculos paraespinais, que são inervados de modo segmentar.
  - Os dilatadores são atracados acima da lâmina no nível da patologia com remoção da musculatura paraespinal residual.

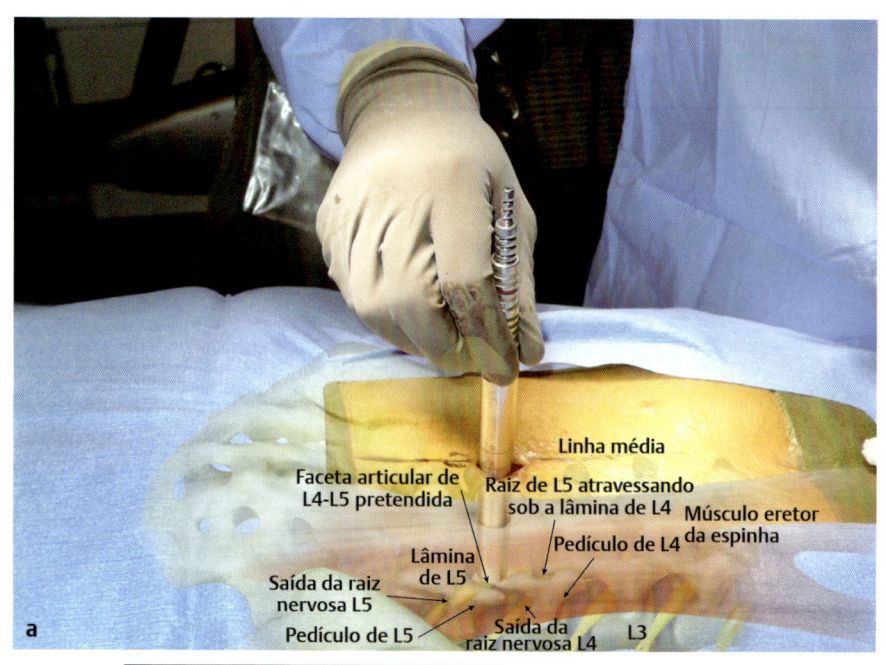

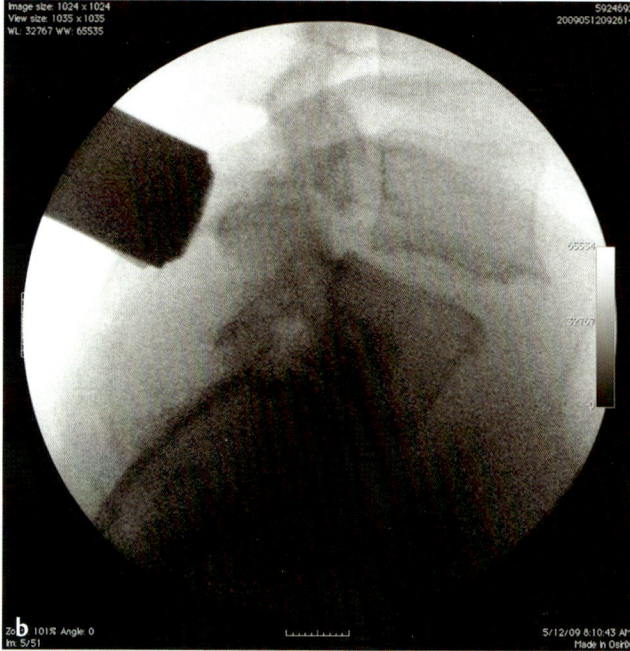

Fig. 22-3 Fluoroscopia intraoperatória mostrando a colocação de um dilatador sobrejacente à lâmina do nível do disco pretendido (**a**) com radiografia em perfil correspondente (**b**). Observe o acesso fora da linha média. (Reproduzida com permissão de Singh K, Vaccaro AR, eds. Pocket Atlas of Spine Surgery. 2nd ed. New York, NY: Thieme; 2018.)

Fusão Intersomática Lombar Transforaminal Minimamente Invasiva

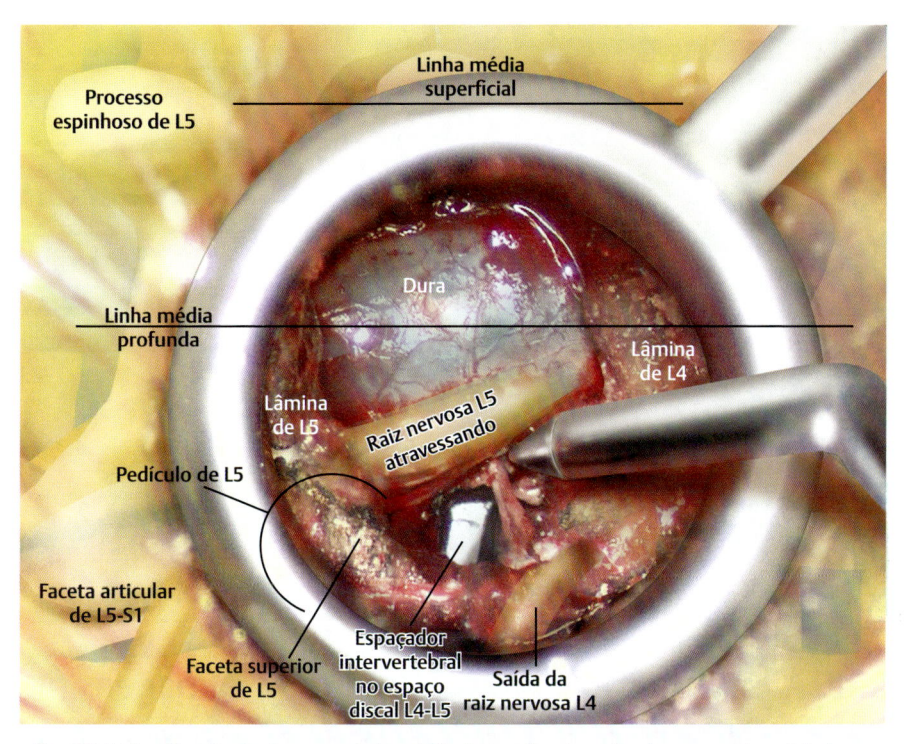

Fig. 22-4 Visualização de cima para baixo. A lâmina, as facetas articulares superior e inferior e o ligamento amarelo foram removidos, expondo a dura-máter e a raiz nervosa. (Reproduzida com permissão de Singh K, Vaccaro AR, eds. Pocket Atlas of Spine Surgery. 2nd ed. New York, NY: Thieme; 2018.)

- Dissecção profunda:
  - A lâmina e a faceta articular são removidas:
    - O processo articular superior da vértebra caudal é removido, primeiramente, durante a facetectomia:
      - A remoção inadequada da faceta pode resultar em espaço de trabalho estreitado, aumentando o risco de retração excessiva da raiz nervosa e má colocação/migração do espaçador intervertebral.
  - Uma vez completadas a laminectomia e a facetectomia, remove-se o ligamento amarelo:
    - O espaço discal, a dura e a raiz nervosa são expostos (**Fig. 22-4**).
    - As veias sobre o espaço discal e a dura podem causar sangramento abundante.

22.5 Implantes e Instrumental

- O espaço discal é preparado e o espaçador intervertebral é impactado no lugar (**Fig. 22-5**):
  - A remoção completa do disco intervertebral e a preparação apropriada da placa terminal reduzem o risco de pseudoartrose ou não consolidação.
- A fixação usando parafusos no pedículo posterior pode ser realizada a partir de um acesso posterior.

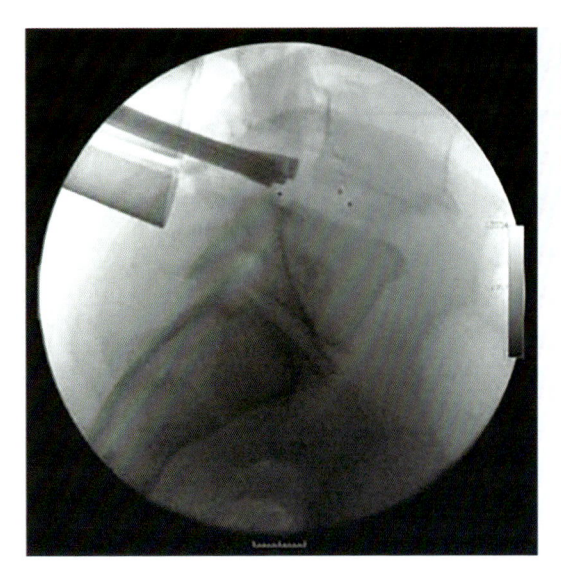

Fig. 22-5 Fluoroscopia intraoperatória empurrando a impacção do dispositivo intersomático para o espaço discal após remoção completa do disco e preparação da placa terminal.

22.6 Apresentação de Caso: Resultado e Imagens no Pós-Operatório

A paciente foi submetida a uma MIS TLIF de L5-S1 com colocação de um espaçador intervertebral com fixação suplementar usando parafusos pediculares bilaterais. No controle de 3 meses, a pacientes relata resolução da radiculopatia com melhora da força e da sensibilidade. A paciente também nota mínima volta da lombalgia. As imagens pós-operatórias demonstram instrumentação posterior estável sem evidências de migração do espaçador intervertebral ou pseudoartrose (**Figs. 22-6**, **22-7**).

22.7 Complicações

- Lesão de raiz nervosa:
    - Dano direto da raiz nervosa durante ou após o procedimento.
    - Causada por:
        - Manipulação intraoperatória ou má colocação do espaçador intervertebral.
        - Compressão por hematoma epidural em potencial:
            - Afeta mais comumente a raiz nervosa inferior.
    - Prevenção:
        - Identifique as raízes nervosas localizadas na zona de trabalho antes da discectomia.
- Durotomia:
    - Laceração da dura com subsequente vazamento de líquido cefalorraquidiano (CSF):
        - Muitas vezes ocorre durante a descompressão ou a ressecção do ligamento amarelo:
            - Rara em decorrência da exposição dural mínima neste acesso.
        - Pode apresentar-se com cefaleias pioradas com a elevação da cabeça ou fotofobia.

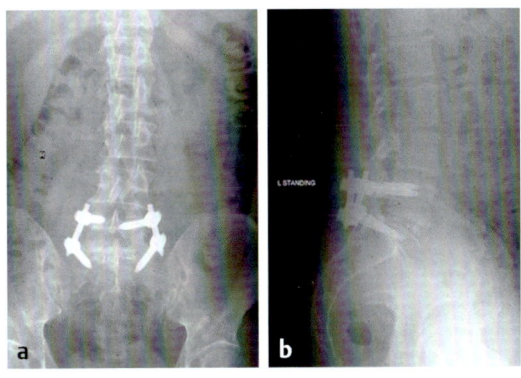

Fig. 22-6 Radiografias lombares anteroposterior (**a**) e em perfil (**b**). Radiografia com 3 mesesde pós-operatório após fusão intersomática lombar transforaminal minimamente invasiva (MIS TLIF) exibindo a colocação e um espaçador intervertebral com fixação bilateral suplementar.

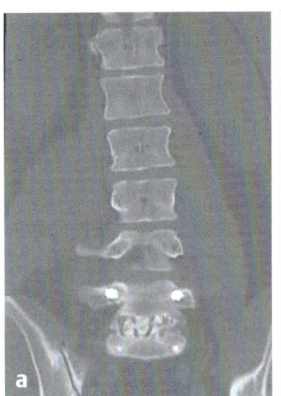

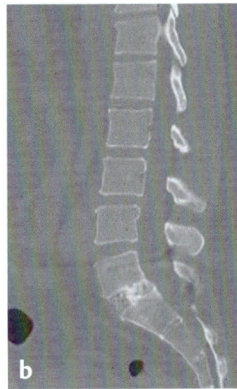

Fig. 22-7 Imagens de CT coronal (**a**) e sagital (**b**) pós-operatórias. CT pós-operatória após 12 meses demonstrando formação de pontes ósseas em L5-S1 sem evidência de pseudoartrose.

- Prevenção:
  - Abstenha-se da remoção do ligamento amarelo até que se complete a descompressão neural ipso e contralateral:
    - Saco tecal protegido por dura e empurrado anteriormente durante descompressão contralateral.
- Tratamento:
  - Reparo primário com suturas em fio não absorvível.
  - Elevação da cabeça durante repouso no leito para reduzir a pressão sobre o reparo.
- Má colocação do espaçador intervertebral:
  - Migração do espaçador intervertebral, causando compressão de estruturas neurais.
  - Remoção inadequada do disco, preparação inadequada das placas terminais vertebrais ou dano do ligamento longitudinal anterior aumentam o risco de má colocação.

Leituras Sugeridas

1. Wong AP, Smith ZA, Nixon AT, et al. Intraoperative and perioperative complications in minimally invasive transforaminal lumbar interbody fusion: a review of 513 patients. J Neurosurg Spine 2015;22(5):487–495
2. Knox JB, Dai JM III, Orchowski J. Osteolysis in transforaminal lumbar interbody fusion with bone morphogenetic protein-2. Spine 2011;36(8):672–676

23 Fusão Intersomática Lombar Lateral

Ankur S. Narain ▪ Fady Y. Hijji ▪ Philip K. Louie ▪ Daniel D. Bohl ▪ Kern Singh

23.1 Apresentação de Caso

Homem de 55 anos procura a clínica queixando-se de uma história de 8 meses de lombalgia com piora gradual. O paciente nota radiculopatia bilateral nas extremidades inferiores, irradiando-se para a parte anteromedial da coxa. Múltiplas tentativas de fisioterapia e infiltrações com esteroides não dão certo. Ao exame físico observa-se que o paciente exibe perda sensorial na parte anterior da coxa direita. Os achados de radiografias e ressonância magnética (MRI) do paciente são mostrados nas **Figuras 23-1** e **23-2**. O cirurgião indica uma fusão intersomática lombar lateral (LLIF) para o paciente.

23.2 Indicações

- Compressão de raiz nervosa lombar acima do nível da crista ilíaca.
- Instabilidade lombar.
- Tumores.
- Infecção ou abscesso lombar anterior.

23.3 Posicionamento

- Posição em decúbito lateral.
- Os pontos de referência superficiais incluem:
  - Costelas e espaços intercostais associados.
  - Sínfise púbica.
  - Borda lateral do músculo reto abdominal:
    - 5 cm lateralmente à linha média.
  - Processos espinhosos dos níveis desejados.

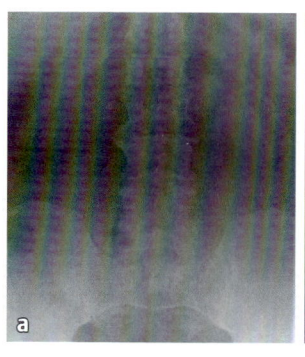

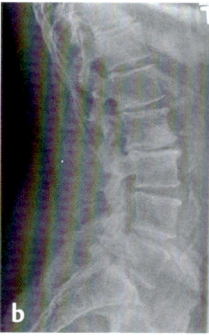

Fig. 23-1 Radiografias lombares anteroposterior (**a**) e em perfil (**b**). Fica aparente significativa espondilose no nível do disco L2-L3 com formação radial e anterior de osteófitos. Observe a retrolistese concomitante de L2 sobre L3.

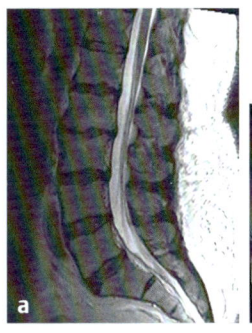

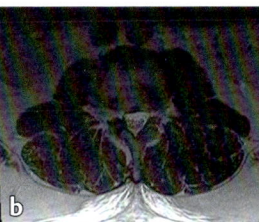

Fig. 23-2 Cortes sagital (**a**) e axial (**b**) de uma MRI lombar ponderada em T2. Há degeneração significativa do disco L2-L3 com moderada estenose foraminal bilateral.

23.4 Acesso

- Dissecção superficial:
  - A incisão na pele é feita na face lateral do nível desejado:
    - Usa-se fluoroscopia para determinar o nível apropriado.
  - As fáscias oblíqua externa, oblíqua interna e transversal são dissecadas (**Fig. 23-3**):
    - Não existe plano internervoso verdadeiro neste acesso; os músculos da parede abdominal seccionados são inervados de maneira segmentar.
- Dissecção profunda:
  - A fáscia transversal é aberta e se expõe e remove a gordura retroperitoneal.
  - O músculo psoas é, então, identificado e afastado posteriormente ou atravessado com neuromonitoramento contínuo cuidadoso (**Fig. 23-4**):
    - O plexo lombar situa-se no interior do músculo psoas e pode ser lesionado com manipulação excessiva.
  - O espaço discal é identificado e preparado.

23.5 Implantes e Instrumental

- O disco intervertebral é completamente removido e as placas terminais são preparadas.
- O espaçador intervertebral é impactado para o interior do espaço discal preparado.
- Pode-se realizar a fixação posterior percutânea suplementar usando um acesso lombar posterior.

23.6 Apresentação de Caso: Resultados Pós-Operatórios e Imagens

O paciente foi submetido a um procedimento de LLIF de L2-L3 com colocação de um espaçador intervertebral e fixação suplementar usando parafusos unilaterais de pedículo. No pós-operatório, o paciente se queixou de fraqueza na flexão do quadril de início novo com perda de sensibilidade contínua na parte anterior da coxa. No entanto, no retorno de 3 meses, o paciente notará resolução completa da fraqueza motora e da perda sensorial. No retorno de 9 meses, o paciente observa melhora da lombalgia e não surgiram novos sintomas neurológicos. As radiografias pós-operatórias são apresentadas na **Figura 23-5**.

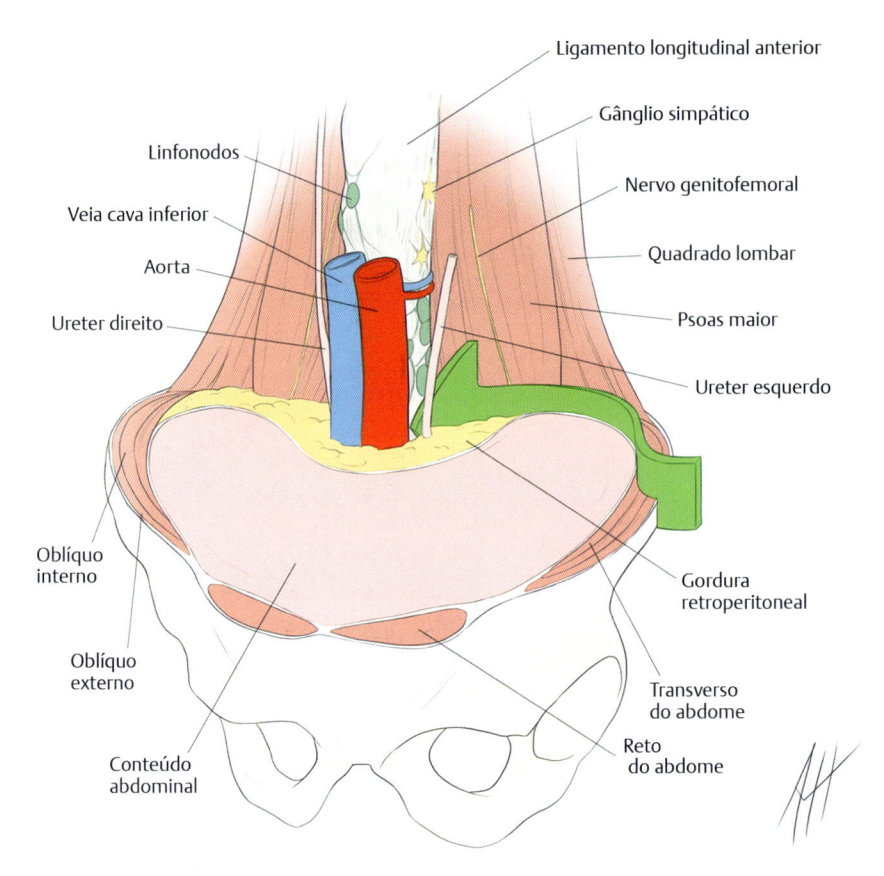

Fig. 23-3 Visualização lateral do acesso. (Reproduzida com permissão de Singh K, Vaccaro AR, eds. Pocket Atlas of Spine Surgery. 2nd ed. New York, NY: Thieme; 2018.)

23.7 Complicações

- Lesão visceral ou vascular:
  - Pode ocorrer lesão do intestino, grandes vasos e ureteres durante a exposição e a retração do conteúdo abdominal:
    - A lesão visceral pode-se apresentar com peritonite e dor abdominal.
    - A lesão vascular pode-se apresentar com hemorragia, hipotensão e/ou déficit neurológico progressivo por expansão de hematoma.
  - Prevenção:
    - Dissecção manual meticulosa para palpar estruturas viscerais antes da colocação do afastador.
    - Varra todas as estruturas posteriormente protegidas pelos dilatadores ou afastadores.

Fusão Intersomática Lombar Lateral

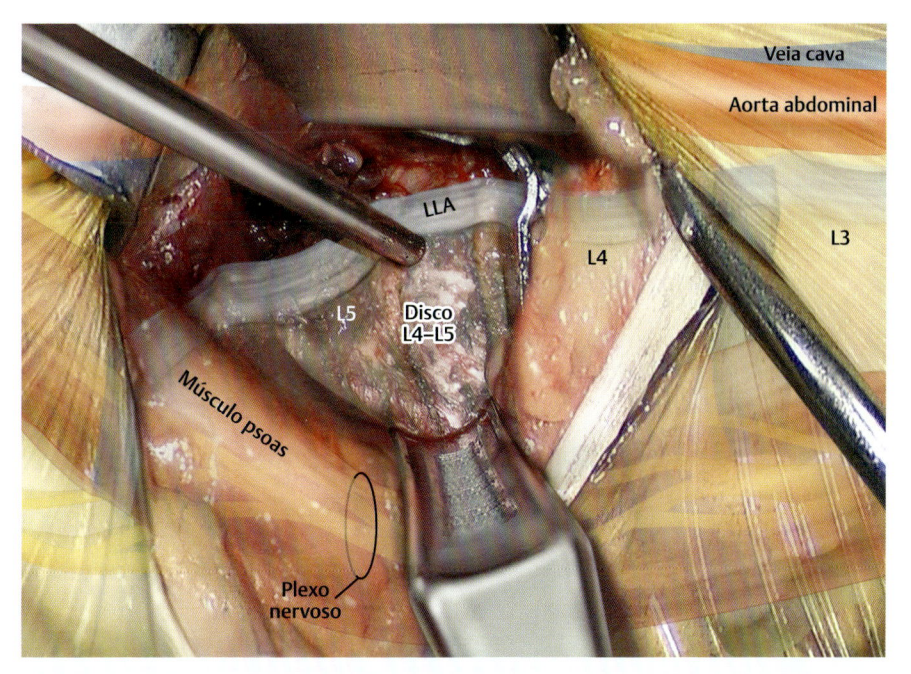

Fig. 23-4 Visualização de cima para baixo. O músculo psoas e o conteúdo abdominal são afastados, expondo o espaço discal pretendido. Observe a localização do plexo lombar no músculo psoas. (Reproduzida com permissão de Singh K, Vaccaro AR, eds. Pocket Atlas of Spine Surgery. 2nd ed. New York, NY: Thieme; 2018.)

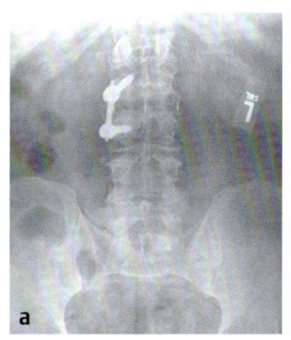

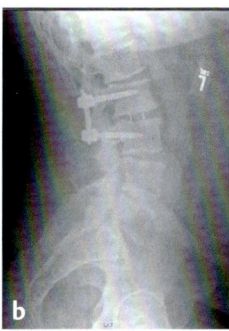

Fig. 23-5 Visualizações anteroposterior (**a**) e em perfil (**b**). Radiografia com 9 meses de pós-operatório após fusão intersomática lombar lateral (LLIF) mostrando colocação de um espaçador intervertebral em L2-L3 com fixação suplementar com parafuso pedicular unilateral.

- Lesão neural:
  - Lesão do plexo lombossacral ou de gânglio simpático durante exposição e retração do músculo psoas:
    ◆ Fraqueza, dor e perda sensorial na coxa.
    ◆ Perda sensorial transitória e fraqueza da flexão do quadril são extremamente comuns após LLIF e geralmente se resolvem em 4 a 6 semanas:
      ◊ Atribuída ao trauma do músculo psoas, e não a uma lesão neurológica verdadeira.

- Prevenção
  - Neuromonitoramento para identificar possíveis lesões no plexo lombar.
  - Relaxamento intermitente da retração muscular, especialmente durante casos em múltiplos níveis ou prolongados.

Leituras Sugeridas

1. Grimm BD, Leas DP, Poletti SC, Johnson DR II. Postoperative complications within the first year after extreme lateral interbody fusion: experience of the first 108 patients. Clin Spine Surg 2016;29(3):E151–E156
2. Härtl R, Joeris A, McGuire RA. Comparison of the safety outcomes between two surgical approaches for anterior lumbar fusion surgery: anterior lumbar interbody fusion (ALIF) and extreme lateral interbody fusion (ELIF). Eur Spine J 2016;25(5):1484–1521

24 Complicações Cirúrgicas

*Ikechukwu Achebe ▪ Ankur S. Narain ▪ Fady Y. Hijji ▪ Philip K. Louie
Daniel D. Bohl ▪ Kern Singh*

24.1 Introdução

Cirurgia associa-se, inerentemente, a riscos. As cirurgias envolvendo a coluna e a medula estão sujeitas a várias complicações graves e, desse modo, justificam intervenção adicional. O conhecimento dessas complicações, juntamente com as estratégias apropriadas de prevenção e tratamento, é essencial à segurança do paciente. Portanto, é importante reconhecer a etiologia, apresentação e as estratégias de manejo para as complicações cirúrgicas comuns, inclusive febre pós-operatória, infecção no local cirúrgico, durotomia e hematoma epidural espinal (**Quadro 24-1**).

Quadro 24-1 Etiologias comuns de febre pós-operatória

Etiologia	Dia aproximado de início	Avaliação clínica	Imagens	Tratamento primário
Trauma cirúrgico e manipulação tecidual	POD 0	—	—	Autolimitada
Atelectasia	POD 1-2	Espirometria de incentivo	CXR	Oxigenoterapia Reabilitação pulmonar
Pneumonia	POD 3	Leucograma, cultura do escarro	CXR	Antibióticos Terapia pulmonar
UTI	POD 2-3	Urina-I, urocultura	—	Antibióticos Remoção ou recolocação da sonda
DVT/PE	POD 3-7	Dímero-D	Angiotomografia computadorizada, ultrassonografia dúplex	Anticoagulação
Infecção de ferida ou bacteriemia	POD 3-7	Leucograma, ESR, CRP, hemocultura, cultura da ferida	MRI	Antibióticos Cuidado da ferida Desbridamento e remoção do instrumental
Infecção de implante	Tardia (semanas a meses)	ESR, CRP, leucograma, cultura da ferida	MRI	Antibióticos Desbridamento Remoção do instrumental

Abreviações: CRP, proteína C reativa; CXR, radiografia de tórax; DVT, trombose venosa profunda; ESR, velocidade de hemossedimentação; MRI, ressonância magnética; PE, embolia pulmonar; POD, dia pós-operatório; UTI, infecção do trato urinário.

24.2 Febre Pós-Operatória

- Antecedentes:
  - Temperatura corporal acima de 38,6°C.
  - Taxa de incidência de 14 a 91%.
- Etiologia:
  - Início imediato:
    - A maioria tem causa não infecciosa (> 50% dos casos).
  - Início agudo, subagudo e tardio:
    - Considere, fortemente, etiologia infecciosa.
- Fatores de risco:
  - Imunossupressão, tempo operatório prolongado, infecções hospitalares.
  - Cateterização urinária, ventilação respiratória.
- Apresentação:
  - Diaforese, calafrios, cefaleia.

24.3 Infecções no Local Cirúrgico

- Antecedentes:
  - Infecção pós-operatória encontrada no sítio cirúrgico; ocorrem em até 30 dias.
  - Incidência após a cirurgia de coluna é de 1 a 12%.
  - Tipos de infecções no local cirúrgico (SSI) e tecidos associados (**Fig. 24-1**).
- Etiologia:
  - Vias de infecção:
    - Inoculação direta da flora cutânea.
    - Contaminação da ferida.
  - Associação de patógenos em SSIs:
    - Gram +: *Staphylococcus aureus* (50% das SSIs), *S. epidermidis* e *Streptococcus*.
    - Gram –: Pseudomonas aeruginosa, *Escherichia coli* e *Proteus*.
- Fatores de risco:
  - Pré-operatórios: diabetes, história de tabagismo, índice de massa corporal (BMI), uso de corticosteroide, idade.
  - Intraoperatórios: técnica estéril, invasividade, duração da cirurgia.
  - Risco de SSI por procedimento: trauma > discite > ressecção tumoral > minimamente invasiva.
  - Risco de SSI por localização: vértebras torácicas (2,1%) > lombares (1,6%) > cervicais (0,8%).
- Apresentação:
  - Sintomas clínicos:
    - Dorsalgia, drenagem na ferida, eritema, flutuação palpável.
    - Febre, fadiga (SSI profunda [DSSI] > SSSI).
- Avaliação clínica:
  - Exames laboratoriais:
    - Elevação da velocidade de hemossedimentação (ESR) e da proteína C reativa (CRP) (sensibilidade alta de 94-100%).
    - Elevação da contagem de leucócitos (pouca sensibilidade, 44-58%).

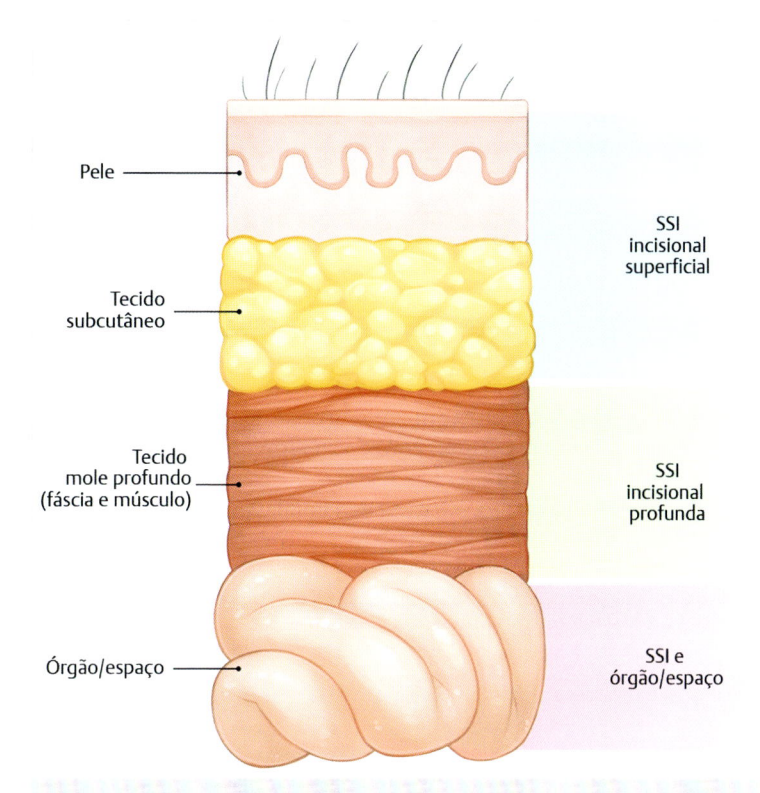

Fig. 24-1 Classificação dos *Centers for Disease Control and Prevention* (CDC) para infecções no local cirúrgico.

- ♦ Culturas bacterianas:
  - ◊ Positivas em 51 e 78% dos casos de SSSI e DSSI, respectivamente.
  - ◊ Preferem-se as culturas intraoperatórias e profundas.
- Avaliação radiográfica:
  - Ressonância magnética (MRI) em 3 a 5 dias do pós-operatório (sensibilidade 93%):
    - ♦ T2: edema aparece como hiperintensidade de sinal.
    - ♦ Diminuição da altura do disco/corpo vertebral vista com a infecção em estágio tardio.
  - Imagens com radioisótopos: aumento da captação de Ga^{67} nos locais de infecção.
  - Radiografia: diminuição da altura intervertebral reconhecível em 4 a 6 semanas de pós-operatório.
  - Tomografia computadorizada (CT): destruição óssea, abscessos de tecidos moles.
- Tratamento:
  - Antibióticos, cuidados da ferida:
    - ♦ Inicie antibióticos com ampla cobertura e estreite com a determinação do microrganismo causador.
  - Se o tratamento conservador falhar ou os sintomas progredirem: desbridamento, remoção do instrumental.

24.4 Durotomia

- Antecedentes:
  - Laceração incidental da dura-máter.
  - A gravidade determina a necessidade de cirurgia corretiva (1-17% das lacerações).
  - Vazamento de líquido cefalorraquidiano (CSF) pode criar fístulas e pseudomeningoceles.
- Etiologia:
  - Lesão direta por instrumentação ou infiltração (**Fig. 24-2**).
  - Falha do reparo dural (ressecção de tumor/cisto, colocação de derivação)
- Fatores de risco:
  - Pré-operatórios: diabetes, tabagismo, idade, IMC, radioterapia ou terapia com esteroides.
  - Intraoperatórios: invasividade do procedimento, cirurgia de revisão.
  - Risco por diagnóstico primário: trauma (20%) > estenose degenerativa (11,2%) > tumores (10,5%) > hérnias de discos lombares (8%).
  - Risco por local de cirurgia: coluna torácica (2,2%) > lombar (2,1%) > cervical (1%).
- Fístula cutânea do CSF:
  - Etiologia:
    - Abertura residual permite vazamento (**Fig. 24-3**).
    - CSF drena ao longo do trato cirúrgico.
    - Pode ocorrer infecção (meningite).

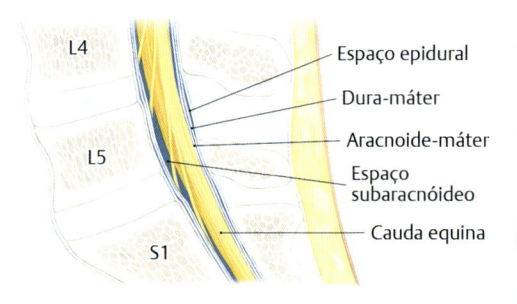

Fig. 24-2 Vértebras e sua associação às camadas meníngeas.

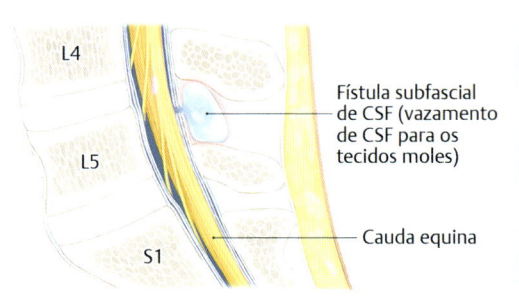

Fig. 24-3 Fístula cutânea de líquido cefalorraquidiano (CSF) com vazamento para o espaço de tecidos moles adjacentes.

- Apresentação:
  - Cefaleia postural, secreção de CSF, febre, rigidez de nuca, dor.
- Avaliação clínica:
  - Drenagem clara (CSF) no local da incisão.
  - Manobra de Valsalva agrava o vazamento de CSF e a cefaleia.
  - Exames laboratoriais:
    - Os líquidos de drenagem são positivos para beta-2 transferrina.
- Investigação por imagens:
  - MRI mostra líquido extra-aracnóideo com hiperintensidade T2 de sinal.
- Tratamento:
  - Sutura da ferida com agentes hemostáticos opcionais.
  - Drenagem, tampão sanguíneo epidural, repouso no leito.
  - Cirurgia para reparo dural:
    - Indicações: vazamento intenso de CSF.
    - Contraindicações: pouca absorção de CSF, pressão intradural alta.
- Pseudomeningocele:
  - Etiologia:
    - Herniação da aracnoide através da abertura dural, levando à compressão nervosa.
    - Vazamento de CSF para os tecidos paraespinais ou locais contribui para compressão nervosa (**Fig. 24-4**).
  - Apresentação:
    - Cefaleia postural, edema, dorsalgia, radiculopatia de início tardio.
  - Avaliação clínica:
    - Manobra de Valsalva leva ao agravamento da cefaleia.
  - Imagens:
    - MRI:
      - Massa com hipointensidade de sinal em T1 na parte posterior da coluna.
      - Massa cística cheia de MRI com hiperintensidade de sinal em T2.

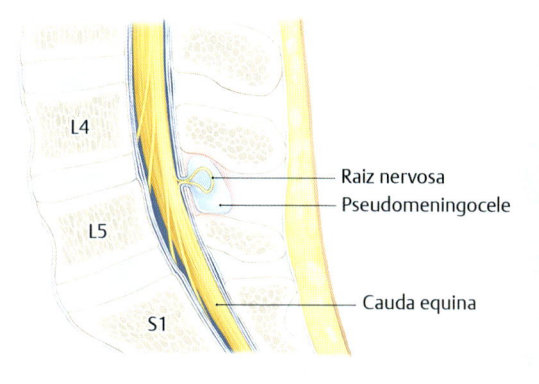

Fig. 24-4 Pseudomeningocele retratadas por uma herniação da aracnoide levando a encarceramento de raiz nervosa.

- Tratamento:
  - Drenagem (3-5 dias).
  - Tampão sanguíneo epidural.
  - Cirurgia de reparo dural (não urgente):
    - Indicações e contraindicações semelhantes às da fístula cutânea de CSF.

24.5 Hematoma Epidural Espinal

- Antecedentes:
  - Sangramento para o espaço em potencial entre o osso e a dura-máter (**Fig. 24-5**):
    - Os sintomas variam de pacientes assintomáticos às complicações neurológicas graves por compressão medular.
  - Incidência: 0,1 a 1%.
- Etiologia:
  - Cirurgia da coluna (iatrogênica).
  - Punção espinal ou anestesia.
- Fatores de risco:
  - Pré-operatórios: coagulopatia, antitrombóticos, mais altos em mulheres do que em homens, idade acima de 60 anos.
  - Intraoperatórios: procedimentos em múltiplos níveis, cirurgias prévias.
- Apresentação:
  - Início rápido e progressão de sintomas:
    - Déficits motores e sensoriais bilaterais (68% dos pacientes).
    - Disfunção gastrointestinal (GI), geniturinária (GU) (8%)
    - Dorsalgia intensa com ou sem sintomas radiculares.
- Avaliação radiográfica:
  - MRI: Primeira opção:
    - Hipointensidade de sinal em T1 e hiperintensidade em T2 no estágio agudo.
    - Hiperintensidade de sinal em T1 e T2 no estágio subagudo.
  - CT com ou sem mielografia.

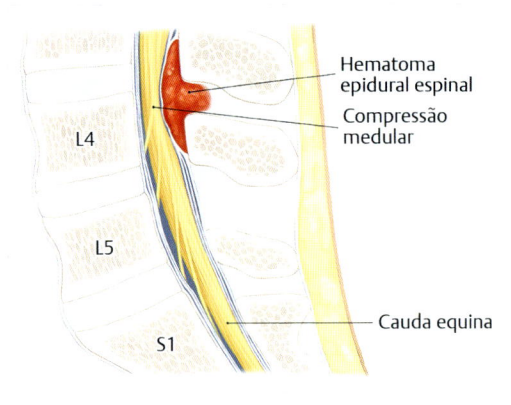

Fig. 24-5 Hematoma epidural espinal com resultante compressão medular.

- Tratamento:
  - Descompressão cirúrgica com evacuação.
  - Terapia conservadora envolve o uso de esteroides intravenosos (IV):
    - Indicada quando a sintomatologia melhorar antes de terapia cirúrgica em potencial.

24.6 Má Colocação do Parafuso no Pedículo

- Antecedentes:
  - Ocorre em 7,8% dos casos envolvendo instrumentação do pedículo.
  - Mais de 4 mm de deslocamento se associam a alto risco de lesão de estruturas adjacentes.
- Etiologia:
  - Mau posicionamento do pedículo secundariamente a:
    - Remoção do fio-guia.
    - Orientação imprópria das estruturas pediculares.
    - Erosão da interface metal-osso, levando ao deslocamento do parafuso.
- Apresentação:
  - Varia com base na direção anatômica da má colocação:
    - Violação medial ou inferior: lesão de raiz nervosa ou da medula (0,6-11%).
    - Violação lateral: lesões da aorta, de vasos segmentares, do parênquima pulmonar, pneumotórax.
    - Violação anterior: lesões da aorta, veia cava, esôfago.
  - Fratura do pedículo (1,1%).
  - Quebra de parafuso (3-5,7%).
- Avaliação radiográfica:
  - CT pós-operatória:
    - Cortes axiais demonstram melhor a posição do parafuso (**Fig. 24-6**):
      - Áreas adjacentes de radiotransparência podem indicar colocação inadequada.
    - Pode demonstrar fraturas do pedículo ou do corpo vertebral.
- Conduta:
  - Prevenção:
    - Certifique-se do direcionamento apropriado do fio-guia.
    - Certifique-se da caracterização pré-operatória adequada da anatomia e do tamanho do parafuso por meio de imagens.
    - Ampliação do parafuso por meio de polimetilmetacrilato, hidroxiapatita, fosfato de cálcio ou apatita carbonada.
    - Uso de técnicas de assistência cirúrgica (fluoroscopia intraoperatória, assistida por robótica)
  - Tratamento:
    - Reparo de vasculatura ou estruturas viscerais danificadas.
    - Revisão com trajetória alternativa do parafuso ou extensão da fusão.

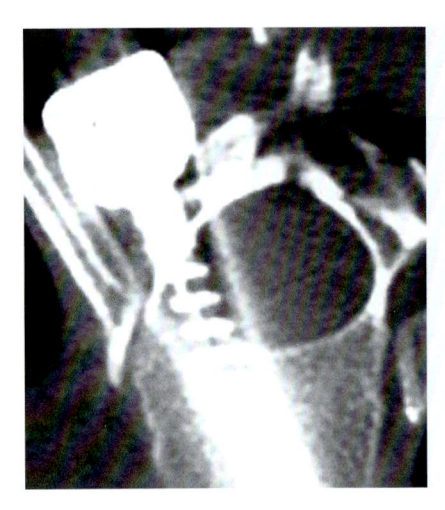

Fig. 24-6 Tomografia computadorizada axial demonstrando violação medial do pedículo para o interior do saco tecal.

Leituras Sugeridas

1. Amiri AR, Fouyas IP, Cro S, Casey AT. Postoperative spinal epidural hematoma (SEH): incidence, risk factors, onset, and management. Spine J 2013;13(2):134-140
2. An HS, Jenis LG. Spinal cord injury, incidental durotomy, and epidural hematoma. In: Complications of Spine Surgery: Treatment and Prevention. Philadelphia, PA: Lippincott Williams & Wilkins; 2006:38-39
3. Benzel EC, Francis TB, Basheal A, et al. Perioperative management/postoperative complications. In: Spine Surgery: Techniques, Complication Avoidance, and Management. Philadelphia, PA: Elsevier/Saunders; 2012:1727-1742
4. Benzel EC, Francis TB, Connolly E, Long D. Spine reoperations. In: Varma G, ed. Spine Surgery: Techniques, Complication Avoidance, and Management. Philadelphia, PA: Elsevier/Saunders; 2012:1921-1926
5. Chahoud J, Kanafani Z, Kanj SS. Surgical site infections following spine surgery: eliminating the controversies in the diagnosis. Front Med (Lausanne) 2014;1:7
6. Cohn SL, Cooper B. Postoperative fever. In: Fair N, ed. Perioperative Medicine. London: Springer; 2011:411-413
7. Epstein NE. A review article on the diagnosis and treatment of cerebrospinal fluid fistulas and dural tears occurring during spinal surgery. Surg Neurol Int 2013;4(Suppl 5):S301-S317
8. Kalevski SK, Peev NA, Haritonov DG. Incidental Dural Tears in lumbar decompressive surgery: incidence, causes, treatment, results. Asian J Neurosurg 2010;5(1):54-59
9. Kim T, Lee CH, Hyun SJ, Yoon SH, Kim KJ, Kim HJ. Clinical Outcomes of Spontaneous Spinal Epidural Hematoma: A Comparative Study between Conservative and Surgical Treatment. J Korean Neurosurg Soc 2012;52(6):523-527
10. Nam KH, Choi CH, Yang MS, Kang DW. Spinal epidural hematoma after pain control procedure. J Korean Neurosurg Soc 2010;48(3):281-284
11. Pull ter Gunne AF, Mohamed AS, Skolasky RL, van Laarhoven CJ, Cohen DB. The presentation, incidence, etiology, and treatment of surgical site infections after spinal surgery. Spine 2010;35(13):1323-1328

12. Smith JS, Shaffrey CI, Sansur CA, et al; Scoliosis Research Society Morbidity and Mortality Committee. Rates of infection after spine surgery based on 108, 419 procedures: a report from the Scoliosis Research Society Morbidity and Mortality Committee. Spine 2011;36(7):556–563
13. Walid MS, Woodall MN, Nutter JP, Ajjan M, Robinson JS Jr. Causes and risk factors for postoperative fever in spine surgery patients. South Med J 2009;102(3):283–286
14. Williams BJ, Sansur CA, Smith JS, et al. Incidence of unintended durotomy in spine surgery based on 108,478 cases. Neurosurgery 2011;68(1):117–123, discussion 123–124
15. Bydon M, Xu R, Amin AG, et al. Safety and efficacy of pedicle screw placement using intraoperative computed tomography: consecutive series of 1148 pedicle screws. J Neurosurg Spine 2014;21(3):320–328
16. Gautschi OP, Schatlo B, Schaller K, Tessitore E. Clinically relevant complications related to pedicle screw placement in thoracolumbar surgery and their management: a literature review of 35,630 pedicle screws. Neurosurg Focus 2011;31(4):E8
17. Faraj AA, Webb JK. Early complications of spinal pedicle screw. Eur Spine J 1997;6(5):324–326
18. Matsuzaki H, Tokuhashi Y, Matsumoto F, Hoshino M, Kiuchi T, Toriyama S. Problems and solutions of pedicle screw plate fixation of lumbar spine. Spine 1990;15(11):1159–1165
19. O'Brien JR, Krushinski E, Zarro CM, Sciadini M, Gelb D, Ludwig S. Esophageal injury from thoracic pedicle screw placement in a polytrauma patient: a case report and literature review. J Orthop Trauma 2006;20(6):431–434

25 Complicações Clínicas Comuns após Cirurgia Espinal de Rotina

Ankur S. Narain ▪ Fady Y. Hijji ▪ Benjamin Khechen ▪ Brittany E. Haws ▪ Philip K. Louie
Daniel D. Bohl ▪ Kern Singh

25.1 Complicações Gastrointestinais

25.1.1 Náuseas e Vômitos Pós-Operatórios

- Antecedentes e Etiologia:
  - As taxas de incidência se aproximam de 20 a 30% dos pacientes submetidos a procedimentos espinhais.
  - Os fatores de risco incluem os seguintes:
    - Fatores do paciente: gênero feminino, história de cinetose ou náuseas e vômitos pós-operatórios (PONV), não tabagistas, idade mais baixa.
    - Fatores cirúrgicos: duração prolongada da anestesia.
    - Fatores farmacológicos: opioides pós-operatórios.
- Manejo:
  - Prevenção:
    - Evite anestesia geral e anestésicos voláteis, se possível.
    - Limite o uso de opioides.
    - Promova hidratação adequada.
  - Tratamento:
    - Antieméticos:
      - Antagonistas do receptor 5-HT3, antagonistas do receptor de neurocinina 1 (Nk-1), corticosteroides, butirofenonas, anti-histamínicos, anticolinérgicos, fenotiazinas.
      - O uso de medicação antagonista da dopamina e da serotonina associa-se a prolongamento de QT; recomenda-se o monitoramento do eletrocardiograma (ECG) para averiguar o intervalo QT e a presença de arritmias.

25.1.2 Disfagia

- Antecedentes e etiologia:
  - A taxa de incidência se aproxima de 71% após procedimentos cervicais; mais comum na primeira semana do pós-operatório.
  - Os fatores de risco incluem os seguintes:
    - Fatores do paciente: gênero feminino, idade mais alta.
    - Fatores cirúrgicos: procedimentos em múltiplos níveis, procedimentos de revisão, procedimentos envolvendo níveis cervicais mais baixos (C4-C6).
  - A etiologia é multifatorial e pode envolver manipulação do tecido esofágico durante a cirurgia, deslocamento do instrumental, perfuração esofágica, abscesso retrofaríngeos ou lesão neural.

- Apresentação:
  - Tosse reflexa.
  - Dificuldade para deglutir alimentos ou bebidas com vazamento.
  - Risco de aspiração e possível pneumonia.
- Avaliação clínica
  - Teste da deglutição no leito.
  - Consulta à fonoaudiologia.
- Avaliação radiográfica:
  - Radiografias cervicais: para pesquisar etiologias estruturais.
  - Estudo de deglutição de bário videofluoroscópico/modificado: permite avaliação da faringe e do esôfago:
    - Edema de tecidos moles com deslocamento do esôfago é o achado mais comum.
    - Pode avaliar, adicionalmente, falha do instrumental.
- Manejo:
  - Prevenção
    - Evitar tempo operatório prolongado.
    - Relaxamento intermitente de afastadores autorretentores e deflação parcial do *cuff* endotraqueal, uma vez que os afastadores estejam colocados.
    - Modificações da instrumentação (espaçador ancorado, placas cervicais menores).
  - Tratamento:
    - Jejum absoluto ou dieta restrita:
      - Considere a colocação de sonda nasogástrica (NE) ou de tubo de gastrostomia endoscópica percutânea (PEG) se a disfunção for grave, com risco de aspiração, e se estiverem presentes déficits nutricionais.
    - Modificações comportamentais: mudanças posturais, manobras de deglutição.

25.1.3 Íleo Adinâmico Pós-Operatório

- Antecedentes e etiologia:
  - Taxa de incidência de 3,5% depois de procedimentos espinais eletivos (mais comum depois de procedimentos lombares anteriores e retroperitoneais laterais).
  - Fatores de risco incluem os seguintes:
    - Fatores dos pacientes: idade mais avançada, gênero masculino, uso anterior de opioides, história de doença do refluxo gastroesofágico (GERD), história de cirurgia abdominal.
    - Fatores cirúrgicos: acessos cirúrgicos anteriores ou laterais.
  - A etiologia envolve falha de peristaltismo em decorrência de uma resposta patológica do trato gastrointestinal (GI) à manipulação cirúrgica e ao trauma tecidual:
    - Sepse subjacente e anormalidades eletrolíticas (hipocalemia, hiponatremia e hipomagnesemia) podem piorar o íleo adinâmico.
- Apresentação:
  - Dor, náuseas, vômitos, distensão abdominal, incapacidade de eliminar flatos ou fezes.
- Avaliação radiográfica:
  - Radiografias abdominais:
    - Identifique possível distensão intestinal ou pontos de transição indicativos de obstrução mecânica.

- Tomografia computadorizada (CT):
  - Pesquise obstrução mecânica ou lesão intestinal.
- Manejo:
  - Prevenção:
    - Limite a manipulação intestinal.
    - Minimize o consumo de narcóticos.
  - Tratamento:
    - Coloque o paciente em jejum absoluto para descanso do intestino.
    - Administre líquidos intravenosos (IV) para correção eletrolítica.
    - Laxativos e avanço lento da dieta, conforme a tolerância.
    - Para pacientes com vômitos e distensão, uma sonda nasogástrica pode oferecer alívio sintomático; entretanto, não há evidências conclusivas de que as sondas nasogástricas facilite a resolução do íleo adinâmico.

25.2 Complicações Pulmonares e Respiratórias

25.2.1 Comprometimento das Vias Aéreas e Reintubação

- Antecedentes e etiologia:
  - Incidência aproxima-se de 6,1% dos pacientes submetidos à cirurgia da coluna cervical.
  - Os fatores de risco incluem os seguintes:
    - Fatores do paciente: obesidade mórbida, apneia obstrutiva do sono, história de doença pulmonar, hematócrito baixo no pré-operatório, creatinina alta no sangue.
    - Fatores cirúrgicos: exposições envolvendo mais do que três corpos vertebrais, perda de sangue acima de 300 mL, exposições de C2-C4, tempo operatório acima de 5 horas, acesso anteroposterior.
  - As etiologias incluem edema de tecidos moles laringofaríngeos e pré-vertebral, hematoma, vazamentos de líquido cefalorraquidiano (CSF) ou desalojamento de instrumental.
    - Apresentação depois de 12 horas de pós-operatório se associa a edema das vias aéreas.
    - A demora da apresentação depois de 72 horas de pós-operatório se associa a hematoma, vazamentos de CSF e falha do instrumental.
- Apresentação:
  - Dispneia, disfonia.
  - Pode evoluir para estridor e cianose.
  - Aumento do risco de aspiração.
- Avaliação clínica:
  - Gasometria arterial demonstra hipercarbia e hipóxia.
- Avaliação radiográfica:
  - Radiografias simples e CT:
    - Incidências laterais costumam demonstrar edema de tecidos moles pré-vertebrais.
- Manejo:
  - Prevenção:
    - Em pacientes de alto risco considere adiar a extubação e admissão à unidade de terapia intensiva (ICU) no pós-operatório.

- Tratamento:
  - É necessária intubação de emergência se houver evidências de comprometimento das vias aéreas.

25.2.2 Pneumonia

- Antecedentes e etiologia:
  - A incidência varia de 0,45 a 1,05%, dependendo do local da cirurgia.
  - Os fatores de risco incluem os seguintes:
    - Procedimentos cervicais: idade mais avançada, doença pulmonar obstrutiva crônica (COPD), aumento do tempo operatório, *status* funcional dependente.
    - Procedimentos lombares: COPD, diabetes, aumento do número de níveis operatórios, uso de esteroides.
  - A etiologia é multifatorial:
    - A intubação endotraqueal pode levar a miniaspirações.
    - Atelectasia pós-operatória reduz o movimento do ar.
    - Disfagia pós-operatória traz risco adicional de aspiração.
- Apresentação:
  - Febre, dispneia, tosse produtiva muitas vezes presente no terceiro dia do pós-operatório (POD3), ou mais tarde.
  - Associa-se a taxas mais altas de sepse, mortalidade e reinternação.
- Avaliação clínica:
  - Leucograma
  - Cultura do escarro.
- Avaliação radiográfica:
  - Radiografia do tórax: padrão de infiltrado pode ajudar a determinar a etiologia:
    - Infiltrados lobares se associam a focos bacterianos.
    - Infiltrados intersticiais difusos se associam a focos virais.
    - Infiltrados em áreas dependentes associam-se à aspiração:
      - Se os pacientes estiverem em posição ortostática: segmentos pulmonares inferiores.
      - Se os pacientes estiverem em decúbito dorsal: segmentos pulmonares posteriores.
    - CT: permite avaliação detalhada:
      - Detecção de complicações, como derrames pleurais ou formação de abscesso.
- Manejo:
  - Prevenção:
    - Elevação da cabeceira do leito a 30 graus e fazer refeições sentado para prevenir aspiração.
    - Higiene oral.
    - Reabilitação pulmonar com espirometria de incentivo para prevenir atelectasia.
    - Analgesia adequada.
    - Deambulação supervisionada.
  - Tratamento:
    - Antibióticos.
    - Reabilitação pulmonar.

25.3 Complicações Cardíacas
25.3.1 Infarto do Miocárdio
- Antecedentes e etiologia:
  - A incidência varia de 1 a 2% depois de procedimentos espinais.
  - Os fatores de risco incluem os seguintes:
    - Fatores do paciente: idade mais alta (> 65 anos), fibrilação atrial, hipertensão, MI prévio, necessidade de anticoagulação corrente.
    - Valores laboratoriais anormais: albumina baixa, creatinina acima de 1 mg/dL.
    - Fatores cirúrgicos: indicação traumática, fusão em dois níveis, necessidade de transfusão intraoperatória, tempo de hospitalização acima de 7 dias.
  - Etiologia:
    - Associa-se à diminuição da perfusão coronariana secundariamente à perda de sangue operatória.
    - Hipotensão e instabilidade hemodinâmica também são mais frequentes em decúbito ventral em decorrência de diminuições da pressão arterial e da função cardíaca.
- Apresentação:
  - Dor no peito em aperto com irradiação para o ombro, o membro superior e a mandíbula.
  - Dispneia, diaforese.
- Avaliação clínica:
  - Alterações do ECG diferem por tipo e localização do IM:
    - MI sem elevação do segmento ST (NSTEMI): segmento ST plano; onda T plana ou invertida.
    - MI com elevação do segmento ST (STEMI): elevação de ST nas áreas isquêmicas, depressão de ST em áreas recíprocas, formação de onda Q.
    - Níveis de troponina e creatinoquinase-MB (CK-MB):
      ◊ Elevados em STEMI e NSTEMI.
  - Avaliação radiográfica:
    - ECG pode ser usado para detectar anormalidades do movimento da parede:
      ◊ Não adie o tratamento para depois dos exames radiográficos se houver suspeita clínica significativa de MI.
  - Manejo:
    - Todos os pacientes recebem morfina para controle da dor, oxigênio suplementar, nitratos, aspirina, betabloqueadores e estatinas.
    - STEMI: revascularização percutânea de emergência ou terapia fibrinolítica.
    - NSTEMI: anticoagulação, possível escalonamento para terapia de revascularização com base em achados de cateterização cardíaca.

25.3.2 Acidente Vascular Encefálico
- Antecedentes e etiologia:
  - Taxas de incidência de aproximadamente 0,22% depois de cirurgia na coluna.
  - Os fatores de risco incluem os seguintes:
    - Fatores do paciente: idade mais alta, maior carga de comorbidades.

- Fatores cirúrgicos: procedimentos cervicais, ressecção de tumor da medula espinal, aumento do tempo de hospitalização.
- Etiologia:
  - Pode ser isquêmica (mais comum) ou hemorrágica:
    - Existem hipóteses de que há envolvimento de aumento das taxas de hemorragia intracraniana secundariamente ao vazamento de CSF no pós-operatório.
- Apresentação:
  - Sintomas mais comuns incluem disartria, hemiparesia.
  - Outros sintomas incluem fraqueza, adormecimento, cefaleia, tonturas não ortostáticas.
- Avaliação clínica:
  - Consulta à neurologia.
  - Obrigatório determinar o tempo desde o início dos sintomas.
  - Escala de acidente vascular encefálico dos *National Institutes of Health* (NIH):
    - Escala de 42 pontos indicando nas pontuações mais altas um aumento da probabilidade de acidente vascular encefálico.
- Avaliação radiográfica:
  - CT sem contraste:
    - Pesquisa a presença de hemorragia.
    - Pode ser realizada rapidamente e é suficiente na maioria dos casos de emergência.
  - Ressonância magnética (MRI): mais sensível do que a CT.
    - Necessita de tempo significativo, em comparação com a CT.
    - Contraindicada naqueles com alergia a contraste, presença de instrumentação.
  - Angiotomografia computadorizada (CTA) ou angiografia por ressonância magnética (MRA):
    - Indicadas quando se planejam possíveis procedimentos endovasculares.
- Manejo:
  - Acidente vascular encefálico isquêmico:
    - Ativador do plasminogênio tecidual recombinante (rTPA) se a apresentação se der entre 3 e 4,5 horas desde o início dos sintomas.
    - Também se pode considerar trombólise intra-arterial ou técnicas endovasculares até 6 horas desde o início dos sintomas.
    - Depois da terapia: pacientes são colocados em uso de medicamentos antiplaquetários, anticoagulantes e sob controle da pressão arterial.
  - Acidente vascular encefálico hemorrágico:
    - Monitoramento da pressão arterial e da pressão intracraniana.
    - Descontinuação dos anticoagulantes.
    - Consulta à neurocirurgia para possível descompressão cirúrgica:
      - Indicada se as seguintes fontes de sangramento forem identificadas:
        - Aneurisma.
        - Malformação arteriovenosa.
        - Hipertensão intracraniana

25.4 Complicações Urinárias

25.4.1 Retenção Urinária Pós-Operatória

- Antecedentes e etiologia:
  - Incidência relatada de 5,6 a 38% após procedimentos espinais.
  - Fatores de risco:
    - Fatores do paciente: idade mais alta, gênero masculino, história de hiperplasia benigna da próstata, diabetes, depressão, mielopatia.
    - Fatores cirúrgicos: cateterização intraoperatória com sonda Foley.
    - Fatores farmacológicos: administração de fenilefrina ou neostigmina.
- Apresentação:
  - Distensão vesical ou abdominal.
  - Dor à palpação suprapúbica.
  - Incapacidade de urinar apesar da sensação de bexiga cheia.
- Avaliação:
  - Necessidade de cateterização indica aumento da probabilidade de retenção.
  - Níveis de ureia e creatinina.
  - Análise da urina.
  - Considere o exame digital retal se houver uma preocupação com a síndrome da cauda equina.
- Avaliação radiográfica:
  - Ultrassonografia da bexiga pode determinar resíduo pós-miccional.
- Manejo:
  - Prevenção
    - Evite o uso excessivo de opioides:
      - Analgesia multimodal se associa à diminuição das taxas de retenção urinária pós-operatória (POUR).
    - Limitar tempo de cateter de demora no pós-operatório.
  - Tratamento:
    - Cateterização intermitente: maioria dos pacientes tem sintomatologia autolimitada depois de evacuação da urina residual:
      - Cateterização uretral.
      - Cateterização suprapúbica.
    - Medicamentos alfa-adrenérgicos.
    - Medicamentos colinérgicos.

25.4.2 Infecção do Trato Urinário

- Antecedentes e etiologia:
  - Incidência de 2-3% depois de procedimentos espinais.
  - Fatores de risco incluem os seguintes:
    - Fatores do paciente: aumento da carga de comorbidade, elevação da proteína C reativa (CRP) no pós-operatório, idade mais avançada, gênero feminino, creatinina acima de 1,5 mg/dL
    - Fatores cirúrgicos: aumento do tempo operatório.

- Etiologia:
  - Interferência da micção normal, presença de sondas de demora, introdução de bactéria em um ambiente hospitalar.
- Apresentação:
  - Disúria, urgência, aumento da frequência, dor suprapúbica, hematúria.
  - Pesquise dor no flanco e dor à palpação do ângulo costovertebral (CVA).
- Avaliação clínica
  - Análise da urina.
  - Urocultura e antibiograma.
- Avaliação radiográfica:
  - CT: usada para identificar pielonefrite ou abscessos.
    - Indicada se houver evidências de pielonefrite, como febre, dor no flanco, dor à palpação do CVA.
- Tratamento:
  - Antibióticos: fluoroquinolonas com eliminação renal:
    - Espectro estreito depois da identificação do microrganismo e do antibiograma.
  - Remoção de possíveis fontes de infecção:
    - Cateteres IV, sondas urinárias de demora.

25.5 Complicações Vasculares e Hematológicas

25.5.1 Trombose Venosa Profunda, Tromboembolismo Venoso e Embolia Pulmonar

- Antecedentes e etiologia:
  - Incidências relatadas após procedimentos espinais.
  - Tromboembolismo venoso (VTE): 0,3 a 31%:
    - Embolia pulmonar (PE): 0,3 a 0,4%.
    - A maioria dos casos é diagnosticada durante as primeiras 2 semanas de pós-operatório.
  - Os fatores de risco incluem os seguintes:
    - Fatores do paciente: índice de massa corporal (BMI) > 40 kg/m^2, idade avançada (> 80 anos), aumento da carga de comorbidades (*American Society of Anesthesiologists* [ASA] com pontuação > 3), história de VTE, história de fator V de Leiden, gênero masculino (somente PE).
    - Fatores cirúrgicos: tempo operatório prolongado, uso de anestesia geral.
  - Etiologia:
    - Combinação de recumbência pós-operatória, estase venosa por comprometimento da mobilidade e estado hipercoagulável em razão da manipulação cirúrgica dos tecidos e resposta inflamatória local.
- Apresentação:
  - Trombose venosa profunda (DVT):
    - Edema da perna, dor à palpação unilateral na perna.
  - PE:
    - Dispneia, taquipneia, dor torácica pleurítica, tosse, hemoptise, febre.

- Avaliação clínica e radiográfica:
  - DVP:
    - Dependente da estratificação de risco
      - Risco intermediário a alto:
        - Ultrassonografia com compressão.
      - Baixo risco:
        - Dímero D: se positivo, realiza-se ultrassonografia com compressão para confirmação.
  - PE:
    - Dependente da estratificação de risco:
      - Alto risco:
        - Angiotomografia computadorizada pulmonar para detectar localização do trombo.
        - Cintilografia de ventilação/perfusão (V/Q) para detectar áreas de falta de correspondência se a CT for contraindicada.
      - Risco baixo a intermediário:
        - Dímero D: se elevado, considere continuar a investigação com angiotomografia computadorizada pulmonar ou ultrassonografia dúplex venosa para confirmação.
- Manejo:
  - DVT:
    - Anticoagulação com deambulação precoce:
      - É preciso considerar o estado pós-operatório e a invasividade do procedimento espinal recente.
    - Considere terapia trombolítica se a apresentação for compatível com gangrena iminente.
  - PE:
    - PE suspeita ou confirmada sem evidência de choque: anticoagulação.
    - PE suspeita ou confirmada com evidência de choque: trombólise e anticoagulação.
    - Considere a colocação de filtro na veia cava inferior (IVC) se o paciente tiver contraindicação para anticoagulação ou apresentar EP recorrente enquanto em anticoagulação.

Leituras Sugeridas

1. Al Maaieh MA, Du JY, Aichmair A, et al. Multivariate analysis on risk factors for postoperative ileus after lateral lumbar interbody fusion. Spine 2014;39(8):688–694
2. Amsterdam EA, Wenger NK, Brindis RG, et al; American College of Cardiology; American Heart Association Task Force on Practice Guidelines; Society for Cardiovascular Angiography and Interventions; Society of Thoracic Surgeons; American Association for Clinical Chemistry. 2014 AHA/ACC Guideline for the Management of Patients with Non-ST-Elevation Acute Coronary Syndromes: a report of the American College of Cardiology/American Heart Association Task Force on Practice Guidelines. J Am Coll Cardiol 2014;64(24):e139–e228
3. Anderson KK, Arnold PM. Oropharyngeal Dysphagia after anterior cervical spine surgery: a review. Global Spine J 2013;3(4):273–286

4. Apfel CC, Läärä E, Koivuranta M, Greim CA, Roewer N. A simplified risk score for predicting postoperative nausea and vomiting: conclusions from cross-validations between two centers. Anesthesiology 1999;91(3):693–700
5. Baldini G, Bagry H, Aprikian A, Carli F. Postoperative urinary retention: anesthetic and perioperative considerations. Anesthesiology 2009;110(5):1139–1157
6. Bekelis K, Desai A, Bakhoum SF, Missios S. A predictive model of complications after spine surgery: the National Surgical Quality Improvement Program (NSQIP) 2005-2010. Spine J 2014;14(7):1247–1255
7. Bohl DD, Ahn J, Rossi VJ, Tabaraee E, Grauer JN, Singh K. Incidence and risk factors for pneumonia following anterior cervical decompression and fusion procedures: an ACS-NSQIP study. Spine J 2016;16(3):335–342
8. Bohl DD, Mayo BC, Massel DH, et al. incidence and risk factors for pneumonia after posterior lumbar fusion procedures: an ACS-NSQIP study. Spine 2016;41(12):1058–1063
9. Bohl DD, Webb ML, Lukasiewicz AM, et al. Timing of complications after spinal fusion surgery. Spine 2015;40(19):1527–1535
10. Boulis NM, Mian FS, Rodriguez D, Cho E, Hoff JT. Urinary retention following routine neurosurgical spine procedures. Surg Neurol 2001;55(1):23–27, discussion 27–28
11. Bragg D, El-Sharkawy AM, Psaltis E, Maxwell-Armstrong CA, Lobo DN. Postoperative ileus: Recent developments in pathophysiology and management. Clin Nutr 2015;34(3):367–376
12. Carabini LM, Zeeni C, Moreland NC, et al. Predicting major adverse cardiac events in spine fusion patients: is the revised cardiac risk index sufficient? Spine 2014;39(17):1441–1448
13. Carucci LR, Turner MA, Yeatman CF. Dysphagia secondary to anterior cervical fusion: radiologic evaluation and findings in 74 patients. AJR Am J Roentgenol 2015;204(4):768–775
14. Charen DA, Qian ET, Hutzler LH, Bosco JA. Risk factors for postoperative venous thromboembolism in orthopaedic spine surgery, hip arthroplasty, and knee arthroplasty patients. Bull Hosp Jt Dis (2013) 2015;73(3):198–203
15. Chen CJ, Saulle D, Fu KM, Smith JS, Shaffrey CI. Dysphagia following combined anterior-posterior cervical spine surgeries. J Neurosurg Spine 2013;19(3):279–287
16. Cox JB, Weaver KJ, Neal DW, Jacob RP, Hoh DJ. Decreased incidence of venous thromboembolism after spine surgery with early multimodal prophylaxis: clinical article. J Neurosurg Spine 2014;21(4):677–684
17. Dharmavaram S, Jellish WS, Nockels RP, et al. Effect of prone positioning systems on hemodynamic and cardiac function during lumbar spine surgery: an echocardiographic study. Spine 2006;31(12):1388–1393, discussion 1394
18. Gan TJ, Diemunsch P, Habib AS, et al; Society for Ambulatory Anesthesia. Consensus guidelines for the management of postoperative nausea and vomiting. Anesth Analg 2014;118(1):85–113
19. Gandhi SD, Patel SA, Maltenfort M, et al. Patient and surgical factors associated with postoperative urinary retention after lumbar spine surgery. Spine 2014;39(22):1905–1909
20. Glotzbecker MP, Bono CM, Wood KB, Harris MB. Thromboembolic disease in spinal surgery: a systematic review. Spine 2009;34(3):291–303
21. Guyatt GH, Norris SL, Schulman S, et al. Methodology for the development of antithrombotic therapy and prevention of thrombosis guidelines: Antithrombotic

Therapy and Prevention of Thrombosis, 9th ed: American College of Chest Physicians Evidence-Based Clinical Practice Guidelines. Chest 2012;141:53S– 70S</bok>
22. Halani SH, Baum GR, Riley JP, et al. Esophageal perforation after anterior cervical spine surgery: a systematic review of the literature. J Neurosurg Spine 2016;25(3):285–291
23. Joaquim AF, Murar J, Savage JW, Patel AA. Dysphagia after anterior cervical spine surgery: a systematic review of potential preventative measures. Spine J 2014;14(9):2246–2260
24. Jung HJ, Park JB, Kong CG, Kim YY, Park J, Kim JB. Postoperative urinary retention following anterior cervical spine surgery for degenerative cervical disc diseases. Clin Orthop Surg 2013;5(2):134–137
25. Kaloostian PE, Kim JE, Bydon A, et al. Intracranial hemorrhage after spine surgery. J Neurosurg Spine 2013;19(3):370–380
26. Kazaure HS, Martin M, Yoon JK, Wren SM. Long-term results of a postoperative pneumonia prevention program for the inpatient surgical ward. JAMA Surg 2014;149(9):914–918
27. Konstantinides SV, Torbicki A, Agnelli G, et al; Task Force for the Diagnosis and Management of Acute Pulmonary Embolism of the European Society of Cardiology (ESC). 2014 ESC guidelines on the diagnosis and management of acute pulmonary embolism. Eur Heart J 2014;35(43):3033–3069, 3069a–3069k
28. Kyrle PA, Eichinger S. Deep vein thrombosis. Lancet 2005;365(9465):1163–1174
29. Lee TH, Lee JS, Hong SJ, et al. Risk factors for postoperative ileus following orthopedic surgery: the role of chronic constipation. J Neurogastroenterol Motil 2015;21(1):121–125
30. Nanda A, Sharma M, Sonig A, Ambekar S, Bollam P. Surgical complications of anterior cervical diskectomy and fusion for cervical degenerative disk disease: a single surgeon's experience of 1,576 patients. World Neurosurg 2014;82(6):1380–1387
31. Nandyala SV, Marquez-Lara A, Park DK, et al. Incidence, risk factors, and outcomes of postoperative airway management after cervical spine surgery. Spine 2014;39(9):E557–E563
32. Ohya J, Chikuda H, Oichi T, et al. Perioperative stroke in patients undergoing elective spinal surgery: a retrospective analysis using the Japanese diagnosis procedure combination database. BMC Musculoskelet Disord 2015;16:276
33. Palumbo MA, Aidlen JP, Daniels AH, Bianco A, Caiati JM. Airway compromise due to laryngopharyngeal edema after anterior cervical spine surgery. J Clin Anesth 2013;25(1):66–72
34. Powers WJ, Derdeyn CP, Biller J, et al; American Heart Association Stroke Council. 2015 American Heart Association/American Stroke Association Focused Update of the 2013 Guidelines for the Early Management of Patients With Acute Ischemic Stroke Regarding Endovascular Treatment: A Guideline for Healthcare Professionals From the American Heart Association/American Stroke Association. Stroke 2015;46(10):3020–3035
35. Qaseem A, Snow V, Barry P, et al; Joint American Academy of Family Physicians/American College of Physicians Panel on Deep Venous Thrombosis/Pulmonary Embolism. Current diagnosis of venous thromboembolism in primary care: a clinical practice guideline from the American Academy of Family Physicians and the American College of Physicians. Ann Fam Med 2007;5(1):57–62
36. Roberts GW, Bekker TB, Carlsen HH, Moffatt CH, Slattery PJ, McClure AF. Postoperative nausea and vomiting are strongly influenced by postoperative opioid use in a dose-related manner. Anesth Analg 2005;101(5):1343–1348

37. Roh GU, Yang SY, Shim JK, Kwak YL. Efficacy of palonosetron versus ramosetron on preventing opioid-based analgesia-related nausea and vomiting after lumbar spinal surgery: a prospective, randomized, and double-blind trial. Spine 2014;39(9):E543–E549
38. Sagi HC, Beutler W, Carroll E, Connolly PJ. Airway complications associated with surgery on the anterior cervical spine. Spine 2002;27(9):949–953
39. Sanchez TR, Holz GS, Corwin MT, Wood RJ, Wootton-Gorges SL. Follow-up barium study after a negative water-soluble contrast examination for suspected esophageal leak: is it necessary? Emerg Radiol 2015;22(5):539–542
40. Schoenfeld AJ, Herzog JP, Dunn JC, Bader JO, Belmont PJ Jr. Patient-based and surgical characteristics associated with the acute development of deep venous thrombosis and pulmonary embolism after spine surgery. Spine 2013;38(21):1892–1898
41. Schoenfeld AJ, Ochoa LM, Bader JO, Belmont PJ Jr. Risk factors for immediate postoperative complications and mortality following spine surgery: a study of 3475 patients from the National Surgical Quality Improvement Program. J Bone Joint Surg Am 2011;93(17):1577–1582
42. Shah KN, Waryasz G, DePasse JM, Daniels AH. Prevention of paralytic ileus utilizing alvimopan following spine surgery. Orthop Rev (Pavia) 2015;7(3):6087
43. Smith JS, Saulle D, Chen CJ, et al. Rates and causes of mortality associated with spine surgery based on 108,419 procedures: a review of the Scoliosis Research Society Morbidity and Mortality Database. Spine 2012;37(23):1975–1982
44. Swann MC, Hoes KS, Aoun SG, McDonagh DL. Postoperative complications of spine surgery. Best Pract Res Clin Anaesthesiol 2016;30(1):103–120
45. Wang TY, Martin JR, Loriaux DB, et al. Risk assessment and characterization of 30- day perioperative myocardial infarction following spine surgery: a retrospective analysis of 1346 consecutive adult patients. Spine 2016;41(5):438–444
46. Willson MC, Ross JS. Postoperative spine complications. Neuroimaging Clin N Am 2014;24(2):305–326 .

PERGUNTAS E RESPOSTAS

1 Neuroanatomia e Fisiologia

Jacob V. DiBattista ▪ Ankur S. Narain ▪ Fady Y. Hijji ▪ Philip K. Louie ▪ Daniel D. Bohl e Kern Singh

Perguntas Clínicas

1. Homem de 50 anos vem ao consultório com queixas de dor no membro superior. Ao exame, tem perda de sensibilidade na face lateral do membro superior e fraqueza na abdução do ombro. Qual é o déficit de reflexo esperado nesse paciente?
   a. Reflexo bicipital.
   b. Reflexo tricipital.
   c. Reflexo braquiorradial.
   d. Sinal/reflexo de Hoffman.
2. Qual das seguintes é verdadeira?
   a. A bainha de mielina é uma camada isolante gordurosa ao redor das células do corpo que facilita a condução saltatória.
   b. Os nós de Ranvier são interrupções na bainha de mielina que contêm grande número de canais de sódio e potássio controlados pela voltagem.
   c. Os dendritos recebem sinais do corpo celular e transferem esses sinais para outros neurônios.
   d. As células de Schwann mielinizam neurônios do sistema nervoso central.
3. Qual das seguintes não é uma apresentação de lesão do UMN?
   a. Hiper-reflexia.
   b. Espasticidade.
   c. Fasciculações.
   d. Sinal de Babinski.

Respostas

1. **a** está correta. A apresentação desse paciente é compatível com radiculopatia em C5, que se associa a deficiências no reflexo bicipital. As raízes nervosas de C5-C6 compreendem a via neural para o reflexo bicipital.
2. **b** está correta. A bainha de mielina é uma camada isolante gordurosa em torno do axônio. Os dendritos recebem sinais de outros neurônios e os transmitem ao corpo celular. Os oligodendrócitos mielinizam os neurônios do sistema nervoso central.
3. **c** está correta. As fasciculações são um sinal do LMN. Os outros achados são compatíveis com patologia do UMN.

2 Anatomia Geral da Coluna Vertebral e Vias do Trato Longo

Jacob V. DiBattista ▪ Ankur S. Narain ▪ Fady Y. Hijji ▪ Philip K. Louie ▪ Daniel D. Bohl ▪ Kern Singh

Perguntas Clínicas

1. Qual das seguintes não é verdadeira com relação às raízes nervosas espinais?
   a. Os nervos espinais C1-C7 saem abaixo das vértebras correspondentes.
   b. Os nervos espinais saem do canal vertebral por meio dos forames intervertebrais.
   c. Há um total de 31 nervos espinais.
   d. A medula espinal termina no cone medular (L2).
2. Qual dos seguintes é o pareamento correto do trato espinal e do local de decussação:
   a. Corticospinal anterior: comissura branca anterior.
   b. Rubrospinal: nenhum local (inervação ipsolateral).
   c. Tetospinal: nenhum local (inervação ipsolateral).
   d. Vestibulospinal medial: mesencéfalo.
3. Qual das seguintes não é verdadeira com relação aos discos intervertebrais?
   a. O espaço articular intervertebral não é uma articulação sinovial.
   b. O disco mais cranial está localizado entre C2 e C3.
   c. O núcleo pulposo circunda o ânulo fibroso.
   d. São compostos, primariamente, por colágenos dos tipos I e II.

Respostas

1. **a** está correta. Os nervos espinais C1-C7 saem *acima* de suas correspondentes vértebras.
2. **a** está correta. As fibras nervosas do trato corticospinal anterior decussam na comissura branca anterior, que está localizada na parte anterior da linha média da medula espinal. Os tratos rubrospinal e tetospinal decussam no mesencéfalo. O trato vestibulospinal medial decussa na parte caudal do bulbo.
3. **c** está correta. O ânulo fibroso não é circundado pelo núcleo pulposo. Todas as outras escolhas são afirmações verdadeiras.

3 Anatomia Atlanto-Occipital

Suzanne Labelle ▪ Fady Y. Hijji ▪ Ankur S. Narain ▪ Philip K. Louie ▪ Daniel D. Bohl ▪ Kern Singh

Perguntas Clínicas

1. Qual dos seguintes ramos da artéria vertebral irriga o processo odontoide de C2?
   a. Artéria espinal anterior.
   b. Artéria espinal posterior.
   c. Artéria ascendente posterior.
   d. Artéria bulbar segmentar anterior.
2. Homem de 55 anos vem ao consultório queixando-se de cervicalgia axial com duração de 6 meses. Ao exame físico, nota-se diminuição da sensibilidade da parte superior do occipital e do couro cabeludo. A patologia de qual espaço articular é mais provavelmente demonstrada no exame radiográfico?
   a. Junção atlanto-occipital.
   b. Espaço discal C1-C2.
   c. Espaço discal C2-C3.
   d. Junção atlanto-occipital e espaço discal C1-C2.
3. Mulher de 50 anos procura o pronto atendimento após acidente com veículo. Ao exame radiográfico observa-se instabilidade entre a articulação atlantoaxial com aumento do espaço entre o arco anterior do atlas e o dente de C2. Qual ligamento mais provavelmente foi lesionado?
   a. Ligamento alar.
   b. Ligamento de Barkow.
   c. Ligamento nucal.
   d. Membrana tectorial.
   e. Ligamento cruciforme.

Respostas

1. **c** está correta. As artérias ascendentes posteriores se unem para formar a arcada apical no topo do processo odontoide e auxiliam na circulação colateral do dente com as artérias ascendentes anteriores.
2. **b** está correta. A raiz nervosa C2 provavelmente foi afetada nessa paciente, resultando em diminuição da sensibilidade do couro cabeludo. Nas vértebras cervicais acima de C7, todas as raízes nervosas saem acima das respectivas vértebras. Assim sendo, a raiz nervosa C2 sairá no espaço discal C1-C2, e patologia significativa aqui resultará em impacto nessa raiz nervosa.
3. **e** está correta. O ligamento cruciforme mantém a estabilidade da junção craniocervical, travando o processo odontoide contra o arco anterior de C1. A articulação pivotal média proporciona ao áxis a rotação na articulação atlantoaxial.

4 Anatomia da Coluna Cervical

Fady Y. Hijji ▪ Ankur S. Narain ▪ Philip K. Louie ▪ Daniel D. Bohl ▪ Kern Singh

Perguntas Clínicas

1. Motociclista de 30 anos se envolve em um acidente em rodovia. Após a avaliação, recebe o diagnóstico de lesão do plexo braquial superior. Qual das seguintes provavelmente estaria normal ao exame físico?
   a. Abdução do ombro.
   b. Flexão do cotovelo.
   c. Sensibilidade na face radial do antebraço.
   d. Sensibilidade do terceiro dedo da mão.
   e. Sensibilidade da face lateral do ombro.
2. Qual das seguintes afirmações é verdadeira?
   a. Todas as vértebras cervicais subaxiais têm forames transversos na maioria dos pacientes.
   b. A amplitude de rotação é mínima nos níveis mais craniais.
   c. Na medida em que se sobe, as facetas articulares superiores fazem transição em direção à orientação posterolateral.
   d. A artéria vertebral pode ser encontrada no forame transverso de todas as vértebras cervicais.
3. Homem de 50 anos apresenta dor no membro superior esquerdo há 4 semanas. A dor se distribui ao longo da superfície anterior do braço e antebraço. Qual seria, provavelmente, o déficit motor e o nível de compressão de raiz nervosa desse paciente?
   a. Flexão do antebraço com compressão da raiz nervosa na região do disco C5-C6.
   b. Abdução do braço com compressão da raiz nervosa na região do disco C5-C6.
   c. Extensão do antebraço com compressão da raiz nervosa na região do disco C6-C7.
   d. Abdução do braço com compressão da raiz nervosa na região do disco C4-C5.
   e. Flexão do punho com compressão da raiz nervosa na região do disco C6-C7.

Respostas

1. **d** está correta. O paciente apresentou uma avulsão da raiz C5-C6. O quadro será de perda da abdução do ombro e da sensibilidade da parte lateral do ombro (nervo axilar), fraqueza do bíceps e diminuição da sensibilidade ao longo da face radial do antebraço (nervo musculoesquelético – nervo cutâneo antebraquial lateral).
2. **a** está correta. A artéria vertebral entra no forame transverso em C6; entretanto, nas vértebras da maioria dos pacientes, C3-C7 exibem um forame transverso.
3. **d** está correta. Com base na distribuição nos dermátomos, esse paciente está demonstrando um déficit sensorial de C5, o que corresponde à fraqueza na abdução do braço (a inervação motora primária de C5 é o deltoide). Nas vértebras cervicais, cada raiz nervosa sai acima de seu nível correspondente (a raiz nervosa C5 sai acima da vértebra C6 na região do disco C5-C6).

5 Coluna Torácica

Catherine Maloney ▪ Fady Y. Hijji ▪ Ankur S. Narain ▪ Philip K. Louie ▪ Daniel D. Bohl ▪ Kern Singh

Perguntas Clínicas

1. Qual das seguintes vértebras torácicas exibe o diâmetro mais estreito do pedículo?
   a. T1.
   b. T3.
   c. T6.
   d. T7.
   e. T12.
2. Em que nível a artéria de Adamkiewicz (radicular anterior) geralmente tem origem?
   a. T1.
   b. T3.
   c. T6.
   d. T7.
   e. T9.
3. A fim de prevenir uma falha de instrumentação precoce, as construções de fusões espinais não devem terminar em qual região?
   a. T4-T5.
   b. T5-T6.
   c. T6-T7.
   d. T7-T8.
   e. T9-T10.

Respostas

1. **c** está correta. Os pedículos torácicos são mais largos em T1 e T12 e se tornam gradualmente mais estreitos na medida em que se avança para a parte média da coluna vertebral (T6).
2. **e** está correta. A artéria radicular anterior geralmente se origina da artéria intercostal posterior esquerda entre T9 e T12 em 85% dos indivíduos.
3. **d** está correta. O ápice da cifose torácica ocorre em T7-T8. A instrumentação que termina no ápice cifótico torácico pode levar à falha de instrumentação precoce.

6 Anatomia da Coluna Lombar

Melissa G. Goczalk ▪ Ankur S. Narain ▪ Fady Y. Hijji ▪ Philip K. Louie ▪ Daniel D. Bohl ▪ Kern Singh

Perguntas Clínicas

1. Um paciente procura sua clínica com fraqueza na extensão do joelho, diminuição do reflexo patelar e perda de sensibilidade cutânea ao longo da parte anterior inferior da coxa, joelho, parte anterior inferior da perna e medial do tornozelo. Qual raiz nervosa, provavelmente, foi afetada?
   a. L2.
   b. L3.
   c. L4.
   d. L5.
2. Qual das seguintes afirmações é verdadeira?
   a. O músculo psoas se situa lateralmente às vértebras lombares.
   b. O nervo genitofemoral tem um trajeto ao longo do músculo ilíaco.
   c. A aorta abdominal bifurca na região vertebral L5.
   d. O nervo obturador se origina nos níveis L2-L3.
3. Qual das seguintes não é verdadeira com referência à anatomia ligamentar lombar?
   a. O ligamento amarelo se estende desde a face posterior da lâmina inferior à face anterior da lâmina superior.
   b. O ligamento longitudinal posterior limita a extensão da coluna lombar e segura os discos intervertebrais.
   c. O ligamento supraespinhoso termina em L3.
   d. O ligamento interespinhoso liga os processos espinhosos, e sua orientação é oblíqua.

Respostas

1. **c** está correta. L4 fornece a inervação motora à parte anterior da coxa e ao longo do dermátomo descrito. A herniação do disco no nível L3-L4 comprimiria L4.
2. **a** está correta. O nervo genitofemoral tem um trajeto ao longo do músculo psoas maior, a aorta abdominal bifurca em L4 e o nervo obturador se origina de L2 a L4.
3. **b** está correta. O ligamento longitudinal posterior limita a flexão da coluna e segura os discos intervertebrais.

7 Coluna Sacral

Antonio Varelas ▪ Fady Y. Hijji ▪ Ankur S. Narain ▪ Philip K. Louie ▪ Daniel D. Bohl ▪ Kern Singh

Perguntas Clínicas

1. Ginasta de 25 anos sofre uma lesão durante queda das barras assimétricas. Após a avaliação, recebeu o diagnóstico de uma lesão nervosa em S3 e S4. Qual das seguintes seria uma limitação para a paciente?
   a. Rotação externa do fêmur, extensão e estabilização lateral do quadril esquerdo.
   b. Controle voluntário do esfíncter anal.
   c. Rotação externa, abdução e extensão da articulação do quadril esquerdo.

2. Qual das seguintes afirmações é verdadeira?
   a. O saco dural termina em S2 e continua até o cóccix como ligamento sacroespinal.
   b. O nervo para o obturador interno fornece inervação motor tanto para o obturador interno como para o gêmeo inferior.
   c. O plexo sacral está localizado entre a fáscia pélvica (de Waldeyer) e o piriforme.
   d. O ápice do sacro se articula com as vértebras lombares finais.

3. Homem de 40 anos apresenta diminuição da flexão plantar do tornozelo e da sensibilidade na superfície posterior da coxa direita. Impacto sobre qual das seguintes raízes nervosas poderia resultar nessa apresentação?
   a. L5.
   b. S1.
   c. S2
   d. a e b.
   e. b e c.
   f. Todas as anteriores.

Respostas

1. **b** está correta. O nervo pudendo, que dá a inervação motora para o esfíncter anal externo, recebe contribuições de S2, S3 e S4. A está incorreta porque a função descrita pode ser atribuída ao glúteo máximo, inervado pelo nervo glúteo inferior (L5, S1, S2). C está incorreta porque essa é a função do piriforme, que é inervado pelo nervo para o piriforme (L5, S1, S2).

2. **c** está correta. O plexo sacral se situa profundamente à fáscia pélvica e superiormente ao piriforme. a está incorreta porque o saco dural continua como ligamento coccígeo. b está incorreta porque o nervo para o obturador interno inerva o gêmeo superior. d está incorreta porque o processo articular superior, localizado na base do sacro, articula com as vértebras lombares finais.

3. **e** está correta. O nervo femoral cutâneo posterior, responsável pela sensibilidade para a superfície posterior da coxa e da perna, recebe contribuições de S1, S2 e S3. Conquanto S2 seja a raiz nervosa predominante nesse dermátomo, a lesão de qualquer das raízes sacrais pode afetar a função do nervo cutâneo posterior. A flexão plantar ativa do tornozelo é inervada, predominantemente, pela raiz nervosa S1.

8 História Espinal e Exame Físico

Fady Y. Hijji ▪ Ankur S. Narain ▪ Junyoung Ahn ▪ Philip K. Louie ▪ Daniel D. Bohl ▪ Kern Singh

Perguntas Clínicas

1. Qual dos seguintes achados de exame estaria mais provavelmente presente em um paciente com sintomas mielopáticos?
   a. Reprodução da dor radicular do paciente ao rodar e flexionar lateralmente a cabeça para um lado e depois oferecer uma carga axial.
   b. Abolição do reflexo esfincteriano ao apertar a glande do paciente ou o clitóris da paciente ou ao puxar uma sonda Foley, pesquisando a contração do esfíncter anal externo.
   c. Paciente não consegue realizar pelo menos 20 ciclos de apertar/soltar em 10 segundos quando se pede que ele cerre rapidamente o punho e solte em ambas as mãos.
   d. *Sitting root test* negativo com Lasègue positivo.
   e. O paciente não consegue manter o equilíbrio quando lhe pedem para ficar em pé com os pés juntos e os olhos fechados por 10 segundos.
2. Qual dos seguintes é um pareamento incorreto de raiz nervosa e exame?
   a. C5 – sensibilidade lateral do ombro – músculo deltoide – reflexo bicipital.
   b. C6 – sensibilidade na parte lateral do braço/antebraço – músculo bíceps – reflexo tricipital.
   c. L4 – sensibilidade na parte anterior inferior da coxa – músculo tibial anterior – reflexo patelar.
   d. L5 – sensibilidade na parte posterolateral da coxa e lateral da perna – músculo extensor longo do hálux – reflexo medial dos flexores da coxa (raro).
   e. S1 – parte lateral do pé e lateral posterior da coxa e sensibilidade da perna – músculo gastrocnêmio – reflexo aquileu.
3. Pacientes com estenose vertebral costumam apresentar qual tipo de marcha:
   a. Inclinação anterior.
   b. Marcha Trendelenburg.
   c. Marcha antálgica.
   d. Marcha ceifante.
   e. Marcha escarvante.

Respostas

1. **c** está correta. O teste de apertar e soltar é apropriado para avaliação de mielopatia cervical. A reprodução da dor radicular com rotação e flexão da cabeça é o teste de Spurling, que avalia radiculopatia cervical. A abolição de reflexo esfincteriano ao apertar a glande do pênis é indicativa de lesão do cone medular ou das raízes nervosas sacrais. O *sitting root test* negativo implica patologia não orgânica de um paciente com sintomas lombares. A incapacidade de manter o equilíbrio ao ficar em pé com os olhos fechados indica lesão da coluna posterior da medula espinal.
2. **b** está correta. C6 fornece sensibilidade para a parte lateral do antebraço até o polegar, inervação motora para o bíceps e o reflexo braquiorradial.
3. **a** está correta. A inclinação anterior ajuda a aumentar o espaço no interior do canal vertebral, diminuindo os sintomas para pacientes que apresentam estenose do canal vertebral. A marcha Trendelenburg é exibida por pacientes com fraqueza do glúteo médio. A marcha antálgica é predominante em

pacientes que apresentam dor com a sustentação do peso, como na artrite do quadril. A marcha ceifante indica patologia do neurônio motor superior, como em uma sequela de acidente vascular encefálico. A marcha escarvante indica paralisia da raiz nervosa L4 ou do nervo fibular profundo.

9 Medições Radiográficas Comuns

Dustin H. Massel ▪ Benjamin C. Mayo ▪ William W. Long ▪ Krishna D. Modi ▪ Kern Singh

Perguntas Clínicas

1. Qual das seguintes não é verdadeira com relação à artrodese radiográfica?
   a. Refere-se à fusão de dois ou mais corpos vertebrais.
   b. As radiografias simples são o padrão ouro para determinar a presença de artrodese.
   c. Definida por ligações ósseas em três cortes sequenciais nos planos sagital e coronal.
   d. A presença de cistos subcondrais pode ser sinal de falha da artrodese.

2. Qual das seguintes é verdadeira com relação às medidas da lordose cervical?
   a. A lordose cervical é medida por meio de radiografias em perfil.
   b. Define-se hipolordose como medida abaixo de 15 graus.
   c. Define-se lordose normal como medida entre 20 e 40 graus.
   d. Define-se hiperlordose como medida acima de 50 graus.

3. Qual das seguintes não é verdadeira com relação à espondilolistese?
   a. Anterolistese se refere ao deslocamento anterior do corpo vertebral.
   b. A classificação de Meyerding é o sistema de classificação mais amplamente usado.
   c. O ângulo de escorregamento quantifica o grau de cifose lombossacral.
   d. O sistema de classificação de Wiltse se baseia na porcentagem de escorregamento.

Respostas

1. **b** está correta. A tomografia computadorizada (CT) é o padrão ouro para determinação de artrodese.
2. **c** está correta. A lordose cervical é medida por meio de radiografias em perfil. Define-se hipolordose como medida abaixo de 10 graus e hiperlordose como medida acima de 40 graus.
3. **d** está correta. A classificação Wiltse se baseia na etiologia. A classificação Meyerding se baseia na porcentagem de escorregamento.

10 Doença de Disco Cervical

Fady Y. Hijji ▪ Ankur S. Narain ▪ Philip K. Louie ▪ Daniel D. Bohl ▪ Kern Singh

Perguntas Clínicas

1. Mulher de 82 anos procura a clínica com instabilidade de marcha progressiva e dificuldade nas tarefas com movimentos finos. Qual das seguintes uma MRI da coluna cervical mais provavelmente revela?
   a. Nenhuma patologia óbvia: altura do disco e lordose bem mantidas.
   b. Hérnia do disco C4-C5 com estenose foraminal bilateral; relação Torg-Pavlov de 1,1.
   c. Perda da lordose cervical sem estenose central óbvia do canal vertebral.
   d. Diminuição do espaço discal em toda a extensão, hérnia do disco C6-C7 com estenose central; relação Torg-Pavlov de 0,7.
   e. Lesão com transecção completa da medula espinal em C4-C5.

2. Homem de 67 anos com longa história de nefropatia crônica, em hemodiálise e com marca-passo colocado apresenta piora de hipoestesia, parestesias e fraqueza no membro superior esquerdo até o quarto e quinto dedos da mão. Radiografia simples da coluna cervical mostra leves alterações espondilóticas. Qual seria o próximo passo em imagens?
   a. MRI
   b. Neurografia por MRI.
   c. Mielografia por CT.
   d. CT.
   e. Cintilografia óssea.

3. Homem de 54 anos se apresenta com cervicalgia axial crônica há 6 meses. A MRI mostra herniação discal com protrusão central em C5-C6 com relação de Torg-Pavlov de 0,7. Qual dos seguintes achados de exame físico também se esperaria encontrar?
   a. Dor irradiada durante a extensão, rotação, curvatura lateral e compressão vertical do pescoço.
   b. Hipoestesia ao longo da parte lateral do braço e do ombro.
   c. Flexão espontânea de outros dedos ao estalar a falange distal do dedo médio do paciente.
   d. Diminuição do reflexo bicipital.

Respostas

1. **d** está correta. A paciente está exibindo sintomas compatíveis com mielopatia. Os achados de MRI revelando patologia causadora estenose vertebral central com relação Torg-Pavlov abaixo de 0,8 confirmariam um diagnóstico de mielopatia.

2. **d** está correta. O paciente tem sintomas compatíveis com radiculopatia. No entanto, por causa da história clínica, MRI ou mielografia por CT estão contraindicadas. Desse modo, a melhor escolha a seguir para imagem seria CT para pesquisar espondilose.

3. **c** está correta. A MRI do paciente revela achados compatíveis com mielopatia. A alternativa c descreve o sinal de Hoffman, um achado de exame físico muitas vezes encontrado em pacientes mielopatias.

11 Doença de Disco Lombar

Fady Y. Hijji ▪ Ankur S. Narain ▪ Philip K. Louie ▪ Daniel D. Bohl ▪ Kern Singh

Perguntas Clínicas

1. Homem de 59 anos procura atendimento queixando-se de piora progressiva de lombalgia há 2 semanas. O paciente trabalha em almoxarifado e relata diminuição da capacidade de realizar suas funções de trabalho, que incluem mover grandes peças de equipamento e inventário. Ao exame, tem dor à extensão lombar e parestesias no dermátomo L5. As imagens revelam hérnia de disco em L4/L5. Qual tratamento você recomendaria?
   a. Microdiscectomia.
   b. Repouso, fisioterapia e NSAIDs.
   c. Infiltração de corticosteroide.
   d. Laminotomia.
2. Mulher de 25 anos procura atendimento com queixa lombalgia. Tem história de jogar futebol em competição. Ela se queixa, atualmente, de dor com a extensão lombar e na extremidade inferior quando anda. Qual tipo de patologia poder-se-ia encontrar nessa paciente?
   a. Espondilose.
   b. Hérnia discal lateral extrema.
   c. Espondilolistese ístmica.
   d. Espondilolistese degenerativa.
3. Homem de 52 anos apresenta lombalgia irradiada para a coxa esquerda e a parte anterior da perna há 6 meses. Ao exame físico, o paciente exibe fraqueza na extensão da perna esquerda e reflexo do quadríceps abolido à esquerda. Qual das seguintes estaria mais provavelmente presente na MRI?
   a. HNP lateral extremo (foraminal) em L2-L3 à esquerda.
   b. HNP paracentral em L4-L5 à esquerda.
   c. HNP lateral extremo em L4-L5 a esquerda.
   d. HNP central em L4-L5 à esquerda.

Respostas

1. **b** está correta. O paciente tem radiculopatia com achados de imagens compatíveis com compressão da raiz nervosa L5. Como o paciente não passou por um mínimo de 6 a 12 semanas de terapia conservadora, deve utilizar esses métodos antes de ser submetidos a opções de tratamento mais invasivas.
2. **c** está correta. Com base na idade e na história, a paciente tem mais probabilidade de sofrer de espondilolistese ístmica. Também é possível hérnia de disco; entretanto, os sintomas causados por herniações discais geralmente pioram com a flexão lombar, não com a extensão.
3. **d** está correta. O paciente está apresentando radiculopatia de L4. As raízes nervosas lombares geralmente saem sob o pedículo das vértebras lombares superiores de qualquer dado nível discal. Portanto, a raiz nervosa L4 sai no espaço discal L4-L5 e ficaria comprometida na estenose neuroforaminal causada por herniação discal lateral extrema. Herniações centrais e paracentrais do disco L4-L5 provavelmente afetariam a raiz nervosa atravessando no nível seguinte (L5).

12 Escoliose

Lauren M. Sadowsky ▪ Ankur S. Narain ▪ Fady Y. Hijji ▪ Philip K. Louie ▪ Daniel D. Bohl ▪ Kern Singh

Perguntas Clínicas

1. Garota de 14 anos é triada de rotina para escoliose porque sua mãe tem escoliose importante. Verifica-se que tem uma escoliose torácica de 12 graus no lado direito. No teste de Adams de curvatura para frente, ela tem protrusão para o lado esquerdo do gradeado costal. Qual das seguintes é verdadeira com relação ao tratamento dessa paciente?
   a. Indica-se órtese TLSO para prevenir progressão da curvatura.
   b. Indica-se órtese noturna para prevenir progressão da curvatura.
   c. Indica-se aparelho gessado sequencial para prevenir a progressão da curvatura.
   d. Não se indica tratamento para essa paciente.

2. Menino de 5 anos tem curva escoliótica grave identificada como 3AN pelo sistema de classificação Lenke. Qual das seguintes é a descrição correta de sua curva?
   a. Dupla maior (DM).
   b. Tripla maior (TM).
   c. Dupla torácica (DT).
   d. Principal torácica (MT).
   e. Toracolombar/lombar (TL/L).

3. Lactente de 6 meses vem para atendimento porque sua mãe notou que suas pernas sempre giram para a direita no trocador. Ao exame físico, nota-se que o lactente tem efélides axilares significativas além de um diagnóstico de escoliose. Qual da seguinte é a etiologia mais provável para o quadro da criança?
   a. Idiopática.
   b. Congênita.
   c. Neuromuscular
   d. Sindrômica.

Respostas

1. **d** está correta. Não se indica tratamento corretivo para pacientes com curvas espinais com ângulos de Cobb abaixo de 20 graus. Em lugar disso, a paciente deve ser monitorada durante a adolescência pela possibilidade de progressão da curva, fazendo-se inspeção externa e radiografias.

2. **a** está correta. Curvas escolióticas do tipo 3 no sistema de classificação Lenke são descritas como curvas DM.

3. **d** está correta. O padrão de efélides dessa criança é sugestivo de neurofibromatose, que é uma etiologia sindrômica de escoliose. Mesmo que a escoliose estivesse presente ao nascimento, a etiologia parece não ser de uma malformação, mas associada a processo de doença sindrômica.

13 Traumatismo Medular e Fraturas

Ankur S. Narain ▪ Fady Y. Hijji ▪ Philip K. Louie ▪ Daniel D. Bohl ▪ Kern Singh

Perguntas Clínicas

1. Qual das seguintes não é componente da conduta inicial em TODOS os casos de suspeita de fratura vertebral?
   a. Atendimento primário (ABCDE).
   b. Avaliação de choque espinal por meio de pesquisa de reflexo bulbocavernoso.
   c. Determinação do nível neurológico de lesão.
   d. MRI.
2. Em qual dos cenários estaria indicada conduta cirúrgica?
   a. Fratura de Jefferson com TAL.
   b. Luxação unilateral de faceta sem déficits neurológicos focais.
   c. Fratura em explosão toracolombar com mais de 30 graus de cifose.
   d. Fratura sacral com menos de 1 cm de deslocamento.
3. Qual das seguintes é o tipo de lesão mais comumente associado às fraturas sacrais?
   a. Lesões pélvicas.
   b. Lesões da coxa.
   c. Lesões do joelho.
   d. Lesões do pé.

Respostas

1. **d** está correta. A MRI é necessária somente em casos em que esteja presente déficit neurológico. Todas as outras intervenções são exigidas em TODOS os casos de suspeita de fratura da coluna.
2. **c** está correta. Fratura toracolombar com mais de 30 graus de cifose significa instabilidade e é indicação cirúrgica. Os outros cenários não presentam instabilidade e, desse modo, não são candidatos cirúrgicos imediatos.
3. **a** está correta. As lesões pélvicas se associam a 30 a 45% das fraturas sacrais. Conquanto lesões na coxa, joelho e pé possam ocorrer concomitantemente a uma fratura sacral, não são tão comuns quanto as lesões pélvicas.

14 Tumores Medulares Primários e Metastáticos

Ankur S. Narain ▪ Fady Y. Hijji ▪ Philip K. Louie ▪ Daniel D. Bohl ▪ Kern Singh

Perguntas Clínicas

1. Homem de 18 anos procura atendimento com lombalgia crônica aliviada pelo uso de anti-inflamatórios não esteroides (NSAIDs). A CT demonstra radiotransparência circular de 15 mm cercada por alterações ósseas escleróticas. Qual é o diagnóstico mais provável?
   a. Osteoma osteoide.
   b. Osteoblastoma.
   c. Osteossarcoma.
   d. Tumor de células gigantes.

2. Qual dos seguintes não é um tumor primário comum que leva à doença espinal metastática?
   a. RCC.
   b. Carcinoma lobular invasivo da mama.
   c. Câncer papilar da tireoide.
   d. Adenocarcinoma gástrico.

3. Garoto de 15 anos procura atendimento com lombalgia há 6 meses. Ao exame, há massa de tecidos moles palpável na linha média da região lombar. As radiografias demonstraram um aspecto irregular do corpo vertebral L3 com extensa reação periosteal, levando a um aspecto de múltiplas camadas. Qual é o diagnóstico mais provável?
   a. Condrossarcoma.
   b. Sarcoma de Ewing.
   c. Cordoma.
   d. Osteossarcoma.

Respostas

1. **a** está correta. O osteoma osteoide é indicado por uma radiotransparência circular com 15 a 20 mm, cercada por alterações ósseas escleróticas. O alívio da dor com NSAIDs também é um aspecto característico do osteoma osteoide.

2. **d** está correta. O adenocarcinoma gástrico não é uma das etiologias primárias mais comuns de doença metastática espinal. As fontes primárias mais comuns incluem câncer de mama, câncer de pulmão, câncer de tireoide, RCC e câncer de próstata.

3. **b** está correta. O sarcoma de Ewing se caracteriza por aspecto ósseo irregular "roído de traça" com extensa reação periosteal que forma camadas como uma "casca de cebola". O sarcoma de Ewing também se associa, frequentemente, a uma extensão para os tecidos moles, neste caso apresentando-se como massa de tecidos moles palpável na região lombar.

15 Infecções da Coluna Vertebral

Ankur S. Narain ▪ Fady Y. Hijji ▪ Philip K. Louie ▪ Daniel D. Bohl ▪ Kern Singh

Perguntas Clínicas

1. Qual modalidade de imagem é a mais informativa para o diagnóstico de osteomielite?
   a. Radiografia simples.
   b. CT.
   c. MRI.
   d. Cintilografia óssea.
2. Qual das seguintes é falsa com respeito ao tratamento de um abscesso epidural espinal?
   a. Indica-se cirurgia se estiverem presentes déficits neurológicos.
   b. A localização do abscesso na parte posterior da coluna exige descompressão por meio de laminectomia.
   c. É necessária artrodese se estiver presente instabilidade vertebral ou se houver suspeita disso.
   d. Não é necessário administrar antibióticos pós-operatórios após irrigação e desbridamento bem-sucedidos.
3. Qual das seguintes é verdadeira com relação à infecção espinal pós-operatória?
   a. A infecção é causada por inoculação hematogênica da ferida pela flora da pele.
   b. São preferidas as culturas profundas intraoperatórias da ferida para identificação do patógeno.
   c. A administração de antibiótico profilático deve ocorrer dentro do prazo de 90 minutos antes do horário de início do procedimento.
   d. Os antibióticos pós-operatórios devem continuar durante um período de 4 semanas.

Respostas

1. **c** está correta. A MRI, especificamente as imagens ponderadas em T2, oferece excelente resolução de edema e inflamação no espaço discal intervertebral e nos corpos vertebrais. Os achados de radiografias simples podem demorar semanas a meses depois da infecção. A cintilografia óssea tem baixa sensibilidade, em comparação com a MRI. A CT é indicada somente em pacientes que tenham contraindicações para a MRI e a administração de contraste.
2. **d** está correta. Exige-se a administração de antibióticos por 4 a 6 semanas depois de irrigação e desbridamento. As demais alternativas são verdadeiras.
3. **b** está correta. As culturas profundas intraoperatórias da ferida são preferidas para identificação do patógeno, pois não estão contaminadas com a flora da pele e, assim sendo, oferecem identificação mais precisa do patógeno. A infecção é causada por inoculação direta da ferida pela flora da pele. A administração de antibiótico profilático deve ocorrer no prazo de 60 minutos antes do horário de início do procedimento. Os antibióticos pós-operatórios devem ser continuados por um período de pelo menos 6 semanas.

16 Pediatria

Jonathan Markowitz ▪ Ankur S. Narain ▪ Fady Y. Hijji ▪ Philip K. Louie ▪ Daniel D. Bohl ▪ Kern Singh

Perguntas Clínicas

1. A fim de reduzir o risco de NTDs, a suplementação materna deve incluir qual dos seguintes?
   a. Ibuprofeno, 400 mg.
   b. Ômega-3, 1.200 mg
   c. Ácido fólico, 4 mg.
   d. Ácido fólico, 0,4 mg.
   e. Cálcio, 600 mg.
2. Mielodisplasia em qual dos seguintes níveis lombares se apresentaria com adução do quadril, extensão do joelho e deformidade com pé cavovaro?
   a. L1.
   b. L2.
   c. L3.
   d. L4.
   e. L5.

Respostas

1. **d** está correta. A deficiência materna de ácido fólico é causa importante de NTDs. A suplementação materna com ácido fólico 0,4 mg diminui o risco de NTDs em 70 a 80%.
2. **d** está correta. A mielodisplasia envolvendo a raiz nervosa no nível L4 apresentar-se-ia com adução do quadril, extensão do joelho e deformidade com pé cavovaro.

17 Discectomia Cervical Anterior e Fusão

Ankur S. Narain ▪ Fady Y. Hijji ▪ Philip K. Louie ▪ Daniel D. Bohl ▪ Kern Singh

Perguntas Clínicas

1. Homem de 45 anos passa por um procedimento de ACDF em razão de herniação em C4-C5 com sintomas de radiculopatia. Depois de ser transferido para o quarto, apresenta disfonia significativa com dificuldade para falar. Qual estrutura provavelmente foi lesionada durante o procedimento?
   a. Nervo laríngeo recorrente.
   b. Pregas vocais.
   c. Epiglote.
   d. Esôfago.
2. Qual das seguintes não é verdadeira sobre o posicionamento do paciente durante uma ACDF?
   a. O paciente é colocado em decúbito dorsal.
   b. A cabeça é rodada ipsolateralmente em direção ao lado ao acesso cirúrgico.
   c. O osso hioide serve de ponto de referência para o nível C3.
   d. A cartilagem cricóidea serve de ponto de referência para o nível C6.
3. Qual das seguintes não é indicação de ACDF?
   a. Herniação de disco cervical sintomática.
   b. Espondilose cervical.
   c. Luxação occipitocervical.
   d. Fraturas cervicais instáveis.

Respostas

1. **a** está correta. A lesão do nervo laríngeo recorrente se apresenta com disfonia pós-operatória e possível afonia. Isso pode ser evitado colocando-se afastadores sob a borda medial dos músculos longos do pescoço.
2. **b** está correta. A cabeça não é rodada ipsolateralmente, mas contralateralmente ao lado do acesso cirúrgico. Todas as outras afirmações são verdadeiras.
3. **c** está correta. A luxação occipitocervical geralmente é tratada com fusão posterior do occipital pelo menos a C2. Os acessos anteriores não são apropriados nesse contexto.

18 Laminoplastia Cervical Posterior com Instrumentação

Ankur S. Narain ▪ Fady Y. Hijji ▪ Philip K. Louie ▪ Daniel D. Bohl ▪ Kern Singh

Perguntas Clínicas

1. Qual das seguintes é contraindicação à laminoplastia cervical?
   a. Espondilose cervical.
   b. Estenose do canal vertebral grave.
   c. Espondilolistese grau 2.
   d. Deformidade cifótica.
   e. Discectomia cervical prévia.
2. Dois dias após uma laminoplastia cervical de C3 a C7 com instrumentação, um paciente começa a queixar-se de aparecimento de fraqueza no membro superior direito. Ele nota que tem dificuldade para elevar o membro superior acima da cabeça para alcançar objetos. Qual das seguintes seria a melhor conduta para esse paciente?
   a. Anti-inflamatórios não esteroides (NSAIDs).
   b. Reposicionamento da instrumentação posterior.
   c. Infiltração do manguito rotador com cortisona.
   d. Extensão da laminoplastia para incluir C4.
   e. MRI da coluna cervical.

Respostas

1. **d** está correta. A deformidade cifótica é contraindicação para laminoplastia cervical, pois esse procedimento não abrange a compressão medular anterior na coluna cifótica. Adicionalmente, a laminoplastia tem o potencial de levar à piora da cifose nessas situações.
2. **e** está correta. O paciente está apresentando paralisia da raiz nervosa C5, evidenciada por fraqueza no deltoide direito. Esse sintoma é uma complicação conhecida após laminoplastia cervical e costuma ser autolimitado. No entanto, uma MRI da coluna cervical deve ser pedida a fim de descartar estenose foraminal importante residual com hematoma epidural que esteja resultando em compressão da raiz nervosa C5.

19 Laminectomia e Fusão na Região Cervical Posterior

Ankur S. Narain ▪ Fady Y. Hijji ▪ Philip K. Louie ▪ Daniel D. Bohl ▪ Kern Singh

Respostas Clínicas

1. Homem de 47 anos está no dia 1 de pós-operatório depois de PCLF para espondilose de C2-C4 com estenose central do canal vertebral. Ele apresenta náuseas, vômitos e cefaleias que pioram na posição ereta. Qual é a etiologia dos sintomas pós-operatórios do paciente?
    a. Achados pós-operatórios esperados sem mecanismo definido.
    b. Infecção no local cirúrgico causada pela introdução da flora cutânea na ferida cirúrgica.
    c. Durotomia secundária à ruptura do saco tecal.
    d. Os sintomas são secundários aos efeitos de medicações causados pela anestesia.
2. Qual das seguintes não faz parte da estratégia de conduta para lesão da artéria vertebral depois de PCLF?
    a. Reposição volêmica IV agressiva.
    b. Hemostasia por meio de pressão digital e Gelfoam.
    c. Colocação da cabeça em posição neutra.
    d. Sacrifício da artéria vertebral dominante.
3. Qual das seguintes é verdadeira com relação ao posicionamento do paciente e à incisão cirúrgica inicial durante uma PCLF?
    a. O paciente é colocado em decúbito lateral.
    b. Não é necessário colocar no paciente uma pinça Mayfield ou outra pinça craniana.
    c. O plano internervoso para os músculos paracervicais está na linha média.
    d. Não há focos de sangramento significativos durante o acesso superficial.

Respostas

1. **c** está correta. Conquanto náuseas e vômitos possam sinalizar numerosas apresentações, as cefaleias posicionais/ortostáticas são mais compatíveis com durotomia que leve a vazamento de líquido cefalorraquidiano (CSF). A durotomia durante PCLF ocorre mais comumente durante laminectomia.
2. **d** está correta. Não se recomenda o sacrifício da artéria vertebral dominante. As artérias vertebrais não dominantes, contudo, podem ser sacrificadas. Todas as outras afirmações apresentadas são estratégias de conduta aceitas no caso de lesão da artéria vertebral.
3. **c** está correta. O paciente é colocado em decúbito ventral. Coloca-se uma pinça Mayfield ou outra pinça craniana para estabilização. Os plexos venosos adjacentes podem causar sangramento significativo durante a dissecção superficial inicial.

20 Fusão Lombar Posterolateral Aberta

Ankur S. Narain ▪ Fady Y. Hijji ▪ Philip K. Louie ▪ Daniel D. Bohl ▪ Kern Singh

Perguntas Clínicas

1. Um paciente começa a apresentar o aparecimento de fraqueza de extensão do hálux após PLF aberta de L5-S1. Qual das seguintes seria causa provável do déficit neurológico deste paciente?
   a. Recorte do parafuso do pedículo de S1.
   b. Má colocação do parafuso do pedículo de S1 lateralmente.
   c. Má colocação do parafuso do pedículo de S1 medialmente.
   d. Lesão direta da raiz nervosa durante a laminectomia.
2. Qual dos seguintes é fator de risco para uma fratura intraoperatória do pedículo durante PLF aberta?
   a. Má colocação do parafuso.
   b. Esteroides intraoperatórios.
   c. Diabetes.
   d. Osteoporose
   e. Gênero masculino.

Respostas Clínicas

1. **b** está correta. A raiz nervos L5, responsável pela extensão do hálux, atravessa lateralmente na direção inferior e posterior. Deslocamento lateral do parafuso do pedículo de S1 com perfuração do córtex alar anterior pode lesionar a raiz nervosa L5. Deslocamento medial extremo do parafuso do pedículo colocaria em risco a cadeia simpática ou os vasos ilíacos.
2. **d** está correta. Osteoporose é um fator de risco significativo para fratura do pedículo durante a colocação de parafusos no pedículo.

21 Fusão Intersomática Lombar Anterior

Ankur S. Narain ▪ Fady Y. Hijji ▪ Philip K. Louie ▪ Daniel D. Bohl ▪ Kern Singh

Perguntas Clínicas

1. Qual das seguintes não é verdadeira com referência à lesão do plexo pré-sacral durante procedimentos de ALIF?
   a. Causada por manipulação do plexo durante dissecção.
   b. Pode ser prevenida garantindo-se que a incisão inicial seja longa o suficiente para permitir mobilização do nervo.
   c. Pode ser prevenida evitando-se o uso de cautério bipolar durante o procedimento.
   d. Apresenta-se com ejaculação retrógrada pós-operatória e possível impotência.

2. Qual das seguintes não é precaução típica tomada para evitar complicações viscerais e vasculares durante um procedimento de ALIF?
   a. Identificação e retração do nervo genitofemoral.
   b. Ligadura da artéria sacral média para prevenir hemorragia.
   c. Identificação e retração dos ureteres.
   d. Retração dos grandes vasos.

3. Qual das seguintes é correta com relação ao posicionamento do paciente para procedimentos de ALIF?
   a. O paciente deve ser colocado em decúbito lateral.
   b. A cicatriz umbilical corresponde ao nível vertebral L3-L4.
   c. O tubérculo púbico se situa superior e medialmente à sínfise púbica.
   d. O paciente é posicionado com os membros superiores ao lado em posição discretamente flexionada.

Respostas

1. **c** está correta. Na prevenção de lesão do plexo pré-sacral, usa-se, de preferência, o cautério bipolar. O uso do cautério monopolar não é recomendado por medo de lesão nervosa.

2. **a** está correta. O nervo genitofemoral geralmente não é encontrado durante procedimentos de ALIF. Frequentemente se situa fora do campo cirúrgico, lateralmente à incisão.

3. **b** está correta. O paciente deve ser colocado em decúbito dorsal com ou sem Trendelenburg invertido. O tubérculo púbico se situa lateralmente à sínfise púbica. O paciente é posicionado com os braços cruzados no tórax para permitir acesso fluoroscópico ao braço C.

22 Fusão Intersomática Lombar Transforaminal Minimamente Invasiva

Ankur S. Narain ▪ Fady Y. Hijji ▪ Philip K. Louie ▪ Daniel D. Bohl ▪ Kern Singh

Perguntas Clínicas

1. Qual dos seguintes não é benefício direto da fusão intersomática lombar transforaminal minimamente invasiva?
   a. Diminuição da lesão de tecidos moles.
   b. Taxas de fusão mais altas.
   c. Diminuição da perda de sangue.
   d. Diminuição do tempo de hospitalização.
2. Qual das seguintes técnicas pode reduzir o risco de lesão neural?
   a. Uso de esteroides intraoperatórios.
   b. Aumento do número de espaçadores intervertebrais.
   c. Aumento da exposição com remoção de facetas extras.
   d. Reparo de lacerações durais.
3. Paciente começa a se queixar de lombalgia progressivamente pior e de aparecimento de fraqueza da flexão plantar da perna esquerda 2 dias depois de MIS TLIF em L5-S1. Qual das seguintes tem mais probabilidade de causar esse declínio neurológico do paciente?
   a. Trombose venosa profunda.
   b. Acidente vascular encefálico.
   c. Laceração dural e vazamento de LCS.
   d. Hematoma epidural.

Respostas

1. **b** está correta. Os procedimentos cirúrgicos minimamente invasivos na coluna têm demonstrado reduzir a lesão tecidual, diminuir a perda sanguínea e o tempo de hospitalização no pós-operatório.
2. **c** está correta. Maximizando-se a exposição por meio de remoção completa de facetas, reduz-se a necessidade de retração das raízes nervosas.
3. **d** está correta. O declínio progressivo da função neurológica após cirurgia pode causar suspeita da formação de um hematoma. Conquanto não sejam necessários drenos cirúrgicos no pós-operatório, hematomas epidurais são complicação conhecida após MIS TLIF e sempre devem ser considerados nesses casos.

23 Fusão Intersomática Lombar Lateral

Ankur S. Narain ▪ *Fady Y. Hijji* ▪ *Philip K. Louie* ▪ *Daniel D. Bohl* ▪ *Kern Singh*

Perguntas Clínicas

1. Qual das seguintes seria contraindicação para LLIF em L4-L5?
   a. Espondilolistese degenerativa.
   b. Plexo lombar localizado no terço anterior do corpo vertebral L4.
   c. Bifurcação da aorta em L3-L4.
   d. Cirurgia abdominal prévia.
2. Todos os seguintes métodos ajudam a reduzir a fraqueza de flexão pós-operatória do quadril após LLIF exceto:
   a. Redução do tempo de retração.
   b. Alongamento da incisão para maximizar a exposição.
   c. Utilização de neuromonitoração.
   d. Imagens pré-operatórias para identificar a localização do plexo lombar.

Respostas

1. **c** está correta. Após a bifurcação da aorta, os vasos ilíacos começam a atravessar lateralmente. Isso pode colocá-los em risco ao realizar um procedimento de LLIF.
2. **b** está correta. A fraqueza da flexão do quadril é atribuída à lesão do músculo psoas e à irritação ou lesão dos nervos no interior do músculo. Reduzir o tempo de tração, juntamente com a utilização de neuromonitoração e imagens pré-operatórias para ajudar a localizar o plexo lombar serão benéficos para evitar lesão nervosa ou irritação excessiva do músculo ou dos nervos.

24 Complicações Cirúrgicas

Ikechukwu Achebe ▪ Ankur S. Narain ▪ Fady Y. Hijji ▪ Philip K. Louie ▪ Daniel D. Bohl ▪ Kern Singh

Perguntas Clínicas

1. Homem de 53 anos está no pós-operatório 3 (D3PO) depois de um procedimento de fusão intersomática lombar transforaminal (TLIF) para espondilolistese em L4-L5 degenerativo. Ele se queixa de dificuldade para urinar e dor à micção. Também tem febre de 38,7°C. Qual dos seguintes é um fator de risco para sua atual apresentação pós-operatória?
   a. Cateterização IV prolongada.
   b. Cateterização urinária.
   c. Contaminação da ferida por flora da pele.
   d. Durotomia incidental durante o procedimento.

2. Qual das seguintes não é verdadeira para uma fístula cutânea de CSF pós-operatória?
   a. Os líquidos obtidos pela drenagem são negativos para beta-2-transferrina.
   b. Pode ocorrer progressão para meningite.
   c. A MRI mostra líquido hiperintenso extra-aracnoide nas sequências T2.
   d. Apresenta-se com cefaleia postural, febre, rigidez de nuca e dor.

3. Qual das seguintes é verdadeira com referência a hematomas epidurais espinais?
   a. Os sintomas geralmente seguem um curso indolente e incluem dorsalgia e déficits neurológicos.
   b. A MRI é a modalidade de imagem de escolha para o diagnóstico.
   c. A maioria dos casos é tratada sem cirurgia com esteroides.
   d. Procedimentos em um único nível são fator de risco para hematoma epidural espinal.

Respostas

1. **b** está correta. O paciente está apresentando sintomas típicos de infecção do trato urinário (UTI). As UTIs comumente se apresentam por volta do D3PO com febre, dificuldade para urinar, disúria e secreção atípica. Um fator de risco para UTI pós-operatória é a cateterização urinária.

2. **a** está correta. Os líquidos obtidos por meio de drenagem seriam positivos para beta-2-transferrina em um caso de fístula cutânea de CSF.

3. **b** está correta. Os sintomas geralmente seguem um curso rapidamente progressivo. A maioria dos casos necessita de descompressão cirúrgica de urgência. Procedimentos em múltiplos níveis são fator de risco para hematoma epidural espinal.

25 Complicações Clínicas Comuns após Cirurgia Espinal de Rotina

Ankur S. Narain ▪ Fady Y. Hijji ▪ Benjamim Khechen
Brittany El Haws ▪ Philip K. Louie ▪ Daniel D. Bohl ▪ Kern Singh

Perguntas Clínicas

1. Qual das seguintes não é verdadeira com referência às náuseas e vômitos pós-operatórios (PONV) depois de procedimentos espinais?
   a. Limitar o uso de opioides pós-operatórios pode ser uma medida preventiva efetiva.
   b. Gênero feminino e duração prolongada da anestesia são fatores de risco para o desenvolvimento de PONV.
   c. As taxas de incidência se aproximam de 20 a 30% entre pequenos procedimentos espinais.
   d. Medicamentos antagonistas dos receptores de dopamina e serotonina não precisam de monitoração por ECG para prolongamento de QT.
2. Qual das seguintes não se associa à investigação clínica ou à conduta em infecções do trato urinário pós-operatórias?
   a. Uso de antibióticos, como as fluoroquinolonas, com eliminação renal.
   b. Acessos e sondas de demora não são removidos.
   c. Avaliação de dor no flanco e dor à palpação do CVA para pesquisa de possível pielonefrite.
   d. Pode-se usar a CT para detectar possíveis abscessos.
3. Homem de 55 anos está no POD3 depois de ser submetido a um procedimento de fusão intersomática lombar transforaminal (TLIF) para espondilose lombar. Seu IMC é de 42 kg/m² e tem história de trombo na extremidade inferior depois de procedimento cirúrgico prévio. Apresenta dispneia, dor torácica pleurítica, tosse, hemoptise e febre. Radiografia do tórax não demonstra infiltrados. Não tem história de alergia a contraste. Qual é o próximo passo mais apropriado na investigação desse paciente?
   a. Angiotomografia computadorizada pulmonar de emergência.
   b. Cintilografia de ventilação/perfusão.
   c. Dímero D.
   d. Cultura do escarro.

Respostas

1. **d** está correta. Os antagonistas dos receptores da dopamina e serotonina se associam a prolongamento do QT e exigem monitoração sequencial do ECG.
2. **b** está correta. Os acessos e sondas de demora devem ser removidos, pois podem servir como foco de infecção para UTIs.
3. **a** está correta. Esse paciente está apresentando sintomatologia clássica indicativa de uma PE. O BMI do paciente, seu gênero e histórico o tornam candidato de alto risco para PE. Assim sendo, é necessária angiotomografia computadorizada pulmonar de emergência para o diagnóstico. A cintilografia de V/Q não é preferida quando não houver contraindicações para CT. O Dímero D não é utilizado em pacientes com alto risco de PE. Esse paciente apresentava radiografia de tórax sem infiltrados associados. Assim sendo, é improvável uma pneumonia. Portanto, não é necessária a cultura do escarro.

Índice Remissivo

Entradas acompanhadas por um *f* ou *q* itálico
indicam figuras e quadros, respectivamente.

A

Abscesso
 medular
  epidural, 176
   antecedentes, 176
   avaliação clínica, 176
   avaliação
    radiográfica, 176
   etiologia, 176
   quadro clínico, 176
   tratamento, 177
Acetilcolina, 2
Acidente vascular
 encefálico, 236
  apresentação, 236
  avaliação clínica, 237
  avaliação radiográfica, 237
  considerações gerais e
   etiologia, 236
  manejo, 237
Adams
 teste de inclinação
  para a frente de, 134, 135*f*
Anastomoses, 88
Anatomia
 atlanto-occipital, 29
  óssea, 29
 da coluna cervical, 41
 da coluna lombar, 65
 da medula espinal, 14
 do disco intervertebral, 21
 dos ligamentos, 33, 66
 dos neurônios, 1-13
  básica, 1*q*
 geral
  da coluna vertebral, 14
   e vias do trato
    longo, 14
   topográfica, 14
 muscular, 33
 neural, 38
  raízes
   nervosas, 38

 plexo
  cervical, 38
  vascular, 33, 87
Ângulo
 de Cobb, 105
Arcos reflexos, 6
 princípios gerais, 6
 tipos de, 8
  monossináptico
   componentes, 12*f*
Artrodese, 110, 110*f*
 por varredura, 110
Atlanto-occipital
 dissociação, 143
  antecedentes, 143
  etiologia, 143
  investigação
   por imagens, 144
  quadro clínico, 144
  tratamento, 144
Atlas
 fratura do, 145
  antecedentes, 145
  etiologia, 145
  investigação
   por imagens, 145
  quadro clínico, 145
  tratamento, 146
 primeira vértebra
  cervical, 30
  arco anterior, 30
  arco posterior, 31
  forame magno, 30
  massas laterais, 31
  processo transverso, 31
  superfície articular
   inferior, 31
Áxis
 segunda vértebra
  cervical, 31
  dente, 31
  massas
   laterais, 32
  processo
   espinhoso, 32
   transverso, 32

B

Babinski
 sinal de, 8, 102*q*
Bainha
 de mielina, 1*q*
Botulismo, 1

C

Canal vertebral
 conteúdos do, 17*q*, 18*f*
Cauda equina
 síndrome da, 91, 111
Células
 bipolares, 5*q*
 de Merkel, 10*q*
 de Schwann, 3*f*
Cifose
 torácica, 105*f*
Cistos
 intramedulares, 167*q*
Clay-Shoveler
 fratura de, 153
  antecedentes, 153
  etiologia, 153
  investigação
   por imagens 153
  quadro clínico, 153
  tratamento, 153
Chance
 fratura de, 156
  antecedentes, 156
  etiologia, 156
  investigação
   por imagens, 157
  quadro clínico, 156
  tratamento, 157
Cirurgia espinal
 de rotina
  complicações clínicas
   comuns após, 232
   cardíacas, 236
   gastrointestinais, 232

pulmonares e
  respiratórias, 234
urinárias, 238
vasculares e
  hematológicas, 239
Cobb
  ângulo de, 105
Coluna cervical
  anatomia da, 41
    dicas
      clínicas e
        cirúrgicas, 55
    do ligamento, 42
    informação geral, 41
    muscular, 43
    neural, 50
    óssea, 41
    vascular, 45
Coluna lombar
  anatomia da, 65
  dos ligamentos, 66
    informação geral, 65
      anatomia e função, 65
      pontos de
        referência, 65
    muscular, 67
    neural, 67
    óssea, 65
      corpo vertebral, 65
      lâmina, 65
      pedículo, 65
      processo
        espinhoso, 65
      processos
        transversos, 65
    vascular, 67
Coluna sacral, 81
  anatomia ligamentosa, 83
    sacrococcígeos, 83
    sacroespinhoso, 83
    sacroilíacos, 83
    sacrotuberoso, 83
  anatomia muscular, 85
    superfície anterior, 85q
    superfície posterior, 86q
  anatomia neural, 89
    plexo sacral, 89, 91q
    raízes neurais, 89
  anatomia óssea, 81
  anatomia vascular, 87
  informações gerais, 81
    articulações, 81
    orientação
      estrutural, 81

pérolas clínicas e
  cirúrgicas, 91
Coluna torácica, 57
  anatomia dos
    ligamentos, 59
  anatomia muscular, 59
  anatomia neural, 63
  anatomia óssea, 57
    corpo
      vertebral, 57
    lâmina, 59
    pedículo, 59
    processo articular
      superior, 59
    processo transverso, 59
  dicas clínicas
    e cirúrgicas, 64
  informação geral, 57
  curvatura
    cifótica, 57
  referências torácicas, 57q
Coluna vertebral
  anatomia geral da, 14
  classificação da, 14, 16f
  visão geral, 14
  infecções da, 174
    abscesso medular
      epidural, 176
    do sítio cirúrgico, 179
    osteomielite vertebral
      e discite, 174
    tuberculose
      espinal, 177
Complexão-flexão subaxial
  em extensão, 150
  fratura por, 150
    antecedentes, 150
    etiologia, 150
    investigação
      por imagens, 150
    quadro clínico, 150
    tratamento, 150
Complicações cirúrgicas, 223
  durotomia, 226
  etiologias comuns, 223q
  febre pós-operatória, 224
  hematoma epidural
    espinal, 228
  infecções
    no local cirúrgico, 224
      apresentação, 224
      avaliação clínica, 224
      avaliação
        radiográfica, 225

etiologia, 224
fatores de risco, 224
tratamento, 225
introdução, 223
má colocação do parafuso
  no pedículo, 229
Compressão-flexão subaxial
  em flexão
    fratura por, 149
      antecedentes, 149
      etiologia, 149
      investigação
        por imagens, 149
      quadro clínico, 149
      tratamento, 149
Compressão vertical
  subaxial, 150
    antecedentes, 150
    etiologia, 150
    investigação
      por imagens, 151
    quadro clínico, 151
    tratamento, 151
Côndilo
  occipital
    fratura do, 142
      antecedentes e
        etiologia, 142
      investigação por
        imagens, 143
      quadro clínico, 143
      tratamento, 143
Cone axonal, 1q
Corpúsculo
  de Meissner, 10q
  de Pacini, 10q

D

Dermátomos, 24
  anteriores, 78f
  cervicais, 54
  definição, 24
  dor referida, 24
  importantes, 91
  irradiação da dor, 24
  sacrais, 91
  torácicos, 63
Dicas
  cirúrgicas, 39
  clínicas, 39
Discectomia cervical
  anterior

Índice Remissivo

e fusão, 189
  abordagem, 190
  implantes
    e material, 190
  indicações, 189
  posicionamento, 190
  relato de caso, 189
    caso clínico
      e imagens pré-
        operatórias, 189
      imagens e
        resultados pós-
        operatórios, 191
  complicações, 191
Discite, 174
Disco
  cervical
    doença de, 116
      achados clínicos, 118
      antecedentes, 116
      etiologia e
        fisiopatologia, 116
      investigações por
        imagens, 120
      sintomas, 116
      tratamento, 120
    hérnia de, 93
Disco cervical
  herniação do, 55
Disco intervertebral, 21
  anatomia do, 21, 23
    composição, 21
    descrição, 21
    mecânica, 23
Disco lombar
  doença de, 122
    antecedentes, 122
    espondilolistese, 127
    espondilose, 125
    hérnias de, 122
Disfagia, 232
  apresentação, 233
  avaliação clínica, 233
  avaliação radiográfica, 233
  considerações e
    etiologia, 232
  manejo, 233
Dissociação
  atlanto-occipital, 143
Doença
  de Poot, 177
  de Scheuermann, 112
Dorso
  camadas
    intermediárias do, 61q
    profundas, 61q
    superficiais do, 60q
  músculos
    intrínsecos
      profundos
        do, 68q, 69q
    superficiais
      extrínsecos do, 68q
Durotomia, 226
  apresentação, 227
  avaliação clínica, 227
  etiologia, 226
  fatores de risco, 226
  fístula cutânea, 226
  pseudomeningocele, 227
  tratamento, 228

E

Eixo vertical
  sagital, 106
Enfocado
  fratura do, 146
Equilíbrio coronal, 106, 108q
Erb
  paralisia de, 56q
Escápula
  alada, 56q
Escoliose, 133
  achados clínicos, 134
  antecedentes, 133
  etiologia, 133
  fatores de risco, 133
  história, 134
  inclinação pélvica, 134
  inspeção, 134
  investigação
    por imagens, 135
      ângulo de Cobb, 135
      radiografia
        plana, 135
  linha de prumo, 136
  medição de altura, 134
  progressão da
    enfermidade, 134
  sinal de Risser, 136
  sistema de classificação de
    Lenke, 136, 137f
  teste de inclinação para
    frente de Adams, 134
  tratamento, 136
    cirúrgico, 138
    não cirúrgico, 137
Espinha bífida, 182
Espondilite ancilosante, 110
Espondilólise, 113f, 113
Espondilolistese, 113, 127
  antecedentes, 127
  classificação, 128, 129q
  investigação
    por imagens, 130
  ístmica, 93
  tratamento, 131
  traumática de C2146
    antecedentes, 146
    etiologia, 146
    investigação
      por imagens, 146
    quadro clínico, 146
    tratamento, 147
Espondilose, 125
  classificação de, 129q
Estenose espinal, 112
Exame físico
  e história espinal, 93
    antecedentes, 93
    geral, 95
      amplitude de
        movimento, 96
      inspeção, 95
      marcha caminhando, 96
      palpação, 96
Exame motor, 99
  avaliação
    de tônus, 99
  potência
    muscular, 99
Exame sensorial, 98
  quatro modalidades, 98

F

Faceta
  luxação bilateral de, 151
  luxação unilateral de, 152
Fenômeno
  de L'hermitte, 101q
Fibras
  da cadeia nuclear, 10q
  de bolsa nuclear, 10q
Fibras nervosas
  eferentes, 3
  estrutura, 6f
  organização das, 3
    hierárquica, 5q

sensoriais
  tipos de, 10q
Fratura(s)
  de Clay-Shoveler, 153
  e traumatismo
    medular, 141
  sacral, 158
    antecedentes, 158
    etiologia, 158
    investigação
      por imagens, 158
    quadro clínico, 158
    tratamento, 159
  toracolombar
    compressiva, 155
      antecedentes, 155
      etiologia, 155
      investigação por
        imagens, 155
      quadro clínico, 155
      tratamento, 155
    do tipo explosão, 157
      antecedentes, 157
      etiologia, 157
      investigação por
        imagens, 157
      quadro clínico, 157
      tratamento, 158
Fusão
  lombar
    intersomática
      anterior, 207
        acesso, 208
        apresentação de caso
          e imagens pré-
          operatórias, 207
        resultados pós-
          operatórios e
          imagens, 210
        complicações, 210
        indicações, 208
        instrumental e
          implantes, 209
        posição, 208
      lateral, 218
        acesso, 219
        apresentação
          de caso, 218
        resultados pós-
          operatórios e
          imagens, 219
        complicações, 220
        implantes e
          instrumental, 219

indicações, 218
posicionamento, 218
transforaminal
  minimamente
    invasiva, 212
    acesso, 213
    apresentação de
      caso, 212
    resultado e imagens no
      pós-operatório, 216
      complicações, 216
      implantes e
        instrumental, 215
      indicações, 212
      posicionamento, 212
posterolateral
  aberta, 202
    acesso, 203
    apresentação
      de caso, 202
    resultados
      e imagens pós-
      operatórias, 205
    complicações, 205
    implantes e
      instrumental, 204
    indicações, 202
    posicionamento, 203
Fuso muscular, 10q

G

Golgi
  órgão tendíneo de, 10q

H

Hematoma
  epidural
    espinal, 228
      apresentação, 228
      avaliação
        radiográfica, 228
      etiologia, 228
      fatores de risco, 228
      tratamento, 229
Hérnia
  de disco, 93
    intervertebral, 111
    lombar, 122
      achados clínicos, 122
      características, 122
      sintomas, 122

Hiato
  sacral, 92
Hipertonia, 99
Hipotonia, 99
História espinal
  e exame físico, 93
    antecedentes, 93
    história, 93
      dor, 93
      idade, 93
      mecanismo de
        lesão, 94
      sintomas
        constitucionais, 94
      sintomas
        neurológicos, 94
Hoffman
  sinal de, 101q

I

Íleo adinâmico
  pós-operatório, 233
    apresentação, 233
    avaliação
      radiográfica, 233
    considerações gerais e
      etiologia, 233
    manejo, 234
Inclinação
  sacral, 115
Infarto
  do miocárdio, 236
    apresentação, 236
    avaliação clínica, 236
    avaliação
      radiográfica, 236
    considerações gerais e
      etiologia, 236
    manejo, 236

J

Junção
  neuromuscular, 2
  sináptica, 1

K

Klippel-Feil
  síndrome de, 186
    antecedentes, 186

avaliação clínica, 187
classificação, 186
etiologia, 186
quadro clínico, 186
tratamento, 187
Klumpke
paralisia de, 56q

L

Lágrima
fratura de, 149
Lambert-Eaton
síndrome miastênica, 1
Laminectomia
e fusão
na região cervical
posterior, 198
apresentação de caso
acesso, 199
complicações, 200
e imagens
pré-operatórias, 198
imagens
pós-operatórias
e resultados, 200
implantes e
instrumentais, 200
indicações, 198
posicionamento, 199
Laminoplastia cervical
posterior
com instrumentação, 193
abordagem, 194
dissecção
profunda, 195
dissecção
superficial, 194
complicações, 196
implantes e
material, 195
indicações, 193
posicionamento, 193
relato de caso, 193
imagens e resultados
pós-operatórios, 195
Lenke
sistema de
classificação de, 136
Lesões subaxiais
sistema de
classificação de, 148

L'hermitte
fenômeno de, 101q
Ligamento(s)
anatomia do(s), 42, 59, 66
complexo ligamentar, 42
anterior, 42
médio, 42
posterior, 42
intratransverso, 59
radiado, 59
atlantoaxiais, 34q
atlanto-occipitais, 33q
anatomia dos, 33
Linha
de prumo, 109
Lordose
cervical, 104
normal, 104f
lombar, 105
normal, 106f
Luxação
bilateral
de faceta, 151
antecedentes, 151
etiologia, 151
investigação por
imagens, 151
quadro clínico, 151
tratamento, 152
unilateral
de faceta, 152
antecedentes, 152
etiologia, 152
investigação por
imagens, 152
quadro clínico, 152
tratamento, 153

M

Manobra(s)
de Spurling, 101q
especiais, 101
Mapa
de distribuição
dermatomal, 98f
Marcha
de Trendelenburg, 97
Marchetti-Bartolozzi
classificação de, 115q
Massa lateral
fratura de, 153
antecedentes, 153

etiologia, 153
investigação
por imagens, 163
quadro clínico, 153
tratamento, 154
Medições
radiográficas
comuns, 104
achados
radiográficos, 110
ângulo de Cobb, 105
cervicais, 104
eixo cervical
sagital, 106
equilíbrio
coronal, 106
lombares, 105
parâmetros
pélvicos, 109
torácicas, 105
Medula espinal
anatomia geral da, 14, 18, 21q
canal vertebral, 14
classificação da, 15q
nervos espinais, 14
regiões da, 14
aspectos gerais da, 16
características
gerais da, 20q
extremidade
terminal da, 20f
neoplasias da, 112
regiões da, 19f
Meissner
corpúsculo de, 10q
Merkel
células de, 10q
Meyerding
classificação de, 115q, 128
Miastenia grave, 1
Mielina
bainha de, 1q
Mielodisplasia, 182
antecedentes, 182
avaliação clínica, 184
etiologia, 182
quadro clínico, 183
tipos de, 182
tratamento e
prevenção, 184
Mielopatia
cervical, 101q

Modic
  classificação de, 125q
Muscular
  anatomia, 33, 43, 67
Músculos
  anteriores
    profundos
      do pescoço, 37q
  dorsais
    intermediários, 71f
    profundos, 72f
    superficiais, 70f
  sacrais
    anteriores, 85
    laterais, 87
    posteriores, 86

N

Náuseas e vômitos
  pós-operatórios, 232
    considerações gerais e
      etiologia, 232
    manejo, 232
Neoplasias
  benignas
    da coluna
      vertebral, 165q
  da medula espinal, 112
Nervos
  aferentes, 3
    organização dos, 7f
  eferentes, 3
    organização dos, 7f
  espinais
    torácicos, 63
  mistos, 63
  sinovertebrais
    torácicos, 63
Neurofibromatose, 95
Neurônio(s)
  anatomia dos, 1
    componentes
      básicos, 1, 2f
    organização das fibras
      nervosas, 5f
    organização dos sistemas
      nervosos aferente e
      eferente, 7q
    reflexos do tendão
      testados, 11q
    sinais gerais de lesões
      nos neurônios, 8q

tipos de, 5q
  de fibras nervosas
    sensoriais, 10q
  receptores
    sensoriais, 10q
motor(es)
  eferentes, 3
  inferior, 8
    sinais de lesões
      no, 8q
  superior(es), 3
    sinais
      de lesões no, 8q
Neuropatia
  crônica, 95
Nodos
  de Ranvier, 1q
Núcleo
  pulposo
    herniado, 111

O

Oligodendrócito, 3f
Osso occipital, 29, 29f
Osteomielite
  vertebral, 174
    avaliação clínica, 175
    avaliação radiográfica, 175
    antecedentes, 174
    etiologia, 174
    quadro clínico, 175
    tratamento, 175
      cirúrgico, 175
Osteoporose, 112

P

Pacini
  corpúsculo de, 10q
Paralisia
  de Erb, 56q
  de Klumpke, 56q
Parâmetros
  pélvicos, 109, 109q
Parede
  abdominal
    anterolateral, 69q
  posterior
    músculos da, 70q
    superficiais, 73f
Pediatria, 182
  mielodisplasia, 182

síndrome de
  Klippel-Feil, 186
  torcicolo congênito, 185
Plexo
  braquial, 54q
    lesões comuns no, 56q
  lombar, 79f
    divisão anterior do, 77q
    divisão posterior, 78q
  sacral, 89, 91q
    com raízes neurais, 90f
Poot
  doença de, 177
Pneumonia, 235
  apresentação, 235
  avaliação clínica, 235
  avaliação radiográfica, 235
  considerações gerais e
    etiologia, 235
  manejo, 235
Processo odontoide de C2
  fratura do, 147
    antecedentes, 147
    etiologia, 147
    investigação
      por imagens, 147
    quadro clínico, 147
    tratamento, 148
Pseudoartrose, 111

R

Raízes
  neurais, 89
Ranvier
  nodos de, 1q
Receptores sensoriais
  tipos de, 10q
Reflexos, 100
  avaliação
    da integridade, 100
  escala
    de graduação, 100
  hiper-reflexia, 101
Reflexos profundos
  do tendão, 11q
Ressonância magnética, 116
Retenção urinária
  pós-operatória, 238
    apresentação, 238
    avaliação, 238
      radiográfica, 238
    considerações gerais e
      etiologia, 238
    manejo, 238

Risser
  sinal de, 136
Romberg
  sinal de, 102q
Ruffini
  terminação de, 10q

S

Saco tecal, 16
Sacro
  anatomia
    ligamentosa do, 84f
Scheuermann
  doença de, 112
Schwann
  células de, 3f
Sinal
  de Babinski, 8, 102q
  de Hoffman, 101q
  de Risser, 136
  de Romberg, 102q
  de Waddell, 102q
Sinapses, 1
  colinérgicas, 2
  químicas, 1, 2
    básicas, 1
      mecanismo de, 1
    transmissão, 4f
Síndrome
  da cauda equina, 91, 111
  de cone medular, 124q
  de Klippel-Feil, 186
  miastênica
    Lambert-Eaton, 1
Sítio cirúrgico
  infecções no, 179
    antecedentes, 179
    avaliação clínica, 179
    avaliação
      radiográfica, 180
    etiologia, 179
    quadro clínico, 179
    tratamento, 180
Spurling
  manobra de, 101q

T

Terminação
  de Ruffini, 10q
Teste(s)
  cervicais, 101q
  de inclinação
    para a frente, 95
  lombares, 102q
Tétano, 1
Toracolombar(es)
  fratura(s), 154
    antecedentes
      gerais, 154
    indicações
      cirúrgicas, 154
    localização, 154
    compressiva, 155
    sistema de
      classificação de, 154
Torcicolo
  congênito, 185
    antecedentes, 185
    avaliação clínica, 186
    etiologia, 185
    quadro clínico, 186
    tratamento, 186
      cirúrgico, 186
Trato(s)
  ascendentes, 26f
  descendentes
    detalhes da via, 25q
    visão geral dos, 24q, 26q
  urinário
    infecção do, 238
      apresentação, 239
      avaliação clínica, 239
      avaliação
        radiográfica, 239
      considerações gerais e
        etiologia, 238
      tratamento, 239
Traumatismo medular
  e fraturas, 141
    princípios gerais, 141
      antecedentes, 141
      tratamento inicial, 141
    traumatismo cervical
      e fraturas, 142
      de chance, 156
      de massa
        lateral, 153
      dissociação atlanto-
        occipital, 143
      do atlas, 145
      do côndilo-occipital,
        142
      do processo odontoide
        de C2, 147
      espondilolistese
        traumática de C2, 146
      luxação unilateral da
        faceta, 152
      por compressão-
        flexão
        subaxial, 149
      por compressão
        vertical-subaxial, 150
      sacral, 158
      sistema de
        classificação de
        lesões
        subaxiais, 148
      subaxial de extensão-
        compressão, 150
      toracolombares, 154
        do tipo explosão, 157
Trendelenburg
  marcha de, 97f
Triângulo
  suboccipital, 37q
Trígono
  cervical
    anterior, 46q
    anatomia do, 49f
Trombose venosa profunda
  tromboembolismo venoso
    e embolia
    pulmonar, 239
    apresentação, 239
    avaliação
      clínica, 240
      radiográfica, 240
    considerações gerais e
      etiologia, 239
    manejo, 240
Tuberculose
  espinal, 177
    antecedentes, 177
    avaliação clínica, 178
    avaliação
      radiográfica, 178
    etiologia, 177
    quadro clínico, 178
    tratamento, 178
      cirúrgico, 178
Tumores
  medulares
    primários e
      metastáticos, 161
      achados ao exame
        físico, 161
      antecedentes, 161, 163
      diagnóstico, 162

estadiamento, 162
etiologia, 161, 162
quadro
  clínico, 161, 164
técnicas de diagnóstico
  por imagem, 162
tratamento, 169

U

Urinálise, 175
Urinária
  retenção, 175

Urinário
  infecção no trato, 175

V

Vascular
  anatomia, 33, 45, 60, 67
Vascularização
  lombar, 77q
Vértebra
  cervical, 30
    primeira, 30
      atlas, 30
    segunda, 31
      áxis, 31
Vias de trato longo, 19
  ascendentes, 19
  descendentes, 19

W

Waddell
  sinal de, 102q
Wiltse
  classificação de, 114q, 128